JN218975

ガッツリ学ぶ

電験二種

法規

石川博之 ［著］

Ohmsha

　社会の生産活動や人々の暮らしを支えるエネルギーの重要性は，これまでもこれからも変わることはありません．そのなかでも，カーボンニュートラルの実現に向けては，電気がエネルギー源の中核を担い，果たすべき役割は今後ますます大きくなっていくことでしょう．

　このような情勢にあって，事業用電気工作物の安全で効率的な運用を行うため，その工事と維持，運用に関する保安と監督を担うのが電気主任技術者です．この電気主任技術者の役割は非常に重要になってきており，その社会的ニーズも高いことから，人気のある国家資格となっています．

　本シリーズは，電気主任技術者試験の区分のうち，第二種，いわゆる「電験二種」の受験対策書です．電験二種は，一次試験と二次試験があります．一次試験の科目は，理論，電力，機械，法規の4科目，二次試験は電力・管理，機械・制御の2科目です．出題形式は，一次試験が多肢選択（マークシート）方式，二次試験が記述式となっています．

　そこで，本シリーズは，電験二種一次試験の各科目別の受験対策書として，一次試験を中心に取り上げつつ，その延長線上の知識として二次試験にも対応できるよう記載することで，合格を勝ち取る工夫をしています．

＜本書の特徴＞

①図をできる限り採り入れて，視覚的にわかりやすく解説

②式の導出を丁寧に行い，数学や計算のテクニックも解説（電験二種では，電験三種で暗記していた公式も含めて，微積分等を駆使しながら，自分で導出できるようにする必要があります．）

③重要ポイントや計算テクニックは，吹き出しで掲載

④電験二種の過去問題を徹底的に分析し，重要かつ最新の過去問題を各節単位の例題で取り上げ，解き方を丁寧に解説．また，章末問題も用意し，さらに実力を磨くことができるように配慮

⑤少し高度な内容や二次試験対応箇所はコラムとして記載

　このように，本シリーズは，電験二種に合格するための必要十分な知識を重点的に取り上げてわかりやすく解説しています．

　読者の皆様が，本書を活用してガッツリ学ぶことで，電験二種の合格を勝ち取られることを心より祈念しております．

　最後に，本書の編集にあたり，お世話になりましたオーム社の方々に厚く御礼申し上げます．

　2024年10月

著者らしるす

目　次 –Contents

◆3章　電力施設管理

1章

電気事業法と その関係法令

学習のポイント

　電気事業法（以下，「事業法」という）や電気事業法施行規則（以下，「施行規則」という）は，電気事業に係る規制や電気の保安を確保するための規制を定めた法令であり，電気事業の根幹を成すものとなる．

　電験2種の1次試験においては，7題中1～2題程度の出題で，2章の電気設備の技術基準と比べウェイトは低いものの，電気事業を理解する上では重要な分野となる．近年は電力システム改革に伴い改正が重ねられており，過去問と現行法では内容が大きく変わっていることもある．そこで，本書に掲載した過去問は極力最新の条文に沿った内容に改題するとともに，解説では根拠となる条項とその条文を原文に近い形で掲載しているが，不明点やさらに深掘りを行う際には，最新の条文を参照するようにしたい．

1-1 電気事業法の目的と電気事業の類型

攻略の
ポイント

法令の目的や用語の定義は，試験では比較的出題頻度の高い分野となる．電気事業の類型は昨今の電力システム改革によって定義が変更となったものや新たに定義されたものがあるため，最新の条文によってきちんと理解しておきたい．

1 電気の保安に関する法規制の体系

電気の保安に関する法規制は，図1・1に示すように電気事業法を頂点に，政

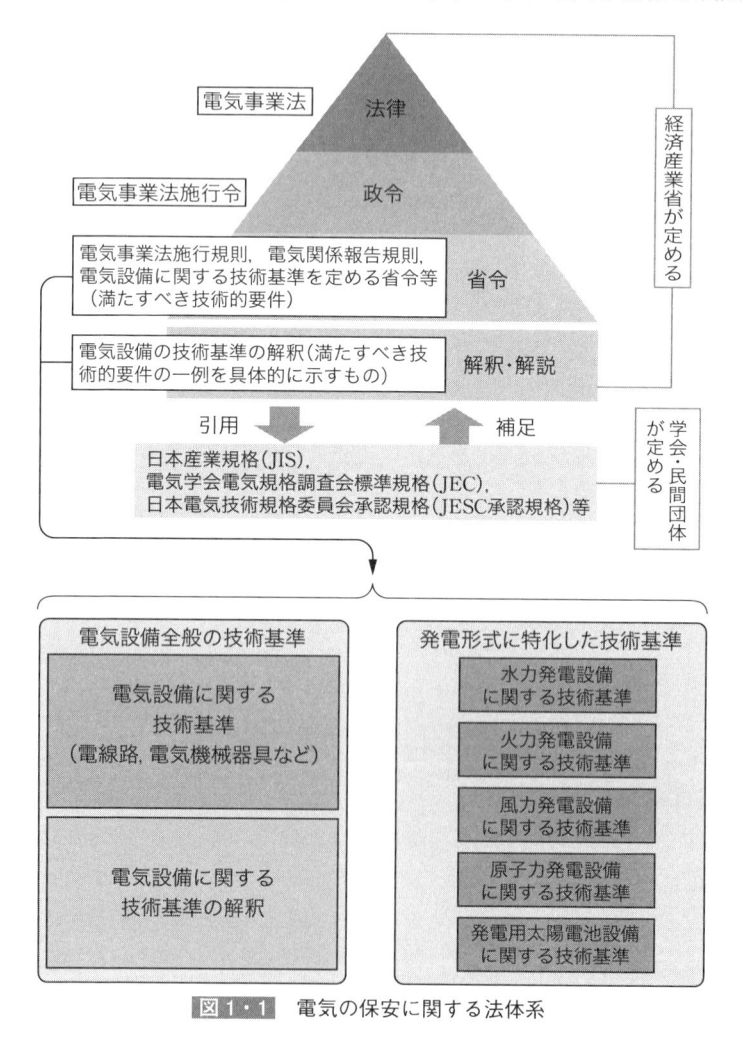

図1・1 電気の保安に関する法体系

令，省令，内規・通達等により細部の取扱いが規定されている．

　このうち電気事業法とその関連法令については本章にて解説し，電気設備に関する技術基準を定める省令など電気の保安の確保に係る技術的要件については2章にて解説する．

2 電気事業法の目的〈事業法第1条〉

　電気事業法の目的は，「電気事業の運営を適正かつ合理的ならしめることによって，電気の使用者の利益を保護し，及び電気事業の健全な発達を図るとともに，電気工作物の工事，維持及び運用を規制することによって，公共の安全を確保し，及び環境の保全を図ること」とされている（図1・2）．

<電気事業法の規制>

電気事業の運営を適正かつ合理的ならしめる

<電気事業法の目的>

・電気の使用者の利益を保護すること
・電気事業の健全な発達を図ること

電気工作物の工事，維持及び運用を規制する

・公共の安全を確保すること
・環境の保全を図ること

図1・2　電気事業法の目的

3 電気事業の類型〈事業法第2条〉

　電気事業法では，「小売電気事業」「一般送配電事業」「送電事業」「配電事業」「特定送配電事業」「発電事業」「特定卸供給事業」の7つを電気事業として定めている．それぞれの事業内容や規制事項について，確認していこう．

(1) 小売電気事業

　小売供給（一般の需要に応じて電気を供給すること） を行う事業であり，小売電気事業を営もうとする者は，**経済産業大臣の登録**を受ける必要がある（事業法第2条の2）．

　電気の使用者の利益を確保するため，小売電気事業者の業務としては，表1・1のような供給能力の確保や供給条件の説明，書面の交付などが義務付けられている．

表1・1　小売電気事業者の主な業務

条項	条文（抜粋）
供給能力の確保 第2条の12	小売電気事業者は，正当な理由がある場合を除き，その小売供給の相手方の電気の需要に応ずるために必要な供給能力を確保しなければならない．
供給条件の説明 第2条の13	小売電気事業者は，小売供給を受けようとする者と小売供給契約の締結又はその媒介，取次ぎ若しくは代理をしようとするときは，経済産業省令で定めるところにより，当該小売供給に係る料金その他の供給条件について，その者に説明しなければならない．
書面の交付 第2条の14	小売電気事業者は，小売供給を受けようとする者と小売供給契約を締結したときは，経済産業省令で定める場合を除き，遅滞なく，その者に対し，次に掲げる事項を記載した書面を交付しなければならない． ①小売電気事業者の氏名又は名称及び住所 ②契約年月日 ③当該小売供給に係る料金その他の供給条件であって経済産業省令で定める事項

（2）一般送配電事業

　自らが維持し，及び運用する送電用及び配電用の電気工作物によりその**供給区域**において**託送供給及び電力量調整供給**を行う事業であり，一般送配電事業を営もうとする者は，**経済産業大臣の許可**を受ける必要がある（事業法第3条）．「託送供給」「電力量調整供給」は次のとおりである．

①託送供給：振替供給と接続供給の総称（図1・3）

　振替供給とは他の者から電気を受電し，自らが維持及び運用する供給設備を介して，同時に，**受電した場所以外の場所**において，**当該他の者に対して受電した電気の量に相当する量の電気を供給**することである．それに対し，**接続供給とは小売電気事業者から電気を受電し**，自らが維持及び運用する供給設備を介して，同時に，**受電した場所以外の場所**において，**当該の小売電気事業者の小売電気事業の用に供するための電気の量に相当する量の電気を供給**することである．

②電力量調整供給（図1・4）

　発電事業者（自家用発電設備を維持・運用する者も含む）又は特定卸供給事業者といった**契約者から電気を受電すると同時に，その受電した場所において，契約者があらかじめ申し出た量の電気を供給**すること．あらかじめ申し出た量と実際の電気の量の間の過不足（**インバランス**）は，一般送配電事業者が調整する．

　一般送配電事業の許可申請にあたっては，供給区域や一般送配電事業の用に供

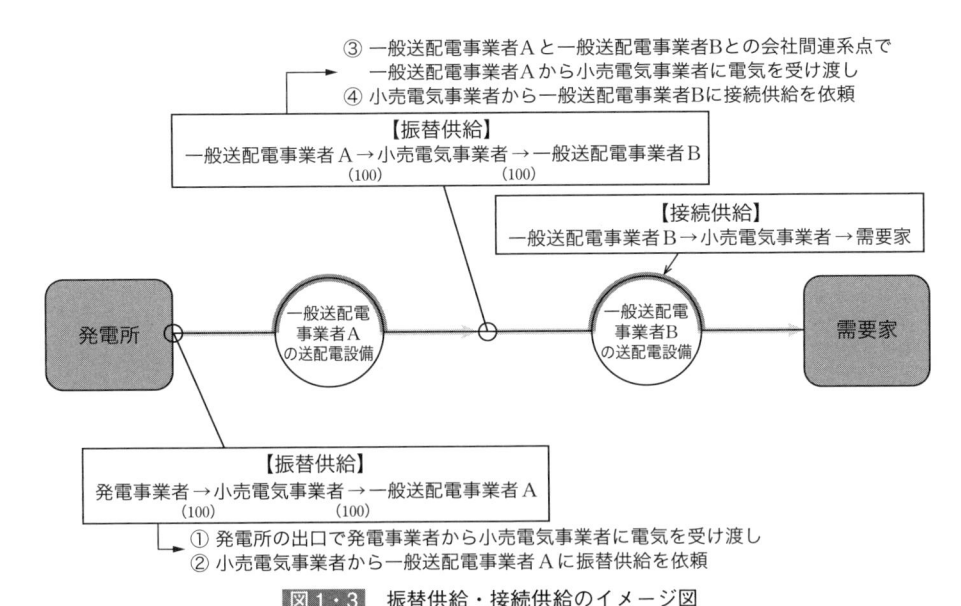

図1・3 振替供給・接続供給のイメージ図

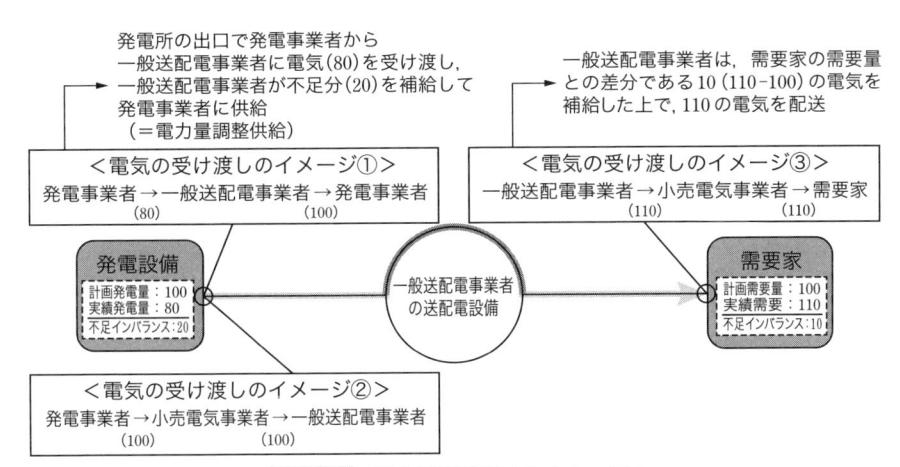

図1・4 電力量調整供給のイメージ図

する電気工作物の設置場所や周波数・電圧等を記した申請書を経済産業大臣に提出するとともに（事業法第4条），供給区域の変更には経済産業大臣の許可（事業法第8条），電気工作物の設置場所や周波数・電圧等の変更には事前の届け出（事業法第9条）が必要となる．

　このほか，一般送配電事業者の業務における主な規制は表1・2のとおりである．

表1・2　一般送配電事業者の主な業務

条項	条文（抜粋）
託送供給義務等 事業法第17条	・一般送配電事業者は，正当な理由がなければ，その供給区域における**託送供給**を拒んではならない． ・一般送配電事業者は，正当な理由がなければ，その供給区域における**電力量調整供給**を拒んではならない． ・一般送配電事業者は，正当な理由がなければ，**最終保障供給及び離島等供給**を拒んではならない．
兼業の制限等 事業法第22条の2	一般送配電事業者は，**小売電気事業，発電事業又は特定卸供給事業**を営んではならない．
一般送配電事業者の禁止行為等 事業法第23条	一般送配電事業者は，次に掲げる行為をしてはならない． ・託送供給及び電力量調整供給の業務に関して知り得た他の電気供給事業者に関する情報及び電気の使用者に関する情報を当該業務の用に供する目的以外の目的のために利用し，又は提供すること．（**情報の目的外利用の禁止**） ・その託送供給及び電力量調整供給の業務その他の変電，送電及び配電に係る業務について，特定の電気供給事業者に対し，不当に優先的な取扱いをし，若しくは利益を与え，又は不当に不利な取扱いをし，若しくは不利益を与えること．（**差別的取り扱いの禁止**）
電圧及び周波数 事業法第26条	・一般送配電事業者は，その供給する電気の**電圧及び周波数**の値を経済産業省令で定める値に維持するように努めなければならない． ・一般送配電事業者は，経済産業省令で定めるところにより，その供給する電気の**電圧及び周波数を測定**し，その結果を記録し，これを保存しなければならない．
電圧及び周波数の値 施行規則第38条	<table><tr><td>標準電圧</td><td>維持すべき値</td></tr><tr><td>100 V</td><td>101±6 V</td></tr><tr><td>200 V</td><td>202±20 V</td></tr></table>

条項	条文（抜粋）
電圧及び周波数の測定方法 施行規則第39条	①電圧の測定方法は，次に掲げるものとする． ・測定箇所ごとに，**毎年1回**，**連続して24時間**行うこと． ・同一の発電所，蓄電所又は変電所の引出しに係る配電線路に属する測定箇所における測定は，同一の日時において行うこと． ②周波数は，電力系統ごとに，記録計器を使用して**常時測定**する． ③記録方法は，次のとおりとすること． ・電圧の測定の結果については，測定箇所ごとに「標準電圧」「測定電圧の**30分平均最大値及び30分平均最小値並びにそれぞれの発生時**」等を記録すること． ・周波数の測定の結果については，電力系統ごとに「標準周波数」「測定周波数の**日最大値及び日最小値並びに月間積算周波数偏差**」等を記録すること． ・測定の結果の記録は**3年間保存**すること．

（3）送電事業

　自らが維持し，及び運用する送電用の電気工作物により一般送配電事業者又は配電事業者に**振替供給**を行う事業であり，送電用の電気工作物が省令で定める要件に該当する事業．送電事業を営むためには，一般送配電事業と同様に**経済産業大臣の許可**を受ける必要がある（事業法第27条の4）．

　一般送配電事業と類似の規制として，**振替供給義務**（事業法第27条の10）や**兼業の制限**（事業法第27条の11の2），**情報の目的外利用や差別的取り扱いの禁止**（事業法第27条の11の4）が定められている．

　なお，省令で定める「送電用の電気工作物の要件」とは，振替供給を行う事業の用に供する送電用の電気工作物であり，「振替供給を行う事業」は，図1・5のとおり施行規則第3条の3にて定められている．

振替供給を行う事業		
1 000 kWを超える供給電力で振替供給を10年以上の期間にわたり行うことを約している事業	又は	10万 kWを超える供給電力で振替供給を5年以上の期間にわたり行うことを約している事業

図1・5　「振替供給を行う事業」の定義〈施行規則第3条の3〉

（4）配電事業

　自らが維持し，及び運用する配電用の電気工作物によりその**供給区域**において

託送供給及び電力量調整供給を行う事業である．配電事業を営むためには，経済産業大臣の許可を受ける必要がある（事業法第 27 条の 12 の 2）．

配電事業の用に供する配電用の電気工作物の要件は，電圧 7 000 V 以下の配電線路と定められている（施行規則第 3 条の 3 の 2）．

また，配電事業についても，一般送配電事業と同等の規制として，託送供給義務（事業法第 27 条の 12 の 10）や兼業の制限，情報の目的外利用や差別的取り扱いの禁止，電圧及び周波数の維持義務など（事業法第 27 条の 12 の 13）が課されている．

コラム

一般送配電事業，送電事業，配電事業が許可制の理由

送配電設備には規模の経済性や自然独占性が認められるため，仮にこうした事業を自由に営めることとした場合，二重投資及び過剰投資が生じ，社会コストの増大を招くおそれがある．

このため，送配電設備を用いて託送供給等の事業を営もうとする者については，送配電設備の二重投資及び過剰投資を防止する観点から経済産業大臣の許可を必要とし，電圧及び周波数維持義務等の行為規制が課されている．

（5）特定送配電事業

自らが維持し，及び運用する送電用及び配電用の電気工作物により特定の供給地点において小売供給又は小売電気事業，一般送配電事業若しくは配電事業を営む他の者にその事業の用に供するための電気に係る託送供給を行う事業である．特定送配電事業を営むためには，経済産業大臣に届け出を行う必要がある（事業法第 27 条の 13）．

特定送配電事業においても，託送供給義務（事業法第 27 条の 14）や電圧及び周波数の維持義務など（事業法第 27 条の 26）が課されている．

ただし，一般送配電事業や配電事業との違いは，**一般送配電事業・配電事業が供給区域を定め一般の需要に対する託送供給義務を負う**のに対し，**特定送配電事業では届け出を行った供給地点における特定の需要以外には託送供給義務を負わない**点にある．

（6）発電事業

自らが維持し，及び運用する発電等用電気工作物を用いて**小売電気事業，一般送配電事業，配電事業又は特定送配電事業の用に供するための電気を発電し，又は放電**する事業であり，その事業の用に供する発電等用電気工作物が省令で定める要件に該当する事業である．発電事業を営むためには，**経済産業大臣に届け出**を行う必要がある（事業法第 27 条の 27）．

なお，省令で定める要件は，図 1·6 のとおりである．

次のすべての条件に該当する特定発電用電気工作物について，接続最大電力の合計が 1 万 kW を超える場合に発電事業に該当する.

＜特定発電用電気工作物＞

発電出力が 1 000 kW 以上である電気工作物

発電出力の 50 % が小売電気事業等の用に供される電気工作物（発電出力が 10 万 kW を超える場合は 10 %超）

発電所内の負荷を除き，発電する電気の量の 50 % 超が小売電気事業者等の用に供される電気工作物（発電出力が 10 万 kW を超える場合は 10 %超）

図 1·6 発電事業に係る発電用の電気工作物の要件〈施行規則第 3 条の 4〉

（7）特定卸供給事業

発電等用電気工作物を維持及び運用し，電気の供給能力を有する他の者（発電事業者を除く．）に対して**発電又は放電を指示し，集約**した電気を小売電気事業，一般送配電事業，配電事業又は特定送配電事業の用に供するために供給する事業である．要件として**集約する電気は 1 000 kW を超えること**が見込まれる必要がある（施行規則第 3 条の 4 の 3）．

特定卸供給事業を営むためには，**経済産業大臣に届け出**を行う必要がある（事業法第 27 条の 30）．

電気事業の類型についてまとめると，図 1・7 のようになる．

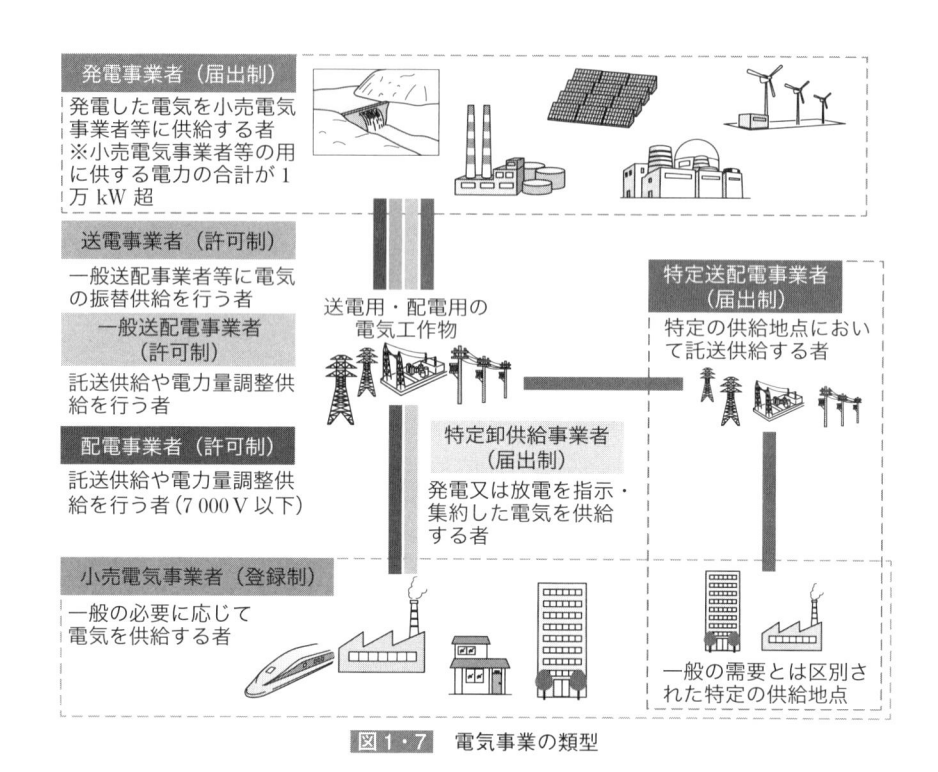

図 1・7 電気事業の類型

例題 1 ··· H9　問 5（改）

　次の文章は，電気事業法の目的に関する記述である．次の　　　　の中に当てはまる語句を解答群の中から選びなさい．

　電気事業法は，電気事業の運営を適正かつ合理的ならしめることによって，電気の使用者の　(1)　を保護し，及び電気事業の健全な発達を図るとともに，電気工作物の工事，　(2)　及び運用を規制することによって，　(3)　の安全を確保し，及び環境の保全を図ることを目的とする．

【解答群】

(イ) 権利　(ロ) 財産　　(ハ) 公共　(ニ) 維持　　　(ホ) 消費者　(ヘ) 修理
(ト) 危険　(チ) 利用者　(リ) 販売　(ヌ) 感電死傷　(ル) 利益　　(ヲ) 保全

解　説　事業法第 1 条からの出題．1-1 節 2 項を参照のこと．

【解答】（1）ル　（2）ニ　（3）ハ

例題 2　・・ H17　問 5（改）

　次の文章は，「電気事業法」及び「電気事業法施行規則（経済産業省令）」に基づく，電気事業者の供給する電気の値に関する記述である．文中の ☐☐☐☐ に当てはまる語句又は数値を解答群の中から選びなさい．

a)　☐(1)☐ 者は，その供給する電気の電圧の値を経済産業省令で定める値に維持するように努めなければならない．

b)　上記 a の経済産業省令で定める電圧の値は，その電気を供給する場所において次の表の左欄に掲げる標準電圧に応じて，それぞれ同表の右欄に掲げるとおりとする．

標準電圧	維持すべき値		
100 V	☐(2)☐ 〔V〕の上下	☐(3)☐ 〔V〕を超えない値	
200 V	☐(4)☐ 〔V〕の上下	☐(5)☐ 〔V〕を超えない値	

【解答群】

(イ) 2　　　(ロ) 5　　　(ハ) 6　　　(ニ) 10　　(ホ) 12　　(ヘ) 20　　(ト) 100
(チ) 101　(リ) 102　(ヌ) 200　(ル) 201　(ヲ) 202　(ワ) 送電事業
(カ) 一般送配電事業　　(ヨ) 特定卸供給事業

解　説　事業法第 26 条，施行規則第 38 条からの出題．1-1 節 3 項を参照のこと．

(1) 電圧の維持に係る義務を負うのは，一般送配電事業者，配電事業者，特定送配電事業者であるため，解答群より「(カ) 一般送配電」となる．

(2)(3) 標準電圧 100 V の場合の電圧の維持範囲は，101 ± 6 V．

(4)(5) 標準電圧 200 V の場合の電圧の維持範囲は，202 ± 20 V．

【解答】（1）カ　（2）チ　（3）ハ　（4）ヲ　（5）ヘ

例題3 ··· R3 問1

次の文章は，電気事業法施行規則に基づく，電圧及び周波数の測定方法等に関する記述である．文中の ☐ に当てはまる最も適切なものを解答群の中から選びなさい．

a) 電圧の測定は，測定箇所ごとに，　(1)　，供給地域又は供給地点を管轄する経済産業局長（中部経済産業局電力・ガス事業北陸支局長を含む.）が指定する期間において一回，連続して二十四時間行うこと.

b) 電圧の測定結果について，測定箇所ごとに記録するべき項目には，次のようなものがある.
　①標準電圧
　②測定電圧の三十分平均最大値及び三十分平均最小値並びにそれぞれの　(2)

c) 周波数の測定は，　(3)　ごとに記録計器を使用して　(4)　測定するものとする.

d) 周波数の測定結果について，　(3)　ごとに記録するべき項目には，次のようなものがある.
　①標準周波数
　②測定周波数の日最大値及び日最小値並びに月間積算周波数偏差

e) 測定結果の記録は，　(5)　保存すること.

【解答群】
(イ) 任意の一時間　(ロ) 発生時　(ハ) 差　(ニ) 事故が発生した翌年
(ホ) 三年間　(ヘ) 発生原因　(ト) 大口需要家　(チ) 市区町村
(リ) 一時間ごとに　(ヌ) 毎年　(ル) 五年に一回　(ヲ) 三十年間
(ワ) 事業継続の間　(カ) 常時　(ヨ) 電力系統

解 説　施行規則第39条からの出題. 1-1節3項を参照のこと.

【解答】(1) ヌ　(2) ロ　(3) ヨ　(4) カ　(5) ホ

1-2 電気工作物の種類と定義

**攻略の
ポイント**　電気事業法に関する内容のうち，電気工作物の種類や定義は比較的出題頻度が高い領域となる．2章の電気設備の技術基準にも関連する事項となるため，しっかりと理解しておきたい．

1　電気工作物とは

電気工作物は，事業法第2条で「**発電，蓄電，変電，送電若しくは配電又は電気の使用のために設置する機械，器具，ダム，水路，貯水池，電線路その他の工作物**」と定義されている．

なお，工作物とは人為的な労作を加えることにより土地等に固定して設備されたものであり，天然の河川をそのまま水路等に利用しても当該河川は電気工作物とはならず，水そのものも電気工作物ではない．また，発電所，変電所等は，総合的設備として電気工作物であると同時に，これらを構成する機械，器具も電気工作物である．

電気工作物の範囲については，発電，変電，送電若しくは配電又は電気の使用のために直接必要なものを示しており，電気事業者の営業所や社宅等これに直接関係のないものは含まない．ただし，発電所，水路等の監視保守のために必要な駐在所等は，直接の必要があると解される．

2　電気工作物から除外される工作物

鉄道や船舶，車両，航空機等に設置される工作物は，他の工作物と電気的に接続されず独立しているものが多く，さらには他の法令によって保安面の規制がなされており，電気事業法のもと電気工作物として規制する必要がないものが多い．

このため，電気事業法施行令第1条にて，以下のような工作物を電気工作物から除外している．

- 鉄道営業法，軌道法若しくは鉄道事業法が適用され若しくは準用される車両若しくは搬器，船舶安全法が適用される**船舶，陸上自衛隊の使用する船舶（水陸両用車両を含む．）**若しくは**海上自衛隊の使用する船舶**又は道路運送車両法第2条第2項に規定する**自動車に設置される工作物**であって，これらの車両，搬器，船舶及び自動車以外の場所に設置される電気的設備に**電気を供**

給するためのもの以外のもの

- 航空法第 2 条第 1 項に規定する**航空機に設置される工作物**

また電圧が極めて低く，保安上支障のない工作物として，

- **電圧 30 V 未満の電気的設備**であって，**電圧 30 V 以上の電気的設備と電気的に接続されていないもの**

も電気工作物から除外されている．

3 電気工作物の種類

電気工作物は，**一般用電気工作物**と**事業用電気工作物**に大別される．また，事業用電気工作物は，**電気事業の用に供する電気工作物**のほか，**小規模事業用電気工作物**，自家用電気工作物に分類される．

（1）一般用電気工作物〈事業法第 38 条第 1 項〉

一般用電気工作物とは，**低圧**（交流 600 V 以下）の**比較的危険性が低い電気工作物**で，一般家庭等に設置されるものを指す．

具体的には，次の電気工作物であり，**需要家構内に設置するもの**が該当する．ただし，低圧の電気工作物であっても**危険性の高い小規模発電設備以外の発電用の電気工作物と同一の構内に設置するもの**や，**爆発性若しくは引火性の物が存在するため事故が発生するおそれが多い場所として省令で定める場所に設置するもの**は除外され，事業用電気工作物となる．

- **電気を使用するための電気工作物**であって，低圧受電電線路（当該電気工作物を設置する場所と同一の構内において低圧の電気を他の者から受電し，又は他の者に受電させるための電線路をいう．）以外の電線路により**その構内以外の場所にある電気工作物と電気的に接続されていないもの**
- **小規模発電設備**であって，**出力が省令**（施行規則第 48 条）**で定める出力未満**であり，かつ，低圧受電電線路以外の電線路により**その構内以外の場所にある電気工作物と電気的に接続されていないもの**（詳細は（3）を参照）
- これらに準ずるものとして経済産業省令で定めるもの

（2）事業用電気工作物〈事業法第 38 条第 2 項〉

事業用電気工作物は，一般用電気工作物以外の電気工作物となる．

（3）小規模事業用電気工作物〈事業法第 38 条第 3 項〉

小規模事業用電気工作物とは，事業用電気工作物のうち，小規模発電設備で

あって次のいずれにも該当し，構内に設置する電気工作物をいう．

- 出力が省令（施行規則第48条）で定める出力以上のもの
- 低圧受電電線路以外の電線路によりその構内以外の場所にある電気工作物と電気的に接続されていないもの

施行規則第48条では，表1·3のとおり**小規模発電設備**を**一般用電気工作物**と**小規模事業用電気工作物に分類**している．

表1·3 小規模発電設備の分類・定義

小規模発電設備（＝低圧の電気に係る発電用の電気工作物)※	
一般用電気工作物	小規模事業用電気工作物
• 10 kW 未満の太陽電池発電設備 • 最大使用水量が 1 m³/s 未満かつ出力 20 kW 未満の水力発電設備（ダムを伴うものを除く） • 出力 10 kW 未満の内燃力を原動力とする火力発電設備 • 出力 10 kW 未満の燃料電池発電設備（PEFC，SOFC）であって，燃料・改質系統設備の最高使用圧力が 0.1 MPa 未満（液体燃料を通ずる部分にあっては，1.0 MPa）のもの又は自動車に設置される燃料電池発電設備であって道路運送車両の保安基準に適合するもの • 出力 10 kW 未満のスターリングエンジンで発生させた運動エネルギーを原動力とする発電設備	• 10 kW 以上 50 kW 未満の太陽電池発電設備 • 20 kW 未満の風力発電設備

※これらの発電設備が同一の構内に設置・電気的に接続され，それらの設備の出力の合計が 50 kW 以上となるものは小規模発電設備から除く

······························· **コ ラ ム** ·······························
小規模事業用電気工作物

··

　再生可能エネルギーの全量買取制度開始以降，発電設備の導入数が急速に増加し，特に小規模な発電設備に係る公衆災害リスクが懸念されるに至った.

　これを受け，令和4年（2022年）6月15日に成立した電気事業法の改正により，従来は一般用電気工作物とされてきた小規模発電設備のうち，10 kW 以上50 kW 未満の太陽電池発電設備と，20 kW 未満の風力発電設備が新たに「小規模事業用電気工作物」として分類され，規制が強化された.

（4）電気事業の用に供する電気工作物・自家用電気工作物〈事業法第38条第4項〉

　事業用電気工作物のうち，**以下の電気事業の用に供する電気工作物及び一般用電気工作物以外を自家用電気工作物**という.

　　①一般送配電事業
　　②送電事業
　　③配電事業
　　④特定送配電事業
　　⑤発電事業であって，その事業の用に供する発電等用電気工作物が主務省令で定める要件に該当するもの

　⑤の要件は，施行規則第48条の2において，次のいずれかに該当するものとされており，**これらに該当する電気工作物は電気事業の用に供する電気工作物であり，自家用電気工作物とはならない**.

- 特定発電用電気工作物（図1·6）の小売電気事業等用接続最大電力の**合計が2 000 000 kW を超える**こと（沖縄電力株式会社の供給区域にあっては，100 000 kW を超えること）
- 一般送配電事業者が離島等供給の用に供するため又はその供給する電気の電

圧及び周波数の値を一定の値に維持するため，当該一般送配電事業者が維持し，及び運用するものであること.

以上を図示すると，図1·8のようになる.

電気工作物
➤発電，蓄電，変電，送電若しくは配電又は電気の使用のために設置する機械，器具，ダム，水路，貯水池，電線路その他の工作物

事業用電気工作物
➤「一般用電気工作物」以外の電気工作物

電気事業の用に供する電気工作物
➤一般送配電事業，送電事業，配電事業，特定送配電事業の用に供する電気工作物
➤発電事業であって，特定発電用電気工作物の小売電気事業等用接続最大電力の合計が 200 万 kW（沖縄電力株式会社の供給区域にあっては，10 万 kW）を超えるもの，一般送配電事業者が離島等供給の用に供するためのもの等

自家用電気工作物
➤電気事業の用に供する事業用電気工作物以外の事業用電気工作物

小規模事業用電気工作物
➤600 V 以下の電線路以外の電線路によりその構内以外の場所にある電気工作物と電気的に接続されていない次の小規模発電設備
・出力 10 kW 以上 50 kW 未満の太陽電池発電設備
・出力 20 kW 未満の風力発電設備

一般用電気工作物
➤電気を使用するための電気工作物であって，600 V 以下の電線路以外の電線路によりその構内以外の場所にある電気工作物と電気的に接続されていないもの
（例）一般家庭，商店，小規模事務所等の屋内配線など
➤600 V 以下の電線路以外の電線路によりその構内以外の場所にある電気工作物と電気的に接続されていない次の小規模発電設備（ただし，これらの発電設備が同一の構内に設置・電気的に接続され，それらの設備の出力の合計が 50 kW 以上となるものは除く.）
・出力 10 kW 未満の太陽電池発電設備
・最大使用水量が 1m³/s 未満かつ出力 20 kW 未満の水力発電設備（ダムを伴うものを除く）
・出力 10 kW 未満の内燃力を原動力とする火力発電設備
・出力 10 kW 未満の燃料電池発電設備（PEFC，SOFC）であって燃料・改質系統設備の最高使用圧力が 0.1 MPa 未満（液体燃料を通ずる部分にあっては，1.0 MPa）のもの，自動車に設置される燃料電池設備で道路運送車両の保安基準に適合するもの
・出力 10 kW 未満のスターリングエンジンで発生させた運動エネルギーを原動力とする発電設備

図 1·8　電気工作物の種類

例題 4 ·············· H30　問 1（改）

次の文章は，「電気事業法」及び「電気事業法施行規則」における電気工作物に関する記述である．文中の　　　　に当てはまる最も適切なものを解答群の中から選びなさい．

a）「一般用電気工作物」とは，次に掲げる電気工作物をいう．ただし，　(1)　以外の発電用の電気工作物と同一の構内に設置するもの又は　(2)　が存在するため電気工作物による事故が発生するおそれが多い場所として経済産業省令で定める場所に設置するものを除く．

　①電気を使用するための電気工作物であって，低圧受電電線路（当該電気工作物を設置する場所と同一の構内において低圧の電気を　(3)　から受電し，又は　(3)　に受電させるための電線路をいう．）以外の電線路によりその構内以外の場所にある電気工作物と電気的に接続されていないもの

　②　(1)　であって，出力が経済産業省令で定める出力未満のものであり，かつ低圧受電電線路以外の電線路によりその構内以外の場所にある電気工作物と電気的に接続されていないものであること

　③上記①及び②に掲げるものに準ずるものとして経済産業省令で定めるもの

b）「　(4)　」とは，一般用電気工作物以外の電気工作物をいう．

c）「自家用電気工作物」とは，次に掲げる事業の用に供する電気工作物及び一般用電気工作物以外の電気工作物をいう．

　①一般送配電事業

　②送電事業

　③配電事業

　④　(5)

　⑤発電事業であって，その事業の用に供する発電用の電気工作物が主務省令で定める要件に該当するもの

【解答群】

（イ）一般送配電事業者　　（ロ）爆発性若しくは引火性の物

（ハ）太陽電池発電設備　　（ニ）託送供給を行う事業　　　　（ホ）小規模発電設備

（ヘ）再生可能エネルギー発電設備　　　（ト）小出力発電設備

（チ）小売電気事業　　　　　　　　　　（リ）事業用電気工作物

（ヌ）腐食性のガス若しくは溶液　　　　（ル）電気事業者

（ヲ）充電部の露出若しくは発熱体の施設　（ワ）特定送配電事業

（カ）他の者　　　　　　　　　　　　　（ヨ）電気事業用電気工作物

解 説 事業法第38条からの出題で，電気工作物の定義に関する問題．2022年の電気事業法改正により，これまでの「小出力発電設備」が「小規模発電設備」として取り扱いが変わっているため，改めて確認しておこう．

【解答】(1) ホ (2) ロ (3) カ (4) リ (5) ワ

例題5 ·· H13 問1(改)

次の文章は，「電気事業法」及び「電気事業法施行規則」に定められている小規模発電設備に関する記述である．文中の ▭ に当てはまる語句又は数値を解答群の中から選びなさい．

小規模発電設備のうち，一般用電気工作物となる電気工作物は，電圧 (1) 〔V〕以下の電気の発電用の電気工作物であって，次のものをいう．

一 太陽電池発電設備であって出力 (2) 〔kW〕未満のもの

二 水力発電設備であって出力 (3) 〔kW〕未満のもの（ダムを伴うものを除く．）

三 (4) を原動力とする火力発電設備であって出力 10 kW 未満のもの

ただし，前各号に定める設備であって，同一の構内に設置する前各号に定める他の設備と電気的に接続され，それらの設備の出力の合計が (5) 〔kW〕以上となるものを除く．

【解答群】

(イ) 5	(ロ) 内燃力	(ハ) 50	(ニ) 燃料電池	(ホ) 300
(ヘ) 10	(ト) 600	(チ) ガスタービン	(リ) 200	(ヌ) 15
(ル) 20	(ヲ) 熱機関	(ワ) 風力	(カ) 750	(ヨ) 3

解 説 施行規則第48条からの出題．1-2節3項を参照のこと．

【解答】(1) ト (2) ヘ (3) ル (4) ロ (5) ハ

1-3 一般用電気工作物の保安

攻略の
ポイント　一般用電気工作物に関する保安規制は，電験2種での出題頻度は高くないものの，限られた範囲から繰り返し出題される傾向にある．このため，主な規制内容となる以下の条項については理解しておきたい．

1 一般用電気工作物の保安体系

　一般用電気工作物は，電気保安についての知識が比較的浅い一般家庭や商店等の需要家が所有・占有するものが多い．

　このため，一般用電気工作物は，

- **電気工事士法**の対象とすることにより**施工段階での保安を確保**
- 電気用品として取り扱うことが適切なものについては**電気用品安全法**の対象とすることにより**製造段階での品質を確保**
- **電気事業法**の技術基準適合命令や調査の義務により**使用段階での不良改善を確保**

することで，保安を確保する体系となっている（図1・9）．

【電気工事士法】 施工段階での保安を確保	【電気用品安全法】 製造段階での品質を確保	【電気事業法】 使用段階での不良改善

一般用電気工作物の保安確保

図1・9　一般用電気工作物の保安体系

2 技術基準適合命令〈事業法第56条〉

　経済産業大臣は，**一般用電気工作物が経済産業省令で定める技術基準に適合していないと認めるとき**は，その所有者又は占有者に対し，その技術基準に適合するように**一般用電気工作物を修理し，改造し，若しくは移転し，若しくはその使用を一時停止すべきことを命じ，又はその使用を制限することができる**．

　なお，技術基準は以下を満たすように定められる．

- **一般用電気工作物は，人体に危害を及ぼし，又は物件に損傷を与えないよう**

にすること

- 一般用電気工作物は，他の電気的設備その他の物件の機能に電気的又は磁気的な障害を与えないようにすること

3 一般用電気工作物の調査

(1) 調査の義務〈事業法第57条〉

①調査義務

　一般用電気工作物と直接に電気的に接続する電線路を維持し，及び運用する者（**電線路維持運用者**）は，その一般用電気工作物が経済産業省令で定める**技術基準に適合しているかどうかを調査しなければならない**．ただし，その一般用電気工作物の設置の場所に立ち入ることにつき，その所有者又は占有者の承諾を得ることができないときは，この限りでない．

②調査結果の通知

　電線路維持運用者は，調査の結果，一般用電気工作物が経済産業省令で定める**技術基準に適合していないと認めるとき**は，遅滞なく，その技術基準に適合するようにするため**とるべき措置及びその措置をとらなかった場合に生ずべき結果**をその所有者又は占有者に通知しなければならない．

③調査結果の記録・保存

　電線路維持運用者は，**帳簿を備え，調査及び結果の通知に関する業務に関し経済産業省令で定める事項を記載し，保存**しなければならない．

表1・4　記録・保存する事項〈施行規則第103条〉

保存期間	調査結果は，以下の事項を記録し**4年間保存**する必要がある
記録する事項	・一般用電気工作物の所有者又は占有者の氏名又は名称及び住所 ・調査年月日 ・調査の結果 ・通知年月日 ・通知事項 ・調査員の氏名

(2) 調査業務の委託〈事業法第57条の2〉

　電線路維持運用者は，経済産業大臣の登録を受けた者（**登録調査機関**）に，一

般用電気工作物の調査並びにその調査の結果の通知（**調査業務**）を**委託すること
ができる**.

（3）調査の義務の対象〈施行規則第96条第1項〉

　電線路維持運用者が維持し，及び運用する電線路と直接に電気的に接続する一
般用電気工作物であって，当該電線路を介して供給される電気を使用するものと
定められている．このため，**小規模発電設備は調査の義務を課せられていない**.

　また，小規模発電設備の一部として発電設備を稼働するために電気を使用する
設備を有するものについても，発電設備と一体の電気工作物として扱うことが妥
当であることから，調査義務の対象とならない.

（4）調査業務の時期・頻度〈施行規則第96条第2項〉

　調査は，**一般用電気工作物が設置された時及び変更の工事が完成した時に行く**
ほか，**4年に1回以上**行う必要がある．ただし，災害その他やむを得ない事由に
より当該頻度で行うことができなかった場合には，当該災害その他やむを得ない
事情がやんだ後速やかに調査を行うものとする.

　また，技術基準への不適合に関する通知をしたときは，その通知後相当の期間
を経過したときに，その一般用電気工作物の所有者又は占有者の求めに応じて再
び調査を行う必要がある.

（5）調査員の資格・調査の方法〈施行規則第96条第2項〉

　調査員は，

- **電気主任技術者免状の交付を受けている者**
- **第一種電気工事士**又は**第二種電気工事士**
- 大学，高等専門学校，高等学校若しくは中等教育学校等において**電気工学の
課程又はこれに相当する課程を修めて卒業した者**

が行うこととし，その身分を示す証明書を携帯し，請求があったときは，これを
提示する必要がある.

　また，調査は，測定器又は目視による方法その他の適切な方法により行う.

4　立入検査〈事業法第107条第5項〉

　経済産業大臣は，この法律の施行に必要な限度において，その職員に，一般用
電気工作物の設置の場所（当該一般用電気工作物が小規模発電設備以外のもので
ある場合にあっては，居住の用に供されているものを除く．）に立ち入り，一般

用電気工作物を検査させることができる．ただし，居住の用に供されている場所に立ち入る場合においては，あらかじめ，その居住者の承諾を得なければならない．

・・・・・・・・・・ コ ラ ム ・・・・・・・・・・

一般用電気工作物の調査の義務に関する考え方

電気工作物の保安責任は，第一義的には，その所有者又は占有者にある．

ただし，一般用電気工作物については，一般需要家の電気的知識が必ずしも高くないことや，一般送配電事業者といった電線路維持運用者がその安全度を確認することが電気の供給に付随して行われる行為であるとの社会的要請があること等から，電線路維持運用者に調査の義務が課せられている．

例題6 ······································· H20　問2（改）

　次の文章は，「電気事業法」における一般用電気工作物の保安に関する記述である．文中の　　　　　に当てはまる語句を解答群の中から選びなさい．

a) 　経済産業大臣は，一般用電気工作物が経済産業省令で定める技術基準に適合していないと認めるときは，その所有者又は占有者に対し，その技術基準に適合するように一般用電気工作物を　(1)　し，改造し，若しくは移転し，若しくはその使用を一時停止すべきことを命じ，又はその使用を　(2)　することができる．

b) 　一般用電気工作物と直接に電気的に接続する電線路を維持し，及び運用する者（以下，「電線路維持運用者」という．）は，経済産業省令で定めるところにより，その一般用電気工作物が上記 a の経済産業省令で定める技術基準に適合しているかどうかを調査しなければならない．ただし，その一般用電気工作物の　(3)　の場所に立ち入ることにつき，その所有者又は占有者の承諾を得ることができないときは，この限りでない．

c) 　電線路維持運用者は，上記 b の規定による調査の結果，一般用電気工作物が上記 a の経済産業省令で定める技術基準に適合していないと認めるときは，遅滞なく，その技術基準に適合するようにするためとるべき措置及びその措置をとらなかった場合に生ずべき　(4)　をその所有者又は占有者に通知しなければならない．

d) 　電線路維持運用者は，経済産業大臣の　(5)　を受けた者に，上記 b 及び c の業務を委託することができる．

【解答群】

（イ）監視　　（ロ）交換　　（ハ）排除　　（ニ）承認　　（ホ）結果　　（ヘ）登録
（ト）責任　　（チ）操作　　（リ）設置　　（ヌ）修理　　（ル）損害　　（ヲ）指定
（ワ）延期　　（カ）制限　　（ヨ）点検

解　説　事業法第56条（技術基準適合命令），第57条（調査の義務），第57条の2（調査業務の委託）からの出題．それぞれ1-3節2項および3項を参照のこと．

　　　　　　　　　　　　　　　【解答】（1）ヌ　（2）カ　（3）リ　（4）ホ　（5）ヘ

1-4 電気用品安全法

攻略の
ポイント　電気用品安全法（以下，「用品法」という.）・電気工事士法（以下，「工事士法」という.）の出題頻度は高くなく，出題範囲も限定的. このため，ポイントを押さえ電気事業法との関連条項とともに理解しておきたい.

1 目的〈用品法第1条〉

電気用品安全法は，電気用品の製造，販売等を規制するとともに，電気用品の安全性の確保につき民間事業者の自主的な活動を促進することにより，電気用品による危険及び障害の発生を防止することを目的とする.

2 定義〈用品法第2条〉

電気用品安全法では，表1・5のとおり「電気用品」「特定電気用品」が定義されている.

表1・5　電気用品・特定電気用品の定義

電気用品	・一般用電気工作物及び小規模事業用電気工作物の部分となり，又はこれに接続して用いられる機械，器具又は材料であって，政令で定めるもの ・携帯発電機であって，政令で定めるもの ・蓄電池であって，政令で定めるもの
特定電気用品	構造又は使用方法その他の使用状況からみて特に危険又は障害の発生するおそれが多い電気用品であって，政令で定めるもの

3 事業の届出〈用品法第3条〉

電気用品の製造又は輸入の事業を行う者は，経済産業省令で定める電気用品の区分に従い，事業開始の日から30日以内に，次の事項を経済産業大臣に届け出なければならない.

- 氏名又は名称及び住所並びに法人にあっては，その代表者の氏名
- 経済産業省令で定める電気用品の型式の区分
- 当該電気用品を製造する工場又は事業場の名称及び所在地（電気用品の輸入の事業を行う者にあっては，当該電気用品の製造事業者の氏名又は名称及び住所）

4 基準適合義務 〈用品法第 8 条〉

3 節の届出事業者は，その**届出に係る型式**の電気用品を製造し，又は輸入する場合においては，**省令で定める技術上の基準に適合**するようにしなければならない．またその適合性については，**検査を行い，その検査記録を作成し，保存**しなければならない．

5 特定電気用品の適合性検査 〈第 9 条〉

特定電気用品の場合，届出事業者は，当該特定電気用品を**販売する時**までに，経済産業大臣の登録を受けた者（**登録検査機関**）による**適合性検査**を受け，**交付される証明書を保存**しなければならない．

6 表示 〈用品法第 10 条〉

4 項の検査や 5 項の適合性検査に係る義務を履行したときは，当該電気用品に経済産業省令で定める方式による表示（PSE マーク）を付すことができる．

<特定電気用品に表示する記号>　　　　　<特定電気用品以外の電気用品に表示する記号>

※電線，ヒューズ，配線器具等の部品材料であって，構造上表示スペースを確保することが困難なものには，<PS>E とすることが可能

※電線，電線管類及びその附属品，ヒューズ，配線器具等の部品材料であって，構造上表示スペースを確保することが困難なものには，本記号に代えて (PS) E とすることが可能

図 1・10　電気用品に表示する記号（PSE マーク）

7 販売の制限 〈用品法第 27 条〉，使用の制限 〈用品法第 28 条〉

電気用品の製造，輸入又は販売の事業を行う者は，**PSE マークが付されているものでなければ，電気用品を販売し，又は販売の目的で陳列してはならない**（特定の用途に使用される電気用品で，経済産業大臣の承認を受けたときを除

く）．

　また，電気事業法に規定する電気事業者，自家用電気工作物の設置者，電気工事士法に規定する電気工事士，特種電気工事資格者又は認定電気工事従事者は，**PSE マークが付されているものでなければ，電気用品を電気工作物の設置又は変更の工事や，部品又は附属品として物品の製造に使用してはならない．**

例題 7 ･･ R2　問5

　次の文章は，電気用品安全法（以下「法」という．）及び関係法令に基づく，電気用品による危険及び障害の発生を防止することに関する記述である．文中の□□□□□に当てはまる最も適切なものを解答群の中から選びなさい．

　電気用品の　(1)　の事業を行う者は，経済産業省令で定める電気用品の区分に従い，事業の開始の日　(2)　に，法に定める事項を経済産業大臣に届け出なければならない．

　電気用品の技術基準に対する適合性について，法の規定による義務を履行したときに，特定電気用品に付することができる表示は　(3)　である．

　電気用品には，安全上必要な情報及び　(4)　を，見やすい箇所に容易に消えない方法で表示することが求められている．

　また，産業用のものを除く電気冷房機や扇風機などの5品目については，製造年，設計上の　(5)　，設計上の　(5)　を超えて使用すると，経年劣化による発火，けが等の事故に至る恐れがある旨の表示も求められている．

【解答群】

（イ）輸入又は販売　　（ロ）◇PS C◇　　　（ハ）Ⓟ P S C　　　　（ニ）用途

（ホ）製造又は販売　　（ヘ）使用上の注意　（ト）の後すみやか

（チ）製造又は輸入　　（リ）Ⓟ PS E　　　　（ヌ）の前まで　　（ル）から 30 日以内

（ヲ）◇PS E◇　　　　（ワ）標準使用期間　（カ）保証期間

（ヨ）届出した型式の区分

解　説　電気用品安全法に関する問題．

　（1）（2）については，用品法第3条（事業の届け出）からの出題で，電気用品の製造又は輸入の事業を行う場合には，事業開始の日から 30 日以内に，経済産業大事に届け出なけ

ればならない．

（3）は用品法第10条（表示）からの出題で，適合性検査に合格した特定電気用品には，「＜PS＞E」もしくは <PS/E> の表示を付すことができる．なお，本問の解答群にあるPSCマークは，消費生活用製品安全法で定められている特定製品に付すものである．

（4）は電気用品の技術上の基準を定める省令第19条からの出題である．同条では，「電気用品は，**安全上必要な情報及び使用上の注意**を，見やすい箇所に容易に消えない方法で表示されるものとする．」と定められている．

（5）は電気用品の技術上の基準を定める省令第20条で定められる「長期使用製品安全表示制度」に関する出題である．

対象は「扇風機」「換気扇」「電気冷房機」「電気洗濯機」「ブラウン管テレビ」の5品目である．これらは，消費生活用製品安全法における長期使用製品安全点検制度の対象ではないものの，長期間の使用により重大事故につながる可能性があることから，**設計上の標準使用期間**やこれを超えて使用した場合の**経年劣化による事故の発生を注意喚起**する表示が義務化されている．

【解答】（1）チ　（2）ル　（3）ヲ　（4）ヘ　（5）ワ

1-5 電気工事士法

**攻略の
ポイント**　電気工事士法（以下，「工事士法」という）では，電気事業法で定める電気工作物と一部異なる定義にて規制が定められている．電気事業法と混同することのないよう，整理して覚えておきたい．

1 目的〈工事士法第1条〉

工事士法は，**電気工事の作業に従事する者の資格及び義務を定め**，もって**電気工事の欠陥による災害の発生の防止**に寄与することを目的としている．

2 用語の定義〈工事士法第2条，工事士法施行規則第2条〉

工事士法が規制対象とする電気工作物の種類や用語の定義は以下のとおり．

(1) 一般用電気工作物等

事業法第38条第1項に規定する「**一般用電気工作物**」に，同条第3項に規定する「**小規模事業用電気工作物**」を加えたものをいう．

(2) 自家用電気工作物

事業法第38条第4項に規定する「自家用電気工作物」から，以下の電気工作物を除外したもの．

- 発電所
- 変電所
- **小規模事業用電気工作物**（(1) の「一般用電気工作物等」に含まれるため）
- **最大電力500 kW以上の需要設備**（電気を使用するために，その使用の場所と同一の構内（発電所又は変電所の構内を除く.）に設置する電気工作物の総合体）
- 蓄電所
- 送電線路（附属する開閉所その他の電気工作物を含む.）
- 保安通信設備

> **⚡ POINT**
> 自家用電気工作物のうち，発電所や蓄電所等が工事士法の規制対象外となっているが，これらの電気工作物は，設置者が電気保安に関する十分な知見を有しており，工事に関しても十分的確に保安を確保できるためである．

(3) 電気工事

一般用電気工作物等又は自家用電気工作物を**設置し，又は変更する工事**をいう．なお，電気工事士法施行令第1条で定める表1・6の**軽微な工事は，工事士法の規制から除外**される．

表1・6 軽微な工事（電気工事士法施行令第1条）

工事内容
• 電圧600 V以下で使用する差込み接続器，ねじ込み接続器，ソケット，ローゼットその他の接続器にコード又はキャブタイヤケーブルを接続する工事
• 電圧600 V以下で使用するナイフスイッチ，カットアウトスイッチ，スナップスイッチその他の開閉器にコード又はキャブタイヤケーブルを接続する工事
• 電圧600 V以下で使用する電気機器（配線器具を除く．）又は電圧600 V以下で使用する蓄電池の端子に電線（コード，キャブタイヤケーブル及びケーブルを含む．）をねじ止めする工事
• 電圧600 V以下で使用する電力量計若しくは電流制限器又はヒューズを取り付け，又は取り外す工事
• 電鈴，インターホーン，火災感知器，豆電球その他これらに類する施設に使用する小型変圧器（二次電圧が36 V以下のものに限る．）の二次側の配線工事
• 電線を支持する柱，腕木その他これらに類する工作物を設置し，又は変更する工事
• 地中電線用の暗きょ又は管を設置し，又は変更する工事

（4）電気工事士

第一種電気工事士及び第二種電気工事士をいう．

…………………………… **コ ラ ム** ……………………………

電気事業法上の自家用電気工作物の一部が電気工事士法で規制される理由

……………………………………………………………………

　「図1・9　一般用電気工作物の保安体系」にもあるが，電気工作物の設置者に電気保安に関する知識が乏しい場合は，電気事業法による使用段階での規制に加え，電気工事士法により施工段階での規制も行うことで，保安を確保することを基本としている．

　このため，従来は，一般家庭等の電気保安に関する知識に乏しい者が設置する一般用電気工作物のみが，電気工事士法の規制対象とされていた．

　しかし，中小ビル等の電気設備は，かつては小規模でほとんどが一般用電気工作物に該当していたものが，空調設備や情報設備等の普及により大型化し，自家用電気工作物に該当するものが多くなってきた．一方で中小ビル等の設置者の電気保安に関する知識は，一般家庭等と大差なく事故も多発しており，保安確保のため電気工事の実施段階で工事を行う者を規制

する必要が生じてきた．

このため，昭和 62 年の法律改正において，電気工事士法の規制対象を
それまでの一般用電気工作物の工事に加えて，自家用電気工作物の工事に
も拡大した経緯にある．

3 電気工事士等〈工事士法第 3 条〉

一般用電気工作物等や自家用電気工作物の電気工事に従事する際に必要となる
資格は，電気工作物や作業の種類によって以下のとおり定められている．

(1) 第一種電気工事士

第一種電気工事士でなければ，**自家用電気工作物に係る電気工事**（（3）及び
（4）に規定する電気工事を除く．）の作業に従事してはならない．

ただし，自家用電気工作物の保安上支障がないと認められる作業であって，工
事士法施行規則第 2 条で定める表 1·7 の**軽微な作業については，第一種電気工
士でなくても従事できる**．

(2) 第二種電気工事士

第一種電気工事士又は第二種電気工事士でなければ，**一般用電気工作物等に係
る電気工事**の作業に従事してはならない．

ただし，一般用電気工作物等の保安上支障がないと認められる作業であって，
工事士法施行規則第 2 条で定める表 1·7 の**軽微な作業については，第二種電気工
事士でなくても従事できる**．

表1・7　軽微な作業

軽微な作業の内容
①次に掲げる作業以外の作業
イ　電線相互を接続する作業（電気さくの電線を接続するものを除く.）
ロ　がいしに電線を取り付け，又はこれを取り外す作業
ハ　電線を直接造営材その他の物件（がいしを除く.）に取り付け，又はこれを取り外す作業
ニ　電線管，線ぴ，ダクトその他これらに類する物に電線を収める作業
ホ　配線器具を造営材その他の物件に取り付け，若しくはこれを取り外し，又はこれに電線を接続する作業（露出型点滅器又は露出型コンセントを取り換える作業を除く.）
ヘ　電線管を曲げ，若しくはねじ切りし，又は電線管相互若しくは電線管とボックスその他の附属品とを接続する作業
ト　金属製のボックスを造営材その他の物件に取り付け，又はこれを取り外す作業
チ　電線，電線管，線ぴ，ダクトその他これらに類する物が造営材を貫通する部分に金属製の防護装置を取り付け，又はこれを取り外す作業
リ　金属製の電線管，線ぴ，ダクトその他これらに類する物又はこれらの附属品を，建造物のメタルラス張り，ワイヤラス張り又は金属板張りの部分に取り付け，又はこれらを取り外す作業
ヌ　配電盤を造営材に取り付け，又はこれを取り外す作業
ル　接地線を電気工作物に取り付け，若しくはこれを取り外し，接地線相互若しくは接地線と接地極とを接続し，又は接地極を地面に埋設する作業
ヲ　電圧 600 V を超えて使用する電気機器に電線を接続する作業
②電気工事士が従事する①のイ～ヲに掲げる作業を補助する作業

······························ コ ラ ム ·······························
軽微な作業

··

　作業が極めて容易であって，施工不良のおそれがほとんどなく，電気工事士が行う作業を補助する作業等．具体的には，受電設備等に係るさく，へいを設置する作業，電線の被覆を除去，ないし電線を切断する作業といった電気工事の準備作業，がいし等の電線支持物を設置する作業等が該当する.

（3）特種電気工事資格者

　自家用電気工作物に係る電気工事のうち経済産業省令で定める特殊なもの（**特殊電気工事**）については，当該特殊電気工事に係る特種電気工事資格者認定証の交付を受けている者（**特種電気工事資格者**）でなければ，その作業に従事してはならない．（ただし，特種電気工事資格者が従事する**特殊電気工事の作業を補助する作業を除く．**）

　なお，特殊電気工事は，工事士法施行規則第2条の2にて，以下のように規定されている．

- ネオン用として設置される分電盤，主開閉器（電源側の電線との接続部分を除く．），タイムスイッチ，点滅器，ネオン変圧器，ネオン管及びこれらの附属設備に係る電気工事（**ネオン工事**）
- 非常用予備発電装置として設置される原動機，発電機，配電盤（他の需要設備との間の電線との接続部分を除く．）及びこれらの附属設備に係る電気工事（**非常用予備発電装置工事**）

（4）認定電気工事従事者

　自家用電気工作物に係る電気工事のうち経済産業省令で定める簡易なもの（**簡易電気工事**）については，（1）の規定にかかわらず，認定電気工事従事者認定証の交付を受けている者（**認定電気工事従事者**）は，その作業に従事することができる．

　なお，簡易電気工事は，工事士法施行規則第2条の3にて，「**電圧 600 V 以下で使用する自家用電気工作物に係る電気工事（電線路に係るものを除く．）**」と定められている．

4 ▶ 電気工事士等の義務〈工事士法第5条〉

　電気工事士，特種電気工事資格者又は認定電気工事従事者は，電気工事の作業に従事するときは「**電気設備に関する技術基準を定める省令**」に**適合**するように作業をしなければならない．

　また，電気工事士，特種電気工事資格者又は認定電気工事従事者は，電気工事の作業に従事するときは，電気工事士免状，特種電気工事資格者認定証又は認定電気工事従事者認定証を携帯していなければならない．

5 電気工事士法の規制概要

本節における電気工事士法の規制概要をまとめると，表1・8のとおり．

表1・8 工事士法の規制概要

電気事業法上の電気工作物の種類と工事内容		当該電気工事に従事するための資格者
自家用電気工作物	発電所，蓄電所，変電所，送電線路（附属する開閉所その他の電気工作物を含む．），保安通信設備，最大電力 500 kW 以上の需要設備の工事	規定なし（電気主任技術者の監督のもと工事を実施）
	ネオン工事 非常用予備発電装置工事	特種電気工事資格者（ネオン，非常用予備発電装置）
	上記以外	第一種電気工事士
	600 V 以下で使用する設備の工事	認定電気工事従事者
	小規模事業用電気工作物の工事	第一種電気工事士 第二種電気工事士
一般用電気工作物の工事		

例題 8 ・・ H29 問1(改)

次の文章は，「電気工事士法」及び「電気工事業の業務の適正化に関する法律」に関する記述である．文中の　　　　　に当てはまる最も適切なものを解答群の中から選びなさい．

a) これらの法律でいう「自家用電気工作物」は，電気事業法で規定される自家用電気工作物から，発電所，蓄電所，変電所，最大電力 (1) 以上の需要設備，(2) 及び保安通信設備が除かれる．

b) 「電気工事士」とは，(3) をいう．

c) 第一種電気工事士は，経済産業省令で定めるやむを得ない事由がある場合を除き，第一種電気工事士免状の交付を受けた日から (4) 以内に自家用電気工作物の保安に関する講習を受けなければならない．当該講習を受けた日以降についても，同様とする．

d) 「電気工事業の業務の適正化に関する法律」でいう「電気工事」は，「電気工事士法」で規定される電気工事から (5) が除かれる．

【解答群】
（イ）電車線等　（ロ）50 kW　（ハ）3年　（ニ）簡易電気工事　（ホ）500 kW
（ヘ）送電線路　（ト）臨時工事　（チ）2 000 kW　（リ）配電線路　（ヌ）1年
（ル）5年　（ヲ）主任電気工事士，第一種電気工事士及び第二種電気工事士
（ワ）第一種電気工事士及び第二種電気工事士
（カ）家庭用電気機械器具の販売に付随して行う工事
（ヨ）第一種電気工事士，第二種電気工事士，特種電気工事資格者及び認定電気工事
　　従事者

解 説　(1) ～ (3) は工事士法第2条からの出題.

(4) は工事士法第4条の3（第一種電気工事士の講習）からの出題である．同条では「第一種電気工事士は，経済産業省令で定めるやむを得ない事由がある場合を除き，第一種電気工事士免状の**交付を受けた日から5年以内**に，経済産業省令で定めるところにより，経済産業大臣の指定する者が行う自家用電気工作物の保安に関する講習を受けなければならない．」と定められている．

自家用電気工作物は一般用電気工作物と比べて多様な電気設備で構成されることに加え，構造も複雑であり，また性能・機能等に対する技術進歩が速い．このため，十分な保安を確保することを目的に，自家用電気工作物の電気工事に従事する第一種電気工事士は，電気工事及び保安に関する知識更新と規制変更等に関する知識を更新する必要性から定められている．

(5) は「電気工事業の業務の適正化に関する法律」に関する問題である．同法は，「電気工事業を営む者の登録等及びその業務の規制を行うことにより，その業務の適正な実施を確保し，もって一般用電気工作物等及び自家用電気工作物の保安の確保に資することを目的」（第1条）としており，同法における「電気工事」は「**家庭用電気機械器具の販売に付随して行う工事を除く**」（第2条）と定められている．

これは，家電量販店をはじめとする家庭用電気機械器具の販売業者が，電気機械器具（テレビ，電気ストーブ，電気洗濯機等）の販売に付随して，例えばその機器用のコンセントを設ける等の配線工事を局部的に行うことが消費者サービス上一般化している場合があることや，家庭用電気機械器具の販売に伴う消費者への便宜を図ること等を考慮して，同法の規制から除外したものである．これにより電気工事業の登録を受けていない家庭用電気機械器具販売者であっても，電気工事士であれば，工事を行うことが可能となっている．

【解答】(1) ホ　(2) ヘ　(3) ワ　(4) ル　(5) カ

1-6 事業用電気工作物の保安体系（概観）

攻略の
ポイント

ここまで学んできた一般用電気工作物と比べ，電気主任技術者が担う事業用電気工作物に関する保安は試験での出題頻度が高い．電気主任技術者の実務に関連する内容でもあるため，本節から 1-10 節までで解説する内容については，しっかりと理解しておこう．

事業用電気工作物は，電気工作物の設置者による自主的な保安確保を前提としつつ，国が必要に応じて審査や検査により関与する体制となっている．

主な規制は表 1·9 のとおり．

表 1·9 事業用電気工作物の保安体系

	事業用電気工作物設置者の義務	国による関与
技術基準への適合 1-7 節	**技術基準適合維持（事業法第 39 条）** 技術基準に適合するように維持	**技術基準適合命令（事業法第 40 条）** 修理や使用一時停止などを命令
自主的な保安 1-8 節	**保安規程（事業法第 42 条）** 保安規程を定めて国に届出	**保安規程の変更命令（事業法第 42 条）** 保安規程の変更を命令
	主任技術者選任（事業法第 43 条） 保安を監督する主任技術者を設置	**免状返納命令（事業法第 44 条）** 主任技術者に免状の返納を命令
工事計画・検査 1-9 節	**工事計画の認可・届出（事業法第 47 条，事業法第 48 条）** 重要な工事には，事前に工事計画等を国に認可申請又は届出	**工事計画の認可・変更命令（事業法第 47 条，事業法第 48 条）** 工事計画の認可（第 47 条），変更や廃止を命令（第 48 条）
		使用前検査（事業法第 49 条，事業法第 50 条） 使用前には国が検査を実施（現時点では原子力のみ）
	使用前自主検査（事業法第 51 条） 使用開始前に自主検査，基準への適合を確認し，記録を保存	**使用前安全管理審査（事業法第 51 条）** 自主検査の実施に係る体制について審査
	使用前自己確認（事業法第 51 条の 2） 使用開始前に自己確認，基準への適合を確認し，結果を国に届出	
	溶接自主検査実施義務（事業法第 52 条） ボイラーなどの溶接部分について，基準への適合を確認し，記録を保存	

	自家用電気工作物使用開始届出（事業法第53条） 自家用電気工作物の使用状態について届出	
	基礎情報の届出（事業法第46条） 小規模事業用電気工作物の使用開始前に届出	
	定期自主検査（事業法第55条） タービンなど損傷，腐食の可能性が高いものについては，検査を行い，検査結果を記録	**定期安全管理審査（事業法第55条）** 定期自主検査の実施に係る体制について審査
報告徴収 ・立入 1-10節	**報告義務（事業法第106条）** 国から業務内容等の提出の求めに対して報告義務	**立入検査（事業法第107条）** 自主保安体制の確認のため立入検査，改善の指導等

1-7 事業用電気工作物の保安① 技術基準への適合

攻略の
ポイント

事業用電気工作物の保安を確保するにあたり，主務省令により定める一定の技術基準に適合するように維持する設置者の義務と，技術基準に適合しない場合には国が適合を命令できる旨が定められている．

1 事業用電気工作物の維持 〈事業法第 39 条〉

事業用電気工作物を設置する者は，事業用電気工作物を主務省令で定める技術基準に適合するように維持しなければならない．

また，主務省令で定める技術基準は，事業用電気工作物が次に掲げる事項を満たすように定めることとされており，①②は一般用電気工作物と共通している．

①**事業用電気工作物は，人体に危害を及ぼし，又は物件に損傷を与えないよ**うにすること．

②**事業用電気工作物は，他の電気的設備その他の物件の機能に電気的又は磁気的な障害を与えないようにすること．**

③**事業用電気工作物の損壊**により一般送配電事業者又は配電事業者の**電気の供給に著しい支障を及ぼさないようにすること．**

④事業用電気工作物が一般送配電事業又は配電事業の用に供される場合にあっては，その事業用電気工作物の損壊によりその一般送配電事業又は配電事業に係る電気の供給に著しい支障を生じないようにすること．

現在，表 1・10 の 7 つの主務省令にて技術基準が定められている．

表 1・10　事業用電気工作物の保安体系

技術基準を定める主務省令	
経済産業省令	• 発電用水力設備に関する技術基準を定める省令 • 発電用火力設備に関する技術基準を定める省令 • 発電用原子力設備に関する技術基準を定める省令 • 発電用風力設備に関する技術基準を定める省令 • 発電用太陽電池設備に関する技術基準を定める省令 • 電気設備に関する技術基準を定める省令
原子力規制委員会及び経済産業大臣の発する命令	• 原子力発電工作物に係る電気設備に関する技術基準を定める命令

2 技術基準適合命令〈事業法第40条〉

主務大臣は，事業用電気工作物が主務省令で定める**技術基準に適合していない**と認めるときは，事業用電気工作物を設置する者に対し，その**技術基準に適合す**るように事業用電気工作物を修理し，改造し，若しくは移転し，若しくはその使用を一時停止すべきことを命じ，又はその使用を制限することができる．

例題9 ·· H22　問5（改）

次の文章は，「電気事業法」における事業用電気工作物の技術基準及び技術基準適合命令に関する記述である．文中の□□□に当てはまる語句を解答群の中から選びなさい．

a)　事業用電気工作物の技術基準は，次に掲げるところにより定められている．

①事業用電気工作物は，人体に危害を及ぼし，又は物件に損傷を与えないようにすること．

②事業用電気工作物は，他の電気的設備その他の物件の機能に電気的又は□(1)□な障害を与えないようにすること．

③事業用電気工作物の□(2)□により一般送配電事業者又は配電事業者の□(3)□に著しい支障を及ぼさないようにすること．

④事業用電気工作物が一般送配電事業又は配電事業の用に供される場合にあっては，その事業用電気工作物の□(2)□によりその一般送配電事業又は配電事業に係る□(3)□に著しい支障を生じないようにすること．

b)　主務大臣は，事業用電気工作物が上記aの技術基準に適合していないと認めるときは，事業用電気工作物を□(4)□する者に対し，その技術基準に適合するように事業用電気工作物を修理し，改造し，若しくは移転し，若しくはその使用を一時停止すべきことを命じ，又はその使用を□(5)□することができる．

【解答群】

(イ) 化学的　(ロ) 停止　(ハ) 磁気的　(ニ) 需要　(ホ) 損壊
(ヘ) 設置　(ト) 静電的　(チ) 故障　(リ) 保安　(ヌ) 留保
(ヲ) 使用　(ワ) 制限　(カ) 禁止　(ヨ) 電気の供給

解　説　事業法第39条（事業用電気工作物の維持），第40条（技術基準適合命令）からの出題．

【解答】(1) ハ　(2) ホ　(3) ヨ　(4) ヘ　(5) ワ

攻略の
ポイント

事業用電気工作物を設置する者は事業用電気工作物が技術基準に適合するよう，工事・維持・運用に係る保安規程の作成・届出と保安の監督を担う主任技術者の選任を行う必要がある.

1 保安規程〈事業法第 42 条〉

（1）保安規程の作成・届出

　事業用電気工作物（**小規模事業用電気工作物を除く**）を設置する者は，**事業用電気工作物の工事，維持及び運用に関する保安を確保**するため，主務省令で定めるところにより，**保安を一体的に確保することが必要な事業用電気工作物の組織ごとに保安規程を定め**，当該組織における事業用電気工作物の**使用**（自主検査を伴うものにあっては，その**工事**）**の開始前**に，主務大臣に届け出なければならない.

　また，保安規程を変更したときは，遅滞なく，変更した事項を主務大臣に届け出なければならない.

（2）保安規程に定めるべき事項

　施行規則第 50 条では保安規程（自家用電気工作物の場合）に以下の事項を定めることとされている.

- 事業用電気工作物の工事，維持又は運用に関する業務を管理する者の職務及び組織に関すること.
- 事業用電気工作物の工事，維持又は運用に従事する者に対する保安教育に関すること.
- 事業用電気工作物の工事，維持及び運用に関する保安のための巡視，点検及び検査に関すること.
- 事業用電気工作物の運転又は操作に関すること.
- 発電所又は蓄電所の運転を相当期間停止する場合における保全の方法に関すること.
- 災害その他非常の場合に採るべき措置に関すること.
- 事業用電気工作物の工事，維持及び運用に関する保安についての記録に関すること.
- 事業用電気工作物の法定自主検査又は使用前自己確認に係る実施体制及び記

録の保存に関すること.

- その他事業用電気工作物の工事，維持及び運用に関する保安に関し必要な事項.

（3）保安規程の変更命令

主務大臣は，事業用電気工作物の工事，維持及び運用に関する**保安を確保するため必要があると認めるとき**は，事業用電気工作物を設置する者に対し，**保安規程を変更すべきことを命ずることができる**.

（4）保安規程の遵守義務

事業用電気工作物を設置する者及びその従業者は，**保安規程を守らなければならない**.

2　主任技術者〈事業法第 43 条〉, 主任技術者免状〈事業法第 44 条〉

（1）主任技術者の選任

事業用電気工作物を設置する者は，**事業用電気工作物の工事，維持及び運用に関する保安の監督**をさせるため，主務省令で定めるところにより，主任技術者免状の交付を受けている者のうちから，**主任技術者を選任**しなければならない.

主任技術者免状の種類は事業法第 44 条にて「電気主任技術者（第一種〜第三種）」「ダム水路主任技術者（第一種，第二種）」「ボイラー・タービン主任技術者（第一種，第二種）」の 7 種と定められており，施行規則第 56 条では免状の種類に応じて保安の監督を行える範囲が表 1·11 のように定められている.

なお，主任技術者は，原則として主任技術者免状の交付を受けている者であって，当該事業場に勤務し，**事業用電気工作物を設置する者又はその役員若しくは従業員から選任**する必要があるが，事業法第 43 条第 2 項，施行規則第 52 条第 2 項，経産省告示「主任技術者制度の解釈及び運用（内規）」にて，表 1·12 のとおり緩和されている.

表 1・11 主任技術者免状の種類と保安の監督範囲

主任技術者免状の種類	保安の監督をすることができる範囲
第一種電気主任技術者	**すべての事業用電気工作物の工事，維持及び運用**（第一種ダム水路主任技術者，第一種ボイラー・タービン主任技術者が監督できる範囲を除く.）
第二種電気主任技術者	**電圧 170 000 V 未満**の事業用電気工作物の工事，維持及び運用（第一種ダム水路主任技術者，第一種ボイラー・タービン主任技術者が監督できる範囲を除く.）
第三種電気主任技術者	**電圧 50 000 V 未満**の事業用電気工作物（**出力 5 000 kW 以上の発電所又は蓄電所を除く.**）の工事，維持及び運用（第一種ダム水路主任技術者，第一種ボイラー・タービン主任技術者が監督できる範囲を除く.）
ダム水路主任技術者（第一種，第二種）	水力設備などの工事，維持及び運用（電気的設備に係るものを除く.）
ボイラー・タービン主任技術者（第一種，第二種）	火力設備，原子力設備及び燃料電池設備の工事，維持及び運用（電気的設備に係るものを除く.）

表 1・12 主任技術者の選任方法とその要件

選任方法	選任する者が満たすべき要件		対象の電気工作物・事業場
当該事業場に常時勤務する者から選任（外部選任）〈内規1.（1）〉	電気主任技術者の免状を交付されている者	**派遣労働者**又は保安管理業務の受託者であって，**次の事項がすべて約されていること** • 自家用電気工作物を設置する者が主任技術者の意見を尊重すること • 自家用電気工作物の工事・維持及び運用に従事する者は主任技術者が保安のためにする指示に従うこと • 保安の監督の職務を誠実に行うこと	自家用電気工作物
当該事業場に常時勤務しない者から選任する（兼務）〈内規1.（3）〉		自家用電気工作物を設置する者又はその役員若しくは従業員などであって，常勤場所又は自宅から **2 時間以内に到達可能な者**	• **最大電力 2 000 kW 未満の需要設備**であって，**電圧 7 000 V 以下で受電**するもの • 施行規則第 53 条第 2 項第 5 号の頻度に準じて点検を行うこと（太陽電池発電所：6 月に 1 回以上，風力発電所・水力発電所：月 1 回以上，燃料電池発電所：月 1 回以上（工事期間中は週 1 回以上），小規模高圧需要設備：3 月に 1 回以上　など）

選任方法	選任する者が満たすべき要件		対象の電気工作物・事業場
他の事業場の主任技術者に**兼任させる**〈内規6.（1)〉	電気主任技術者の免状を交付されている者	・事業用電気工作物の設置者，系列会社の従業員 ・常勤場所又は自宅から**2時間以内に到達可能な者** ・**兼任させる電気主任技術者に電気工作物の工事・維持及び運用のために必要な事項を連絡する責任者が選任**されていること	・**最大電力2 000 kW 未満（太陽電池発電所は5 000 kW 未満）であって，電圧7 000 V 以下で連系等する事業用電気工作物** ・**兼任する事業場数が6 カ所以内**
主務大臣の許可を得て**免状交付を受けていない者を選任する**〈事業法法第43 条第2 項，内規2.（1)〉	電気主任技術者の免状が交付されていない者	・高等学校等において，電気関係の認定科目を修めて卒業した者 ・**第一種電気工事士** など	以下の**自家用電気工作物** ・**出力500 kW 未満の発電所** ・**最大電力500 kW 未満の需要設備** ・**電圧10 000 V 未満の変電所** ・**電圧10 000 V 未満の送電線路**又は**配電線路**を管理する事業場 ・**非自航船用電気設備**にあって**出力1 000 kW 未満の発電所，需要設備**
		上記に加え， ・**第二種電気工事士** ・短期大学若しくは工業高等専門学校等の電気工学科以外の工学に関する学科において，一般電気工学（実験を含む.）に関する科目を修めて卒業した者	以下の**自家用電気工作物** ・**最大電力100 kW 未満の需要設備（非自航船用電気設備**にあっては**最大電力300 kW 未満）** ・**電圧600 V 以下の配電線路**を管理する事業場
選任せず外部に委託する〈施行規則第52 条第2 項〉	**電気保安法人や電気管理技術者と保安管理業務契約**を直接締結する		以下の**自家用電気工作物** ①**出力5 000 kW 未満の太陽電池発電所**であって**電圧7 000 V 以下で**連系等をするもの ②**出力2 000 kW 未満の発電所（水力，火力及び風力発電所**に限る）であって**電圧7 000 V 以下**で連系等をするもの ③**出力1 000 kW 未満の発電所（①②**を除く）であって，**電圧7 000 V 以下**で連系等をするもの ④**電圧7 000 V 以下で受電する需要設備** ⑤**電圧600 V 以下の配電線路**

（2）主任技術者の届出

事業用電気工作物を設置する者は，**主任技術者を選任したとき**（許可を受けて主任技術者免状の交付を受けていない者を選任した場合を除く.）は，遅滞なく，その旨を**主務大臣に届け出**なければならない．これを解任したときも，同様とする．

（3）主任技術者の責務・権限

主任技術者は，事業用電気工作物の工事，維持及び運用に関する**保安の監督の職務を誠実に行わなければならない**．また，**事業用電気工作物の工事，維持又は運用に従事する者**は，主任技術者がその保安のためにする**指示に従わなければならない**.

（4）主任技術者免状の返納等

事業法第 44 条第 4 項では，「経済産業大臣は，主任技術者免状の交付を受けている者がこの法律又はこの法律に基づく命令の規定に違反したときは，その主任技術者免状の返納を命ずることができる」と定められている．

また，事業法第 44 条第 3 項では，次のいずれかの条件に該当する者に対しては，経済産業大臣が主任技術者免状の交付を行わないことができるとも定められている．

- 主任技術者免状の返納を命ぜられ，その日から 1 年を経過しない者
- 電気事業法又は電気事業法に基づく命令の規定に違反し，罰金以上の刑に処せられ，その執行を終わり，又は執行を受けることがなくなった日から 2 年を経過しない者

3　小規模事業用電気工作物を設置する者の届出〈事業法第 46 条〉

小規模事業用電気工作物（10 kW 以上 50 kW 未満の太陽電池発電設備，20 kW 未満の風力発電設備）については，保安規程の作成・届出や主任技術者の選任義務までは課せられていないものの，これを代替するために基礎的な情報の届出を行う必要がある．

具体的には，事業法第 46 条において，「**小規模事業用電気工作物を設置する者**は，当該**小規模事業用電気工作物の使用の開始前**に，経済産業省令で定めるところにより，氏名又は名称及び住所その他経済産業省令で定める事項を記載した書類を添えて，その旨を**経済産業大臣に届け出**なければならない．」とされている.

　なお，届出に記載が必要な事項は，事業法施行規則第57条にて，以下のとおり定められている．

- 小規模事業用電気工作物を設置する者の氏名又は名称及び住所並びに法人にあっては，その代表者の氏名
- 小規模事業用電気工作物を設置する者の電話番号，電子メールアドレスその他の連絡先
- 小規模事業用電気工作物の**設置の場所，原動力の種類及び出力**
- 小規模事業用電気工作物の**工事，維持及び運用に関する保安の監督に係る業務を担当する者の氏名**又は名称及び住所並びに法人にあっては，その代表者の氏名
- 小規模事業用電気工作物の工事，維持及び運用に関する保安の監督に係る業務を担当する者の電話番号，電子メールアドレスその他の連絡先
- **小規模事業用電気工作物の点検の頻度**

例題 10 ･･･ R1　問1

　次の文章は，自家用電気工作物の保安及び高圧一括受電マンションの取扱いに関する記述である．文中の□□□に当てはまる最も適切なものを解答群の中から選びなさい．

a)　自家用電気工作物に該当する需要設備の保安管理業務を外部委託し，電気主任技術者を選任しない場合，その外部委託について経済産業大臣又は産業保安監督部長に □(1)□ をしなければならない．この保安管理業務の外部委託業務に従事する者の要件として，電気主任技術者免状の交付を受けていることのほか，□(2)□ が必要である．

b)　一般的なマンションでは，住戸部（専有部）の電気契約は，住人（専有部利用者）が個別に電気事業者と低圧電灯契約を結ぶのに対し，契約主体を単一にして高圧電力契約し，マンション側で設置する受変電設備から各住戸部に低圧供給する，いわゆる高圧一括受電マンションが近年増加している．高圧一括受電マンションの電気工作物は，電気事業法及び関係法令により，次のように扱うことが必要である．

　　電気工作物の種類は，□(3)□ となる．

　　住戸部の電気工作物は，保安規程及び電気主任技術者の保安の監督の対象に □(4)□ ．

　　電気工作物の保安管理業務を外部委託により行う場合，住戸部の定期点検の頻度

は，低圧受電の一般用電気工作部の調査と同様，原則的に ____(5)____ とすることができる．

【解答群】

（イ）事前に承認申請　（ロ）10年に一回以上　（ハ）しなくてもよい

（ニ）事前に届出　（ホ）なる　（ヘ）ならない　（ト）1年に一回以上

（チ）事後遅滞なく届出　（リ）4年に一回以上

（ヌ）調査員の証明書の交付を受けていること

（ル）受変電設備は自家用電気工作物，住戸部は特定自家用電気工作物

（ヲ）電気工事士免状の交付を受けていること

（ワ）受変電設備，住戸部のいずれも自家用電気工作物

（カ）受変電設備は自家用電気工作物，住戸部は一般用電気工作物

（ヨ）実務に従事した期間が一定以上であること

解　説　（1）電気事業法施行規則第52条第2項より，保安の監督に係る業務を委託し電気主任技術者を選任しない場合には，経済産業大臣（事業場が一の産業保安監督部の管轄区域のみにある場合は，産業保安監督部長）の事前承認を受ける必要がある．

（2）「電気事業法施行規則第五十二条の二第一号ロの要件等に関する告示」の第1条には，要件として「事業用電気工作物の工事，維持又は運用に関する実務に従事した期間が通算して次に掲げる期間以上であること」と定められている．

第一種電気主任技術者免状の交付を受けている者	3年
第二種電気主任技術者免状の交付を受けている者	4年
第三種電気主任技術者免状の交付を受けている者	5年
第二種又は第三種電気主任技術者免状の交付を受けた後，自家用電気工作物の保安管理業務に関する講習を修了した者	3年

（3）（4）高圧で受電する電気工作物であるため，受変電設備・住戸部のいずれも自家用電気工作物であり，保安規程及び電気主任技術者の保安の監督の対象となる．

（5）「主任技術者制度の解釈及び運用（内規）」4．（11）には，「高圧一括受電するマンションの保安管理を外部委託により行う場合にあっては，住居部分の点検は4年に1回」と定められている．

【解答】（1）イ　（2）ヨ　（3）ワ　（4）ホ　（5）リ

例題11 ··· H26 問1

次の文章は，「電気事業法」及び「電気事業法施行規則」に基づく，保安規程に関する記述の一部である．文中の □□□□ に当てはまる最も適切なものを解答群の中から選びなさい．

a) 事業用電気工作物を設置する者は，事業用電気工作物の工事，維持及び運用に関する保安を確保するため，主務省令で定めるところにより，保安を一体的に確保することが必要な事業用電気工作物の □(1)□ ごとに保安規程を定め，当該 □(1)□ における事業用電気工作物の使用（使用前自主検査又は溶接事業者検査を伴うものにあっては，その工事）の開始前に，主務大臣に届け出なければならない．

b) 事業用電気工作物を設置する者は，保安規程を変更したときは，□(2)□，変更した事項を主務大臣に届け出なければならない．

c) 自家用電気工作物を設置する者が保安規程を定める事項を示すと次のとおりである．

①事業用電気工作物の工事，維持又は運用に関する業務を管理する者の □(3)□ 及び □(1)□ に関すること．

②事業用電気工作物の工事，維持又は運用に従事する者に対する □(4)□ に関すること．

③事業用電気工作物の工事，維持及び運用に関する保安のための巡視，点検及び検査に関すること．

④事業用電気工作物の運転又は操作に関すること．

⑤事業用電気工作物の工事，維持及び運用に関する保安についての □(5)□ に関すること．

【解答群】

(イ) 7日以内に	(ロ) 安全管理	(ハ) 組織	(ニ) 10日以内に
(ホ) 設置場所	(ヘ) 記録	(ト) 職位	(チ) 事業場
(リ) 権限	(ヌ) 契約	(ル) 工程	(ヲ) 保安教育
(ワ) 訓練	(カ) 職務	(ヨ) 遅滞なく	

解 説 事業法第42条及び施行規則第50条からの出題．1-8節1項を参照のこと．

【解答】 (1) ハ (2) ヨ (3) カ (4) ヲ (5) ヘ

1-9 事業用電気工作物の保安③ 工事計画及び検査

攻略の
ポイント

公共の安全の確保や環境保全の観点から，事業用電気工作物のうち特に必要なものに関して，工事計画について主務大臣の認可を受け，又は事前届出すべきことを定めている．さらには公共の安全の確保上特に重要なものについては使用前検査を受けるべきことを規定し，その他重要なものに係る使用前安全管理検査等について規定している．

1 工事計画〈事業法第47条（認可），事業法第48条（届出）〉

事業法第47条では，事業用電気工作物の設置又は変更の工事のうち，**公共の安全の確保上特に重要なものは工事計画について主務大臣の認可を**，事業法第48条ではその他の重要なものは**工事の開始30日前までに工事計画の届出が主務大臣に受理される**必要があると規定されている．また，いずれの場合も工事計画の変更を行う場合には，軽微な工事を除き，認可・届出が必要となる．

工事計画の認可・届出にあたっては，工事計画（変更）認可申請書・工事計画（変更）届出書に加え「**工事計画書**」「**工事工程表**」「変更の工事又は工事の計画の変更に係る場合は，変更を必要とする理由を記載した書類」「図面等の技術資料」を添付書類として提出する必要がある（施行規則第63条，第66条）．

なお，施行規則の別表第2には，認可・届出の必要な主な工事の種類が表1・13，表1・14のとおり定められている．

表1・13 認可を要する工事の種類（一例）

工事の種類	認可を要するもの
発電所の設置工事	出力20 kW以上で次に掲げるもの以外のもの 水力発電所，火力発電所，燃料電池発電所，太陽電池発電所，風力発電所 （原則として原子力発電所が対象）

表1・14 届出を要する工事の種類（一例）

工事の種類		届出を要するもの
発電所	設置工事	・水力発電所 ・火力発電所（汽力，出力1 000 kW以上のガスタービン，出力10 000 kW以上の内燃力） ・出力500 kW以上の燃料電池発電所 ・出力2 000 kW以上の太陽電池発電所 ・出力500 kW以上の風力発電所 　　　　など

工事の種類		届出を要するもの
蓄電所	設置工事	出力 10 000 kW 以上又は容量 80 000 kWh 以上
変電所	設置工事	電圧 170 000 V 以上（構内以外の場所から伝送される電気を変成するために設置する変圧器その他の電気工作物の総合体であって，構内以外の場所に伝送するためのもの以外のもの（以下「受電所」という.）にあっては 100 000 V 以上）の変電所
	変更工事	電圧 170 000 V 以上であって，容量 100 000 kVA 以上（受電所にあっては，電圧 100 000 V 以上であって，容量 10 000 kVA 以上）の変圧器の取替え　　など
送電線路	設置工事	電圧 170 000 V 以上の送電線路又は電圧 170 000 V 以上の電気鉄道用送電線路
	変更工事	• 電圧 170 000 V 以上の電線路又は電気鉄道用送電線路に属する電圧 170 000 V 以上の電線路の 1 km 以上の延長 • 電圧 170 000 V 以上の電線路の左右 50 m 以上の位置変更　　など
需要設備	設置工事	受電電圧 10 000 V 以上の需要設備
	変更工事	• 他の者が設置する電気工作物と電気的に接続するための遮断器（受電電圧 10 000 V 以上の需要設備に属するものに限る.）であって，電圧 10 000 V 以上のものの設置 • 受電電圧 10 000 V 以上の需要設備に属する電力貯蔵装置であって，容量 80 000 kWh 以上のものの設置　　など

2 ▶ 使用前検査〈事業法第 49 条〉

　事業法第 49 条では「工事計画の認可を取得した公共の安全の確保上特に重要なもの（表 1·13）は，その工事について主務省令で定めるところにより主務大臣の検査を受け，これに合格した後でなければ，これを使用してはならない」と定められている（**使用前検査**）.

3 ▶ 使用前安全管理検査〈事業法第 51 条〉

(1) 使用前自主検査

　工事計画の届出をして工事を行った場合（表 1·14）は，使用の開始前に，当該事業用電気工作物について自主検査を行い，その結果を記録し，これを保存することが定められている（**使用前自主検査**）.また，記録の保存期間は発電用水力設備に係るものは当該設備の存続期間，それ以外は **5 年間** となっている（施行規則第 73 条の 5）.

なお，施行規則第73条の2の2では，**以下のものは使用前自主検査から除外されている**.

- **出力30 000 kW 未満であってダムの高さが15 m 未満の水力発電所**
- **内燃力を原動力とする火力発電所**（アンモニア又は水素以外を燃料として使用する火力発電所に限る.）
- 変更の工事を行う発電所，蓄電所又は変電所に属する**電力用コンデンサ，分路リアクトル又は限流リアクトル**
- **電力貯蔵装置**（蓄電所に属する出力 10 000 kW 以上又は容量 80 000 kWh 以上のものを除く.）
- **非常用予備発電装置**
- 試験のために使用する事業用電気工作物

使用前自主検査では，事業用電気工作物が届出をした工事計画に従って行われたものであること，また主務省令で定める技術基準に適合するものであることを確認する必要があり，表1·15の各工程において行うことと定められている（施行規則第73条の3）.

表 1 · 15　使用前自主検査を行う工程

種類	使用前自主検査の時期
水力発電所に係る工事	完成後の高さが 15 m 以上のダムについては，基礎地盤に堤体コンクリートを打設し，又は堤体材料を盛り立てようとする時及びダムの全体又は一部を流水の貯留の用に供しようとする時
上記以外の工事	工事の計画に係る一部の工事が完成した場合であって，その完成した部分を使用しようとする時
すべて	工事の計画に係るすべての工事が完了した時

（2）使用前安全管理審査

使用前自主検査を行う事業用電気工作物を設置する者は，事業用電気工作物の安全管理を旨として，使用前自主検査の実施に係る体制（組織，検査の方法，工程管理など）について表1·16の者から審査（**使用前安全管理審査**）を受けなければならない.

表1・16　使用前安全管理審査

対象の設備	審査を行う者
水力発電所，火力発電所，燃料電池発電所，太陽電池発電所，風力発電所，蓄電池，変電所，送電線路，需要設備	経済産業大臣の登録を受けた者（**登録安全管理審査機関**）
その他	主務大臣

4　使用前自己確認 〈事業法第51条の2〉

　事業用電気工作物であって公共の安全の確保上重要なものとして主務省令で定める次のものを設置する者は，その使用を開始しようとするときは，当該事業用電気工作物が，主務省令で定める技術基準に適合することについて，**自ら確認し**なければならない.

表1・17　事業用電気工作物の設置者による自己確認（施行規則別表第6）

種類	容量
次のいずれにも適合する**燃料電池発電所** • 複数の燃料電池筐体及び当該燃料電池筐体に接続する電線，ガス導管その他の附属設備のみで構成されていること. • 全ての燃料電池設備が，燃料電池筐体内に格納されていること. • 燃料電池筐体に格納される燃料電池設備が，出力500 kW未満であること.	出力500 kW以上2 000 kW未満
太陽電池発電所又は太陽電池発電設備	出力10 kW以上2 000 kW未満
風力発電所又は風力発電設備	出力500 kW未満
次に掲げるもの以外のもの • 水力発電所 • 火力発電所 • 燃料電池発電所 • 太陽電池発電所 • 風力発電所	出力20 kW未満

　また，使用前自己確認を行った場合には，**当該事業用電気工作物の使用の開始前**に，主務省令で定めるところにより，**当該確認の結果を主務大臣に届け出**なければならない.

5 定期安全管理検査〈事業法第 55 条〉

本節でこれまで見てきたのは工事計画から使用開始前の技術基準への適合を確認するための規制である.

事業法第 55 条では，発電用のボイラーやタービン等で一定以上の圧力が加えられる部分があるものについて，使用開始後一定期間ごとに技術基準への適合状況を確認するため定期的に事業者が検査を行い，その検査結果を記録し，保存しておくことが求められる（**定期自主検査**）．さらには，定期自主検査の実施に係る体制について，登録安全管理審査機関又は主務大臣の**定期安全管理審査**を受けることも定められている.

これは，金属材料の高温高圧蒸気又はガスによる損傷，腐食又はクリープ現象による材料の劣化等を生ずる可能性が高いことによる.

表 1・18 定期自主検査の対象・時期

分類	対象（施行規則第 94 条）・時期（同 94 条の 2）
火力発電設備又は燃料電池発電設備	・蒸気タービン本体及びその附属設備：4 年毎 ・ボイラー及びその附属設備：2 年毎 ・独立過熱器及びその附属設備：2 年毎 ・蒸気貯蔵器及びその附属設備：2 年毎 ・ガスタービン（出力 10 000 kW 未満：3 年毎，10 000 kW 以上：2 年毎） ・液化ガス設備：2 年毎 ・ガス化炉設備：2 年毎 ・脱水素設備：2 年毎 ・燃料電池用改質器（出力 500 kW 以上）：13 か月毎
風力発電設備（出力 500 kW 以上）	・風力機関及びその附属設備：3 年毎 ・発電機：3 年毎 ・変圧器：3 年毎 ・電力用コンデンサ：3 年毎

問題 12 ·· H25 問1

次の文章は,「電気事業法」及び「電気事業法施行規則」に基づく, 事業用電気工作物の工事計画の届出に関する記述である. 文中の ⬚ に当てはまる最も適切なものを解答群の中から選びなさい. なお, 工事は, やむを得ずに行う一時的な工事ではないとする.

a) 事業用電気工作物を設置又は変更するための工事計画を主務大臣に届け出た者は, 主務大臣が期間短縮を認める場合を除き, ⬚(1)⬚ から 30 日を経過した後でなければ, その届出に係る工事を開始してはならない.

b) 内燃力を原動力とする火力発電所の設置であって, 出力 ⬚(2)⬚ 以上の発電所を設置しようとする者は, その工事の計画を経済産業大臣又は法令によって権限を委任された者に届け出なければならない.

c) 出力 30 000 kW 以上の水力発電設備に係る水車の改造工事であって, 出力の変更が ⬚(3)⬚ 〔%〕以上となるものをしようとする者は, その工事の計画を経済産業大臣又は法令によって権限を委任された者に届け出なければならない.

d) 受電電圧が ⬚(4)⬚ 以上の, 需要設備(鉱山保安法の適用対象を除く.)を設置しようとする者は, その工事の計画を経済産業大臣又は法令によって権限を委任された者に届け出なければならない.

e) 上記 b~d の工事計画を届け出ようとする者は, 届出書に工事計画書, ⬚(5)⬚ 及び当該電気工作物の種類に応じた書類を添えて提出しなければならない.

【解答群】
(イ) 届け出た日	(ロ) 工事体制表	(ハ) 20	(ニ) 10 000 V
(ホ) 工事予算書	(ヘ) その届出が受理された日		(ト) 600 V
(チ) 郵送した日	(リ) 10	(ヌ) 1 000 kW	(ル) 6 000 V
(ヲ) 10 000 kW	(ワ) 工事工程表	(カ) 5 000 kW	(ヨ) 50

解説 (1) は事業法第 48 条, (2) ~ (4) は施行規則第 62 条と第 65 条, (5) は施行規則第 66 条からの出題となる. (1) (5) は 1-9 節 1 項, (2) (4) は表 1・14 をそれぞれ確認されたい.

(3) については, 施行規則別表第 2 にて, 出力 30 000 kW 以上の水力発電所に係る発電機の改造であって,「20% 以上の電圧又は容量の変更を伴うもの」及び「周波数の変更を伴うもの」は事前の届出を必要とされている.

【解答】(1) ヘ (2) ヲ (3) ハ (4) ニ (5) ワ

例題 13 .... H28 問 1

次の文章は，「電気事業法」に基づく事業用電気工作物及びその使用前自主検査に関する記述である．文中の ☐ に当てはまる最も適切なものを解答群の中から選びなさい．

a) 事業用電気工作物を ☐(1)☐ は，事業用電気工作物を主務省令で定める技術基準に適合するように ☐(2)☐ しなければならない．

b) 使用前自主検査を行う事業用電気工作物を ☐(1)☐ は，使用前自主検査の実施に係る体制について，主務省令で定める時期に，原子力を原動力とする発電用の事業用電気工作物以外の事業用電気工作物であって経済産業省令で定めるものを ☐(1)☐ にあっては経済産業大臣の登録を受けた者が，その他の者にあっては主務大臣が行う ☐(3)☐ を受けなければならない．

c) 上記 b の ☐(3)☐ は，事業用電気工作物の ☐(4)☐ を旨として，使用前自主検査の実施に係る組織，☐(5)☐ ，工程管理その他主務省令で定める事項について行う．

【解答群】
(イ) 検査の費用　　(ロ) 所有する者　　(ハ) 許可　　　　　(ニ) 検査の方法
(ホ) 審査　　　　　(ヘ) 故障防止　　　(ト) 検査の項目　　(チ) 承認
(リ) 信頼性向上　　(ヌ) 維持　　　　　(ル) 使用する者　　(ヲ) 運用
(ワ) 設置する者　　(カ) 建設　　　　　(ヨ) 安全管理

解　説　(1) (2) は事業法第 39 条，(3) 〜 (5) は事業法第 51 条からの出題である．それぞれ 1-7 節 1 項，1-9 節 3 項を確認されたい．

【解答】(1) ワ　(2) ヌ　(3) ホ　(4) ヨ　(5) ニ

1-10 事業用電気工作物の保安④ 報告徴収・立入検査

攻略のポイント　事業用電気工作物の保安に関して，これまで設置者の「技術基準の適合」「自主的な保安」「工事計画及び検査」を学んできた．最後に，保安の確保のための国による事業用電気工作物の設置者に対する監督規制についてみていこう．

1 報告の徴収〈事業法第106条〉

事業法第106条第6項では，「経済産業大臣は，この法律の施行に必要な限度において，政令で定めるところにより，自家用電気工作物を設置する者，自家用電気工作物の保守点検を行った事業者又は登録調査機関に対し，その業務の状況に関し報告又は資料の提出をさせることができる」と定められている．

本条の定めにより経済産業大臣が報告を徴収できる事項は，電気事業法施行令第45条第3項～第6項にて表1・19のとおり定められている．

表 1・19　報告徴収できる事項

報告徴収の相手	報告徴収できる事項
自家用電気工作物を設置する者	• 自家用電気工作物の工事，維持及び運用の保安に関する事項並びに自家用電気工作物における電気の使用の状況 • 事業法第27条の30第1項に規定する事業（**特定供給**）の運営に関する事項 • **特定自家用電気工作物**（出力1 000 kW以上の発電用若しくは蓄電用の自家用電気工作物（太陽電池発電設備及び風力発電設備を除く．））における発電若しくは放電又はその発電若しくは放電による電気の供給に関する事項 • 調査業務の運営に関する事項
自家用電気工作物の保守点検を行った事業者	自家用電気工作物の維持及び運用（維持又は運用に必要な工事を含む．）の保安に関する事項
登録調査機関	事業の運営に関する事項

なお，本条に関連した細部取り扱いとして，1-11節で後述する「電気関係報告規則」が定められている．

2 立入検査〈事業法第107条〉

事業法第107条第4項では立入検査権限として，「経済産業大臣は，この法律

の施行に必要な限度において，その職員に，自家用電気工作物を設置する者，自家用電気工作物の保守点検を行った事業者又はボイラー等の溶接をする者の工場又は営業所，事務所その他の事業場に立ち入り，電気工作物，帳簿，書類その他の物件を検査させることができる」と定めている．

これらは主に保安に関する権限であることから，業務や経理の状況は対象とはならない．

1-11 電気関係報告規則

**攻略の
ポイント**　電気関係報告規則（以下，「報告規則」という．）は，電気主任技術者の実務にも深く関わる事項が定められており，電験2種の1次試験でも度々出題されている．特に頻出される事故報告に関係する規制内容については，しっかりと押さえておきたい．

1 事故の定義〈報告規則第1条〉

電気関係報告規則の中で取り扱われる「事故」は，第1条にて表1・20のとおり定義されている．

表 1・20 事故の定義

事故の種類	定義
電気火災事故	漏電，短絡，せん絡その他の電気的要因により建造物，車両その他の工作物（電気工作物を除く．），山林等に火災が発生すること
破損事故	電気工作物の変形，損傷若しくは破壊，火災又は絶縁劣化若しくは絶縁破壊が原因で，当該電気工作物の機能が低下又は喪失したことにより，直ちに，その運転が停止し，若しくはその運転を停止しなければならなくなること又はその使用が不可能となり，若しくはその使用を中止すること
主要電気工作物の破損事故	主要電気工作物を構成する設備の破損事故（部品の交換等により当該設備の機能を従前の状態までに容易に復旧する見込みのある場合を除く．）
供給支障事故	破損事故又は電気工作物の誤操作若しくは電気工作物を操作しないことにより電気の使用者（当該電気工作物を管理する者を除く．）に対し，電気の供給が停止し，又は電気の使用を緊急に制限すること．ただし，電路が自動的に再閉路されることにより電気の供給の停止が終了した場合を除く．
発電支障事故	発電所の電気工作物の故障，損傷，破損，欠陥又は電気工作物の誤操作若しくは電気工作物を操作しないことにより当該発電所の発電設備（発電事業の用に供するものに限る．）が直ちに運転が停止し，又はその運転を停止しなければならなくなること
放電支障事故	蓄電所の電気工作物の故障，損傷，破損，欠陥又は電気工作物の誤操作若しくは電気工作物を操作しないことにより当該蓄電所が直ちに運転を停止し，又はその運転を停止しなければならなくなること

2 ▶ 事故報告〈報告規則第3条，第3条の2〉

　報告規則第3条並びに第3条の2にて定められている事故報告は，電気に係る保安の確保のために必要不可欠なものであり，その内容の分析に基づき，類似の事故の再発防止策を講じることに加え，電気工作物の安全性確保，信頼性向上等のための施策が検討されている.

　さらには，本報告に基づき，電気工作物の施設，保守及び給電サービスの状況を明らかにし，電気に係る保安の確保のための規制の在り方が検討されている.

（1）電気事業の用に供する電気工作物・自家用電気工作物〈報告規則第3条〉

　電気事業の用に供する電気工作物，自家用電気工作物（いずれも原子力発電工作物及び小規模事業用電気工作物を除く.）の設置者は，表1・21に掲げる事故が発生したときは，それぞれの報告先への報告が義務付けられている.

　なお，上記の報告は，**事故の発生を知った時から24時間以内**可能な限り速やかに「**事故の発生の日時及び場所**」「**事故が発生した電気工作物**」「**事故の概要**」について，**電話等の方法により行う「速報」**に加え，**事故の発生を知った日から起算して30日以内**に，「**事故原因**」「**被害状況**」「**防止対策**」などを**所定の報告書に取りまとめて提出する「詳報」**により行うことが定められている.

表1・21　報告を要する事故の内容・報告先（一例）

No.	事故の内容	報告先
1～3	・感電又は電気工作物の破損若しくは電気工作物の誤操作若しくは電気工作物を操作しないことにより人が死傷した事故（死亡又は病院若しくは診療所に入院した場合に限る.） ・電気火災事故（工作物にあっては，その半焼以上の場合に限る.） ・電気工作物の破損又は電気工作物の誤操作若しくは電気工作物を操作しないことにより，他の物件に損傷を与え，又はその機能の全部又は一部を損なわせた事故	電気工作物の設置の場所を管轄する産業保安監督部長
4	次に掲げるものに属する主要電気工作物の破損事故 ・出力900 000 kW未満の水力発電所 ・火力発電所（汽力，ガスタービン（出力1 000 kW以上），内燃力（出力10 000 kW以上），これら以外を原動力とするもの又は二以上の原動力を組み合わせたものを原動力とするもの）における発電設備 ・出力500 kW以上の燃料電池発電所 ・出力50 kW以上の太陽電池発電所	

	・出力 20 kW 以上の風力発電所 ・出力 10 000 kW 以上又は容量 80 000 kWh 以上の蓄電所 ・電圧 170 000 V 以上 300 000 V 未満の変電所（容量 300 000 kVA 以上若しくは出力 300 000 kW 以上の周波数変換機器又は出力 100 000 kW 以上の整流機器を設置するものを除く.） ・電圧 170 000 V 以上 300 000 V 未満の送電線路（直流を除く.） ・電圧 10 000 V 以上の需要設備（自家用電気工作物に限る.）	
5	次に掲げるものに属する主要電気工作物の破損事故 ・出力 900 000 kW 以上の水力発電所 ・電圧 300 000 V 以上の変電所又は容量 300 000 kVA 以上若しくは出力 300 000 kW 以上の周波数変換機器若しくは出力 100 000 kW 以上の整流機器を設置する変電所 ・電圧 300 000 V（直流は電圧 170 000 V）以上の送電線路	経済産業大臣
6	水力発電所，火力発電所，燃料電池発電所，太陽電池発電所又は風力発電所に属する出力 100 000 kW 以上の発電設備に係る 7 日間以上の発電支障事故	電気工作物の設置の場所を管轄する産業保安監督部長
7	出力 100 000 kW 以上の蓄電所に係る 7 日間以上の放電支障事故	
8	・供給支障電力が 7 000 kW 以上 70 000 kW 未満の供給支障事故であって，その支障時間が 1 時間以上のもの ・供給支障電力が 70 000 kW 以上 100 000 kW 未満の供給支障事故であって，その支障時間が 10 分以上のもの	
9	供給支障電力が 100 000 kW 以上の供給支障事故であって，その支障時間が 10 分以上のもの	経済産業大臣
中略		
12	電圧 3 000 V 以上の自家用電気工作物の破損又は自家用電気工作物の誤操作若しくは自家用電気工作物を操作しないことにより一般送配電事業者，配電事業者又は特定送配電事業者に供給支障を発生させた事故	電気工作物の設置の場所を管轄する産業保安監督部長
13	ダムによって貯留された流水が当該ダムの洪水吐きから異常に放流された事故	
14	電気工作物に係る社会的に影響を及ぼした事故	

（2）小規模事業用電気工作物 〈報告規則第 3 条の 2〉

　報告規則第 3 条の 2 では，第 3 条を準用する形で小規模事業用電気工作物についての事故報告に関する取扱いが定められている．

　具体的には，小規模事業用電気工作物の設置者は，表 1・21 の No.1～3 の事故又は小規模事業用電気工作物に属する主要電気工作物の破損事故が発生した場合には，当該小規模事業用電気工作物の設置の場所を管轄する産業保安監督部長に

報告しなければならないとされている．

また，この場合の速報，詳報の取り扱いも第3条と同等に定められている．

（3）電気関係報告規則第3条及び第3条の2の運用について（内規）

「電気関係報告規則第3条及び第3条の2の運用について（内規）」は，報告規則第3条及び第3条の2に基づく事故報告が適切になされるよう，報告の目的，範囲，方法などの詳細を定めたものである．

一例として，表1・21のうち No.12 の他者への波及事故に関して，運用上の留意点が以下の通り解説されている．

①考え方

電気事故は，本来，事故を発生させた側に責任があることが原則であり，発生した事故は設置者自身の施設内に留めるのが原則であることから，各種保護装置や遮断器を設置して波及事故防止対策を講じている．しかしながら，当該装置等が有効に機能しなかった場合など波及事故が発生した場合は，受電設備の保守，管理及び電気事業者と自家用電気工作物設置者との相互の協調のあり方等を検討する必要があるため，発端となった事故を発生させた自家用電気工作物設置者から報告を求めている．

②除外規定

一般送配電事業又は配電事業の用に供する配電線路等が自動的に再閉路に成功した場合は事故報告の対象から除いている．また，災害時における緊急的な送電措置として地域独立系統の運用が行われる場合，地域独立系統内における系統側と需要側の保護協調を維持した中での運用ができない状況における波及事故についても，報告の対象外となる．

3 発電所の出力の変更等の報告〈報告規則第5条〉

自家用電気工作物（原子力発電工作物及び小規模事業用電気工作物を除く．）を設置する者は，次の場合は，遅滞なく，その旨を当該自家用電気工作物の設置の場所を管轄する産業保安監督部長に報告しなければならない．

①発電所，蓄電所若しくは変電所の出力又は送電線路若しくは配電線路の電圧を変更した場合（事業法第47条第1項若しくは第2項の認可を受け，又は事業法第48条第1項の規定による届出をした工事に伴い変更した場合を除く．）

②発電所，蓄電所，変電所その他の自家用電気工作物を設置する事業場又は送電線路若しくは配電線路を廃止した場合

例題 14 ·· H11　問 5（改）

　次の文章は，「電気関係報告規則」に基づく電気事故の定義に関する記述である，文中の　　　　に当てはまる語句を解答群の中から選びなさい．

a）「電気火災事故」とは，漏電，短絡，　(1)　その他の電気的要因により建造物，車両その他の工作物（　(2)　を除く．），山林等に火災が発生することをいう．

b）「主要電気工作物の破損事故」とは，主要電気工作物を構成する設備の破損事故をいう．

c）「供給支障事故」とは，破損事故又は電気工作物の誤操作若しくは電気工作物を操作しないことにより　(3)　（当該電気工作物を管理する者を除く．）に対し，電気の供給が停止し，又は電気の使用を　(4)　に制限することをいう．ただし，電路が自動的に再閉路されることにより電気の供給の停止が終了した場合を除く．

【解答群】

（イ）船舶　　　（ロ）瞬時　　　（ハ）摩擦　　　（ニ）航空機　　　（ホ）供給力

（ヘ）電気の使用者　（ト）継続的　　（チ）電気工作物　（リ）落雷

（ヌ）電気事業者　　（ル）緊急　　　（ヲ）需要家　　　（ワ）せん絡

解　説　電気報告規則第 1 条の定義からの出題となる．1-11 節 1 項を参照のこと．

【解答】（1）ワ　（2）チ　（3）ヘ　（4）ル

例題 15 .... H18 問 5（改）

次の文章は，「電気関係報告規則」に基づく，自家用電気工作物を設置する者の事故報告に関する記述の一部である．文中の　　　　　に当てはまる語句を解答群の中から選びなさい．

感電又は破損事故若しくは電気工作物の誤操作若しくは電気工作物を　(1)　ことにより人が死傷した事故（死亡又は病院若しくは診療所に治療のため　(2)　場合に限る．）が発生したときの自家用電気工作物を設置する者の報告は，事故の発生を知った時から 24 時間以内可能な限り速やかに事故の発生の日時及び場所，事故が発生した電気工作物並びに　(3)　について，電話等の方法により行うとともに，事故の発生を知った日から起算して　(4)　以内に所定の様式の報告書を当該自家用電気工作物の設置の場所を管轄する　(5)　に提出して行わなければならない．

【解答群】

（イ）30 日　　　　（ロ）操作した　　　　（ハ）入院した　　（ニ）補修しない

（ホ）3 週間　　　（ヘ）労働基準監督署長　（ト）7 日　　　（チ）事故の概要

（リ）消防署長　　（ヌ）操作しない　　　　（ル）応急措置

（ヲ）産業保安監督部長　（ワ）通院した　　（カ）復旧対策

（ヨ）検診に行った

解　説　電気関係報告規則第 3 条からの出題である．1-11 節 2 項を参照のこと．

【解答】（1）ヌ　（2）ハ　（3）チ　（4）イ　（5）ヲ

1-12 その他通達（移動用電気工作物の取扱い）

**攻略の
ポイント**
これまで勉強してきた法令のほか，事業用電気工作物の取扱いに関しての細部を定めた内規や指針，通達がある．このうち過去に試験で出題されたことのある通達の「移動用電気工作物の取扱いについて」を確認しておこう．

1 移動用電気工作物の定義

本通達における移動用電気工作物は表1·22のとおり定義されている．

表1·22　移動用電気工作物の定義

種類	定義
移動用発電設備	発電機その他の発電機器並びにその発電機器と一体となって発電の用に供される原動力設備及び電気設備の総合体（以下「発電設備」という．）であって，貨物自動車等に設置されるもの又は貨物自動車等で移設して使用することを目的とする発電設備
非自航船用電気設備	非自航船に設置される発電設備又は需要設備
移動用変電設備	変電の用に供される電気設備の総合体であって，貨物自動車等で移設して使用することを目的とする変電設備をいう．ただし，移動用予備変圧器を除く．
移動用予備変圧器	二以上の発電所，変電所又は需要設備に移設して使用することを目的とする予備変圧器をいう．

2 移動用電気工作物の取扱い

（1）移動用電気工作物の位置づけ

各移動用電気工作物は，その用途や形態によって表1·23のとおり取り扱うこととされている．

表1·23　移動用電気工作物の取扱い方法

形態・用途		取扱い方法
移動用発電設備	発電所，変電所，開閉所，電力用保安通信設備又は需要設備の非常用予備発電設備として使用するもの	発電所，変電所，開閉所，電力用保安通信設備又は需要設備に属する非常用予備発電装置
	上記以外	発電所

形態・用途		取扱い方法
非自航船用電気設備	発電設備のみを有するもの	発電所
	発電設備及び需要設備を有するもの	需要設備
	上記以外	需要設備
移動用変電設備		変電所
移動用予備変圧器		発電所, 変電所又は需要設備に属する変圧器

（2）保安体系

保安の確保に係る体系については，表1・23の取扱い方法に準じて保安規程の届け出など表1・24の手続きが必要となる．

表1・24 必要な申請・届出と提出先

対応する電気事業法等	提出先
保安規程の届出〈第42条〉	移動用電気工作物を使用する場所を管轄する産業保安監督部長
主任技術者選任の届出・申請〈第43条〉	（2以上の産業保安監督部の管轄区域となる場合は，経済産業大臣に届出）
工事計画の認可・届出〈第47条，48条〉	使用前自主検査を実施する場所を管轄する産業保安監督部長
使用前安全管理審査の申請〈第51条〉	登録安全管理審査機関又は使用前自主検査を実施する場所を管轄する産業保安監督部長
使用前自己確認結果の届出〈第51条の2〉	使用前自己確認を実施する場所を管轄する産業保安監督部長（移動用電気工作物の使用の開始前にその結果を提出．使用前自己確認結果が届出済みの移動用電気工作物は届け出た移動区域内であれば，再度の使用前自己確認結果の届出は不要）
定期安全管理審査の申請〈法第55条第4項〉	登録安全管理審査機関又は定期事業者検査を実施する場所を管轄する産業保安監督部長
電気関係報告規則	使用の場所を管轄する産業保安監督部長

例題 16 ～～～～～～～～～～～～～～～～～～～～～～～～～～～～ R1　問 3（改）

　次の文章は，移動用電気工作物の取扱いに関する記述である．文中の　　　　に当てはまる最も適切なものを解答群の中から選びなさい．

　台風や地震による停電時に，避難所や病院等に電気を供給する高圧発電機車など，車載式や貨物自動車等で移設して使用する電気工作物を移動用電気工作物といい，移動用発電設備，非自航船用電気設備，移動用変電設備，移動用　(1)　の四つに分類される．このうち，移動用　(1)　とは，二つ以上の発電所，変電所又は需要設備に移設して使用することを目的とする　(1)　をいう．

　移動用発電設備は，発電所，変電所等の　(2)　として使用するもの以外のものは，電気事業法において発電所として取り扱われる．したがって，移動用発電設備として内燃力（ディーゼル）発電装置を倉庫に保管し，電源のない建設現場に移設して使用しようとする場合，使用電圧が 600 V 以下であって出力　(3)　未満の小規模発電設備であれば，電気事業法上の手続きは不要であるが，出力が　(3)　以上の場合は，使用電圧が 600 V 以下であっても，主任技術者選任の届出又は申請と　(4)　の届出を，移動用発電設備を　(5)　場所を管轄する産業保安監督部長（当該場所が二つ以上の産業保安監督部の管轄区域にある場合は，経済産業大臣）に提出しなければならない．

【解答群】
（イ）特殊変圧器　　（ロ）非常用補機電源設備　　（ハ）使用前自己確認する
（ニ）10 kW　　（ホ）保管する　　（ヘ）常用変圧器　　（ト）20 kW
（チ）保安規程　　（リ）非常用予備発電設備　　（ヌ）工事計画
（ル）非常用所内電源設備　　（ヲ）使用前自己確認結果　　（ワ）使用する
（カ）50 kW　　（ヨ）予備変圧器

解　説　経済産業省通達「移動用電気工作物の取扱いについて」からの出題である．

　(3)「1-2 節 3 項　電気工作物の種類」の表 1・3 にあるとおり，内燃力を原動力とする発電設備のうち，電気事業法上の手続きが不要な一般用電気工作物となるのは，発電出力が 10 kW 未満の場合．

　なお，解答群にある「使用前自己確認」が必要なのは，「1-9 節 4 項　使用前自己確認〈事業法第 51 条の 2〉」の表 1・17 の発電設備であり，内燃力発電の場合は対象外である．

【解答】(1) ヨ　(2) リ　(3) ニ　(4) チ　(5) ワ

章 末 問 題

■ 1 ────────────────────────────────── H29　問 5

「電気関係報告規則」では，自家用電気工作物の設置者が報告しなければならない事故を規定しているが，以下は，その一部を示したものである．文中の＿＿＿＿＿＿に当てはまる最も適切なものを解答群の中から選びなさい．

① 感電により人が死傷した事故（死亡又は病院若しくは診療所に　(1)　した場合に限る．）

② 出力 20 kW 以上の　(2)　発電所に属する主要電気工作物の破損事故

③ 電圧 10 000 V 以上の　(3)　に属する主要電気工作物の破損事故

④ 一般送配電事業者の一般送配電事業の用に供する電気工作物と電気的に接続されている電圧　(4)　〔V〕以上の自家用電気工作物の破損により一般送配電事業者に供給支障事故を発生させた事故

⑤ 電気工作物に係る　(5)　に影響を及ぼした事故

【解答群】

（イ）7 000	（ロ）変電所	（ハ）経済的	（ニ）受診	（ホ）燃料電池
（ヘ）3 000	（ト）管理	（チ）入院	（リ）社会的	（ヌ）風力
（ル）需要設備	（ヲ）太陽電池	（ワ）通院	（カ）600	（ヨ）送電線路

■ 2 ────────────────────────────────── H23　問 5

次の文章は，電気事業法の自主保安及び関連する部分に関する記述である．文中の＿＿＿＿＿＿に当てはまるものを解答群の中から選びなさい．

電気事業法は，電気工作物の工事，維持及び運用を規制することによって，公共の安全を確保するため，電気工作物の自主保安の考え方に基づき，事業用電気工作物については　(1)　に対して，技術基準維持義務，保安規程の作成・届け出・遵守義務，主任技術者の選任義務などを課している．そして，主任技術者を選任したときは，　(2)　，その旨を経済産業大臣に届け出るべきことを定めている．

他方，同法は，自主保安を基本としつつも，自主保安が十分機能していることを確認するための方策の一つとして国による立入検査を規定している．例えば，自家用電気工作物の場合，同法は「経済産業大臣は，この法律の施行に必要な限度において，その職員に，自家用電気工作物を設置する者又はボイラー等若しくは格納容器等の溶接をする者の工場又は営業所，事務所その他の事業場に立ち入り，電気工作物，　(3)　その他の物件を検査させることができる．」と規定している．

また，自主保安にかかる義務の履行等に不備が認められるときには，国は，これを是正するため，次のような措置をとることができるとしている．

　例えば，保安規程に関しては，「経済産業大臣は，事業用電気工作物の工事，維持及び運用に関する保安を確保するため必要があると認めるときは，　(1)　に対し，　(4)　ことができる．」としている．

　そして主任技術者に関しては「経済産業大臣は，主任技術者免状の交付を受けている者がこの法律又はこの法律に基づく命令の規定に違反したときは，その主任技術者免状　(5)　ことができる．」と定めている．

【解答群】
（イ）の返納を命ずる　　（ロ）30 日以内に　　（ハ）設置者　　（ニ）運用者
（ホ）運用記録　　（ヘ）主任技術者　　（ト）保安規程を変更すべきことを命ずる
（チ）保安規程を取消す
（リ）事業用電気工作物の使用を一時停止すべきことを命ずる
（ヌ）7 日以内に　　（ル）帳簿，書類　　（ヲ）を取消す
（ワ）検査又は点検記録　　（カ）を一時失効する　　（ヨ）遅滞なく

■3　　　　　　　　　　　　　　　　　　　　　　　　　　　　　H14　問 1

　次の文章は，「電気事業法」，「電気工事業の業務の適正化に関する法律」及び「電気用品安全法」の目的に関する記述である．文中の　　　　　に当てはまる語句を解答群の中から選びなさい．

a）　電気事業法は，電気事業の運営を適正かつ合理的ならしめることによって，電気の　(1)　の利益を保護し，及び電気事業の健全な発達を図るとともに，電気工作物の工事，維持及び運用を規制することによって，　(2)　の安全を確保し，及び　(3)　を図ることを目的とする．

b）　電気工事業の業務の適正化に関する法律は，電気工事業を営む者の登録等及びその業務の規制を行うことにより，その業務の適正な実施を確保し，もって　(4)　の保安の確保に資することを目的とする．

c）　電気用品安全法は，電気用品の製造，販売等を規制するとともに，電気用品の安全性の確保につき民間事業者の自主的な活動を促進することにより，電気用品による　(5)　の発生を防止することを目的とする．

【解答群】
（イ）感電事故　　（ロ）一般用電気工作物及び自家用電気工作物　　（ハ）省エネルギー
（ニ）生産者　　（ホ）火災事故　　（ヘ）一般用電気工作物及び事業用電気工作物
（ト）エネルギーの確保　　（チ）取扱者　　（リ）環境の保全
（ヌ）危険及び障害　　（ル）一般用電気工作物　　（ヲ）供給者　　（ワ）電気設備
（カ）使用者　　（ヨ）公共

■ 4 ━━━━━━━━━━━━━━━━━━━━━━━━━━━━━━━━━━ H24　問6

次の文章は，「電気用品安全法」に関する記述の一部である．文中の　　　　　に当てはまる最も適切なものを解答群の中から選びなさい．

a）　電気用品安全法では，電気用品の製造，販売等を規制するとともに，電気用品の安全性の確保につき　(1)　を促進することにより，電気用品による危険及び障害の発生を防止することを目的としている．

b）　この法律において「電気用品」とは，次に掲げる物をいう．

　①一般用電気工作物の部分となり，又はこれに接続して用いられる機械，器具又は　(2)　であって，政令で定めるもの

　②携帯発電機であって，政令で定めるもの

c）　電気用品の製造又は　(3)　の事業を届け出た「届出事業者」は，その届出に係る型式の電気用品の技術基準に対する適合性について，所定の規定による義務を履行したときは，当該電気用品に経済産業省令で定める方式による表示を付することができる．電気用品の製造，　(3)　又は販売の事業を行う者は，この表示が付されているものでなければ，電気用品を販売し，又は販売の目的で陳列してはならない．ただし，電気用品安全法に定める経済産業大臣の承認を受けたときはこの限りでない．

　この電気用品に表示する記号としては，特定電気用品に表示される　(4)　がある．

d）　電気事業法に規定する　(5)　若しくは自家用電気工作物を設置する者又は電気工事士法に規定する電気工事士，特種電気工事資格者若しくは認定電気工事従事者は，経済産業省令で定める方法による表示が付されているものでなければ，電気用品を電気工作物の設置又は変更の工事に使用してはならない．ただし，電気用品安全法に定める経済産業大臣の承認を受けたときはこの限りでない．

【解答群】

（イ）国際協力　　　（ロ）⟨PS E⟩　（ハ）試作品　　（ニ）啓発活動

（ホ）電気事業者　　（ヘ）(PS E)　（ト）輸入　　（チ）接続事業者　　（リ）仲介

（ヌ）材料　　　（ル）器物　　　（ヲ）設置者　　　（ワ）JIS　　　（カ）輸出

（ヨ）民間事業者の自主的な活動

■5 ━━━━━━━━━━━━━━━━━━━━━━━━━━━━━ H20 問1(改)

　次の文章は，「電気事業法」及び「電気事業法施行規則」における電気主任技術者の選任等に関する記述である．文中の　　　　に当てはまる語句又は数値を解答群の中から選びなさい．

a) 事業用電気工作物を設置する者は，事業用電気工作物の工事，維持及び運用に関する保安の　(1)　をさせるため，経済産業省令で定めるところにより，主任技術者免状の交付を受けている者のうちから，主任技術者を選任しなければならない．

b) 自家用電気工作物を設置する者は，経済産業大臣の　(2)　を受けて，主任技術者免状の交付を受けていない者を主任技術者として選任することができる．

c) 主任技術者は，事業用電気工作物の工事，維持及び運用に関する保安の　(1)　の職務を　(3)　に行わなければならない．

d) 自家用電気工作物であって，出力　(4)　〔kW〕未満の太陽光発電所のみに係る事業場，　(5)　〔V〕以下で受電する需要設備のみに係る事業場又は電圧600 V以下の配電線路を管理する事業場のうち，当該事業場の工事，維持及び運用に関する保安の　(1)　に係る業務を委託する契約を個人（電気管理技術者）又は法人（電気保安法人）と締結しているものであって，保安上支障がないものとして経済産業大臣（事業場が一の産業保安監督部の管轄区域内のみにある場合は，その所在地を管轄する産業保安監督部長（那覇産業保安監督事務所長を含む.).）の承認を受けたものについては，電気主任技術者を選任しないことができる．

【解答群】
(イ) 安全　　(ロ) 確実　　(ハ) 10 000　　(ニ) 確保　　(ホ) 誠実　　(ヘ) 実務
(ト) 60 000　　(チ) 許可　　(リ) 35 000　　(ヌ) 監督　　(ル) 7 000　　(ヲ) 5 000
(ワ) 500　　(カ) 承認　　(ヨ) 認可

■6 H9 問1(改)

次の文章は，電線路維持運用者が，その電線路に直接かつ電気的に接続する一般用電気工作物が経済産業省令で定める技術基準に適合しているかどうか調査を行うことに関する記述である．次の □□□□ の中に当てはまる語句又は数値を解答群の中から選びなさい．ただし，「電気事業法」に準拠するものとする．

a) 調査は，一般用電気工作物が設置された時及び (1) の工事が完成した時に行うほか，特別の場合を除いて (2) 年に1回以上行わなければならない．

b) 電線路維持運用者は，調査の結果，一般用電気工作物が経済産業省令で定める技術基準に適合していないと認めるときは，遅滞なく，その技術基準に適合するようにするためとるべき (3) 及びその (3) をとらなかった場合に生ずべき結果をその所有者又は占有者に通知しなければならない．

c) 電線路維持運用者は，aの調査及びbの通知に関する業務を (4) に委託することができる．

d) 調査は，電気工事士法で規定する (5) の資格と同等以上の知識及び技能を有する者が行わなければならない．

【解答群】
(イ) 第一種電気工事士又は第二種電気工事士 　(ロ) 措置 　(ハ) 全体
(ニ) 特種電気工事資格者又は認定電気工事従事者 　(ホ) 第三種電気主任技術者
(ヘ) 2 　(ト) 変更 　(チ) 対策 　(リ) 3 　(ヌ) 手当 　(ル) 竣工
(ヲ) 指定検査機関 　(ワ) 4 　(カ) 登録調査機関 　(ヨ) 登録試験機関

2章

電気設備の技術基準と
その解釈

学習のポイント

　電験2種の1次試験においては，例年，電気設備の技術基準に関する問題が出題の半数を占める傾向にある．このため，合格には本章の内容をいかに理解しておくか，がカギとなる．電気設備の技術基準についても，電気事業法と同様，近年の電力システム改革や技術革新に伴う改正が進んでおり，極力条文を原文で掲載するように努めたものの，本書では省略した内容などの確認にあたっては最新の条文を参照するようにしたい．本章は「電気設備の技術基準の解釈（以下，本章では「解釈」という．）」の構成を基本とし，その依拠する「電気設備に関する技術基準を定める省令（以下，本章では「電技」という．）」の内容を適宜引用する形式とした．

2-1 用語の定義・電圧の種別

1章の事業法とその関連法令と同様に，電技・解釈ともに用語の定義は出題頻度が高い．勉強を進めていくうえでも，用語の定義が正確に理解できていることが前提となるため，以降の節を読み進める中でも適宜立ち返りながら，理解を深めていただきたい．

1 用語の定義〈電技第1条，解釈第1条〉

電技第1条及び解釈第1条に規定される用語の定義は表2·1，表2·2のとおり．

なお，解釈にはこのほか第49条（電線路に係る用語の定義），第134条（電力保安通信設備に係る用語の定義），第142条（電気使用場所の施設及び小規模発電設備に係る用語の定義），第201条（電気鉄道等に係る用語の定義），第220条（分散型電源の系統連系設備に係る用語の定義）にもそれぞれに関連する用語が定義されているが，これらは各々の関連する節にて解説する．

表2·1 用語の定義（電技第1条）

用語	定義
電路	通常の使用状態で電気通じているところ
電気機械器具	電路を構成する機械器具
発電所	発電機，原動機，燃料電池，太陽電池その他の機械器具を施設して電気を発生させる所（ただし，電気事業法に規定する小規模発電設備，非常用予備電源を得る目的で施設するもの及び電気用品安全法の適用を受ける携帯用発電機を除く．）
蓄電所	構外から伝送される電力を構内に施設した電力貯蔵装置その他の電気工作物により貯蔵し，当該伝送された電力と同一の使用電圧及び周波数でさらに構外に伝送する所（同一の構内において発電設備，変電設備又は需要設備と電気的に接続されているものを除く．）
変電所	構外から伝送される電気を構内に施設した変圧器，回転変流機，整流器その他の電気機械器具により変成する所であって，変成した電気をさらに構外に伝送するもの（蓄電所を除く．）
開閉所	構内に施設した開閉器その他の装置により電路を開閉する所であって，発電所，蓄電所，変電所及び需要場所以外のもの
電線	強電流電気の伝送に使用する電気導体，絶縁物で被覆した電気導体又は絶縁物で被覆した上を保護被覆で保護した電気導体
電線路	発電所，蓄電所，変電所，開閉所及びこれらに類する場所並びに電気使用場所相互間の電線（電車線を除く．）並びにこれを支持し，又は保蔵する工作物

2章

電気設備の技術基準とその解釈

用語	定義
調相設備	無効電力を調整する電気機械器具
弱電流電線	弱電流電気の伝送に使用する電気導体，絶縁物で被覆した電気導体又は絶縁物で被覆した上を保護被覆で保護した電気導体
弱電流電線路	弱電流電線及びこれを支持し，又は保蔵する工作物（造営物の屋内又は屋側に施設するものを除く.）
光ファイバケーブル	光信号の伝送に使用する伝送媒体であって，保護被覆で保護したもの
光ファイバケーブル線路	光ファイバケーブル及びこれを支持し，又は保蔵する工作物（造営物の屋内又は屋側に施設するものを除く.）
支持物	木柱，鉄柱，鉄筋コンクリート柱及び鉄塔並びにこれらに類する工作物であって，電線又は弱電流電線若しくは光ファイバケーブルを支持することを主たる目的とするもの
造営物	土地に定着する工作物のうち，屋根及び柱又は壁を有する工作物
引込線	架空電線路の支持物から他の支持物を経ないで需要場所の取付け点に至る架空電線及び需要場所の造営物の側面等に施設する電線であって，当該需要場所の引込口に至るもの
連接引込線	一需要場所の引込線から分岐して，支持物を経ないで他の需要場所の引込口に至る部分の電線
配線	電気使用場所において施設する電線（電気機械器具内の電線及び電線路の電線を除く.）
電力貯蔵装置	電力を貯蔵する電気機械器具

表 2・2 用語の定義（解釈第 1 条）

用語	定義
技術員	設備の運転又は管理に必要な知識及び技能を有する者
電気使用場所	電気を使用するための電気設備を施設した，1 の建物又は 1 の単位をなす場所
需要場所	電気使用場所を含む 1 の構内又はこれに準ずる区域であって，発電所，変電所及び開閉所以外のもの
変電所に準ずる場所	需要場所において高圧又は特別高圧の電気を受電し，変圧器その他の電気機械器具により電気を変成する場所
屋内配線	屋内の電気使用場所において，固定して施設する電線
屋側配線	屋外の電気使用場所において，当該電気使用場所における電気の使用を目的として，造営物に固定して施設する電線
屋外配線	屋外の電気使用場所において，当該電気使用場所における電気の使用を目的として，固定して施設する電線

用語	定義
管灯回路	放電灯用安定器又は放電灯用変圧器から放電管までの電路
工作物	人により加工された全ての物体
建造物	造営物のうち，人が居住若しくは勤務し，又は頻繁に出入り若しくは来集するもの
道路	公道又は私道（横断歩道橋を除く.）
水気のある場所	水を扱う場所若しくは雨露にさらされる場所その他水滴が飛散する場所，又は常時水が漏出し若しくは結露する場所
湿気の多い場所	水蒸気が充満する場所又は湿度が著しく高い場所
乾燥した場所	湿気の多い場所及び水気のある場所以外の場所
点検できない隠ぺい場所	天井ふところ，壁内又はコンクリート床内等，工作物を破壊しなければ電気設備に接近し，又は電気設備を点検できない場所
点検できる隠ぺい場所	点検口がある天井裏，戸棚又は押入れ等，容易に電気設備に接近し，又は電気設備を点検できる隠ぺい場所
展開した場所	点検できない隠ぺい場所及び点検できる隠ぺい場所以外の場所
難燃性	炎を当てても燃え広がらない性質（例｜合成ゴム等）
自消性のある難燃性	難燃性であって，炎を除くと自然に消える性質（例｜硬質塩化ビニル波板，ポリカーボネート等）
不燃性	難燃性のうち，炎を当てても燃えない性質（例｜コンクリート，れんが，瓦，鉄鋼，アルミニウム，ガラス，モルタル等）
耐火性	不燃性のうち，炎により加熱された状態においても著しく変形又は破壊しない性質（例｜コンクリート等）
接触防護措置	次のいずれかに適合するように施設することをいう. ・設備を，屋内にあっては床上 2.3 m 以上，屋外にあっては地表上 2.5 m 以上の高さに，かつ，人が通る場所から手を伸ばしても触れることのない範囲に施設すること. ・設備に人が接近又は接触しないよう，さく，へい等を設け，又は設備を金属管に収める等の防護措置を施すこと.
簡易接触防護措置	次のいずれかに適合するように施設することをいう. ・設備を，屋内にあっては床上 1.8 m 以上，屋外にあっては地表上 2 m 以上の高さに，かつ，人が通る場所から容易に触れることのない範囲に施設すること. ・設備に人が接近又は接触しないよう，さく，へい等を設け，又は設備を金属管に収める等の防護措置を施すこと.

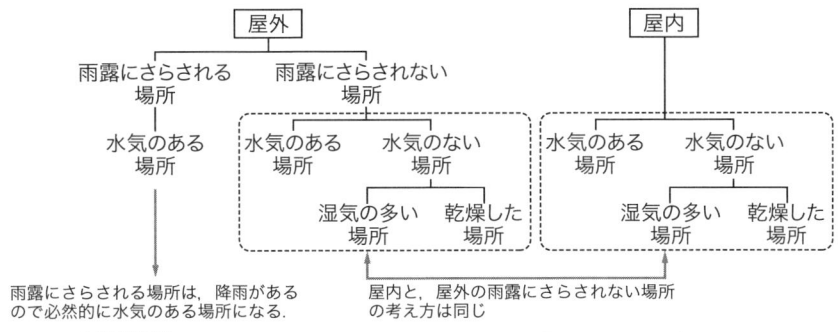

図2・1 「水気のある場所」「湿気の多い場所」「乾燥した場所」の関係

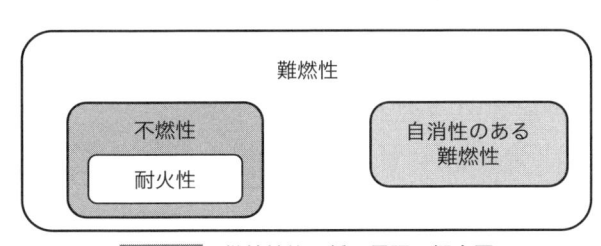

図2・2 燃焼性能に係る用語の概念図

2 ▶ 電圧の種別〈電技第2条〉

電技第2条では，表2・3の区分によって電圧を低圧，高圧及び特別高圧の3種に区分して定義している．

表2・3 電圧の種別

区分	直流	交流
低圧	750 V 以下	600 V 以下
高圧	750 V を超え 7 000 V 以下	600 V を超え 7 000 V 以下
特別高圧	7 000 V を超えるもの	

なお，単相の電気設備など，高圧又は特別高圧の多線式電路の中性線と他の1線とに電気的に接続して施設する電気設備については，その使用電圧又は最大使用電圧（3項）がその多線式電路の使用電圧又は最大使用電圧に等しいものとし

て技術基準が適用される（図 2·3）.

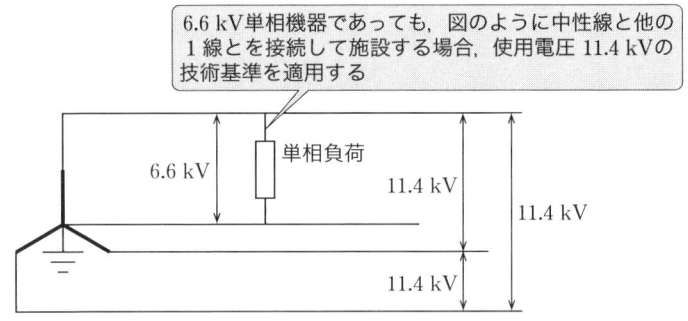

> 6.6 kV単相機器であっても，図のように中性線と他の
> 1 線とを接続して施設する場合，使用電圧 11.4 kVの
> 技術基準を適用する

6.6 kV　　単相負荷　　11.4 kV　　11.4 kV

11.4 kV

図2·3　中性線と他の 1 線とに接続する電気設備の使用電圧

3　公称電圧と最大使用電圧〈解釈第 1 条〉

解釈第 1 条では，**電線路を代表する線間電圧を「使用電圧（公称電圧）」**とし，軽負荷運転や無負荷運転を考慮に入れた通常の使用状態において**電路に加わる最大の線間電圧を「最大使用電圧」**と定義している．最大使用電圧は，電路の絶縁性能やその試験電圧を規定するのに用いられる．

最大使用電圧の求め方は，次の 3 通りが定義されている．

（1）使用電圧が電気学会電気規格調査会標準規格の公称電圧に等しい電路

電気学会電気規格調査会標準規格（JEC）の JEC-0222-2009「標準電圧」には，公称電圧が以下のとおり定義されており，使用電圧がこの公称電圧に等しい電路においては，表 2·4 の求め方で最大使用電圧を導出すると定められている．

表2·4　JEC-0222（2009）における公称電圧と最大使用電圧の求め方

JEC-0222（2009）における定義		解釈上の定義
公称電圧〔V〕	最高電圧〔V〕	最大使用電圧の求め方
100，200，100/200，230，400，230/400	—	公称電圧の 1.15 倍
3 300 6 600 11 000 22 000 33 000	3 450 6 900 11 500 23 000 34 500	公称電圧の 1.15／1.1 倍

66 000 又は 77 000 110 000 154 000 又は 187 000 220 000 又は 275 000	69 000 又は 80 500 115 000 161 000 又は 195 500 230 000 又は 287 500	
500 000	525 000 550 000 又は 600 000	公称電圧の1.05倍, 1.1倍 又は1.2倍
1 000 000	1 100 000	公称電圧の1.1倍

(2) 使用電圧が電気学会電気規格調査会標準規格の公称電圧と異なる電路

使用電圧が JEC-0222（2009）の公称電圧と異なる電路においては，電路の電源となる**機器の定格電圧**（電源となる機器が変圧器である場合は，当該変圧器の最大タップ電圧とし，電源が複数ある場合は，それらの電源の定格電圧のうち最大のもの）を最大使用電圧と定めている．

(3) 想定される最大使用電圧が（1）（2）を上回る電路

計算又は実績により，（1）又は（2）により求めた電圧を上回ることが想定される場合は，その想定される電圧を最大使用電圧とする．

例題 1 ·································· H9 問 2

次の文章は，電気設備に関する技術基準を定める省令における用語の定義に関する記述である．次の ☐ の中に当てはまる語句を解答群の中から選びなさい．

a) 「変電所」とは，構外から伝送される電気を構内に施設した変圧器，回転変流機，整流器その他の電気機械器具により ☐(1)☐ する所であって，☐(1)☐ した電気をさらに構外に伝送するものをいう．

b) 「電線」とは，☐(2)☐ の伝送に使用する電気導体，絶縁物で被覆した電気導体又は絶縁物で被覆した上を ☐(3)☐ で保護した電気導体をいう．

c) 「弱電流電線路」とは，弱電流電線及びこれを支持し，又は保蔵する工作物（☐(4)☐ の屋内又は屋側に施設するものを除く．）をいう．

d) 「支持物」とは，木柱，鉄柱，鉄筋コンクリート柱及び鉄塔並びにこれらに類する工作物であって，電線又は弱電流電線若しくは ☐(5)☐ を支持することを主たる目的とするものをいう．

【解答群】

(イ) 電気　　　　(ロ) 防護帯　　　(ハ) ケーブル　　(ニ) 電流　　(ホ) 造営物

(ヘ) 変成　　　　(ト) 需要場所　　(チ) 変圧　　(リ) 変流　　　(ヌ) 保護被覆

(ル) 安全被覆　　(ヲ) 強電流電気　(ワ) 裸線　　(カ) 光ファイバケーブル

(ヨ) 建物

解　説　電技第1条の用語の定義に関する出題．2-1節1項を参照のこと．

【解答】(1) ヘ　(2) ヲ　(3) ヌ　(4) ホ　(5) カ

例題2 ···································· H24　問7(改)

　次の文章は，「電気設備技術基準」及び「電気設備技術基準の解釈」に基づく，用語の定義に関する記述である．文中の　　　　に当てはまる最も適切なものを解答群の中から選びなさい．

a)「　(1)　」とは，通常の使用状態で電気が通じているところをいう．

b)「　(2)　」とは，電気使用場所において施設する電線（電気機械器具内の電線及び電線路の電線を除く.）をいう.

c)「　(3)　」とは，無効電力を調整する電気機械器具をいう.

d)「　(4)　」とは，造営物のうち，人が居住若しくは勤務し，又は頻繁に出入り若しくは来集するものをいう．

【解答群】

(イ) 内線　　　　(ロ) 電路　　　　(ハ) 配線　　　(ニ) 電気工作物　　(ホ) 工作物

(ヘ) 充電部　　　(ト) 電力用コンデンサ　　(チ) 住宅　　(リ) 単独運転

(ヌ) 自立運転　　(ル) 調相設備　　(ヲ) 変圧器　　(ワ) 逆潮流

(カ) 分岐回路　　(ヨ) 建造物

解　説　(1)〜(3) は電技第1条，(4) は解釈第1条の用語の定義からの出題．前問と同様，2-1節1項を参照のこと．

【解答】(1) ロ　(2) ハ　(3) ル　(4) ヨ

2-2 電　線

攻略の
ポイント

　2-1 節の用語の定義にあるように，電技第 1 条では，電線とは「強電流電気の伝送を目的とした電気導体，絶縁物で被覆した電気導体又は絶縁物で被覆した上を保護被覆した導体」と定義されている．電線には様々な種類があり，細かな要件が規定されているため，形状や使用用途と合わせて覚えておきたい．

1　電線が満たすべき技術的要件

　電線が満たすべき技術的要件は電技第 6 条及び第 21 条に定められている．

（1）電線等の断線防止〈電技第 6 条〉

　電線，支線，架空地線，弱電流電線等（弱電流電線及び光ファイバケーブルをいう．）その他の電気設備の保安のために施設する線は，**通常の使用状態において断線のおそれがないように施設**しなければならない．

（2）架空電線及び地中電線の感電防止〈電技第 21 条〉

　低圧又は高圧の架空電線には，感電のおそれがないよう，**使用電圧に応じた絶縁性能を有する絶縁電線又はケーブルを使用**しなければならない．ただし，通常予見される使用形態を考慮し，感電のおそれがない場合は，この限りでない．

　また，**地中電線**には，感電のおそれがないよう，**使用電圧に応じた絶縁性能を有するケーブルを使用**しなければならない．

2　電線の種類及びその規格

　電技第 6 条及び第 21 条の技術的要件を満たすような電線の種類・規格は，解釈第 3 条〜第 12 条において表2·5に示すように定められている．これらに適合する電線は，送電線路，配電線路，電気使用場所における配線などに使用できる．

　なお，電線の性能は「熱的性能」「電気的性能」「機械的性能」に大別できるが，このうち機械的性能は電線の施設条件に依存するため，表2·5の各条項では主に熱的性能，電気的性能が示されており，例外を除いて（例えば，キャブタイヤケーブル），機械的性能は施設条文の規定に委ねられている．

表2・5　電線の種類と対応する解釈の条項

導体の形態	電線の種類	解釈の対応条項
すべての電線に共通の事項		第3条
電気導体	裸電線	第4条
絶縁物で被覆した電気導体	絶縁電線	第5条
	多心型電線	第6条
	コード	第7条
絶縁物で被覆した上を保護被覆した導体	キャブタイヤケーブル	第8条
	ケーブル	第9条（低圧） 第10条（高圧） 第11条（特別高圧）
電線の接続法	―	第12条

以下の各項では，これらの条項のうち主要なものについて解説していく．

3　電線の規格の共通事項〈解釈第3条〉

電線の規格に共通の事項は，次のとおり定められている．

1　**通常の使用状態における温度に耐えること**．

2　線心が2本以上のものにあっては，**色分けその他の方法により線心が識別できること**．

3　電線を構成する部材については，次に適合すること．

表2・6　電線を構成する各部材の要件

部材	要件
導体補強線	・**天然繊維**若しくは**化学繊維**又は**鋼線**であること． ・**鋼線**は，次に適合すること． 　①**直径が5 mm以下**であること． 　②**引張強さが686 N/mm² 以上**であること． 　③表面は滑らかで，かつ，傷等がないこと． 　④**すず若しくは亜鉛のめっき**を施したもの，又は**ステンレス鋼線**であること．
補強索	・**引張強さが294 N/mm² 以上の鋼線**であること． ・絶縁体又は外装に損傷を与えるおそれのないものであること． ・表面は滑らかで，かつ，傷等がないこと． ・**すず若しくは亜鉛のめっき**を施したもの，又は**ステンレス鋼線**であること．

部材	要件
セパレータ	・紙，天然繊維，化学繊維，ガラス繊維，天然ゴム混合物，合成ゴム又は合成樹脂であること． ・厚さは 1 mm 以下であること．ただし，耐火電線である旨の表示のあるものにあっては，1.5 mm 以下とすることができる．
遮へい	・アルミニウム製のものにあっては，ケーブル以外の電線に使用しないこと． ・厚さが 0.8 mm 以下のテープ状のもの，厚さが 2 mm 以下の被覆状のもの，厚さが 2.5 mm 以下の編組状のもの又は直径 5 mm 以下の線状のものであること．
介在物	紙，天然繊維，化学繊維，ガラス繊維，天然ゴム混合物，合成ゴム又は合成樹脂であること．
接地線	・導体は，次に適合すること． ①単線にあっては，表 2・7 に規定する軟銅線であって，直径が 1.6 mm 以上のものであること． ②より線にあっては，表 2・7 に規定する軟銅線を素線としたより線であって，公称断面積が 0.75 mm² 以上のものであること． ③次のいずれかに該当するものにあっては，すず若しくは鉛又はこれらの合金のめっきを施してあること． 　（イ）ビニル混合物及びポリエチレン混合物以外のもので被覆してあるもの 　（ロ）被覆を施していないもの（電線の絶縁体又は外装がビニル混合物及びポリエチレン混合物以外の絶縁物である場合に限る．） ・次のいずれかの条件を満たす被覆を施してあるものにあっては，接地線である旨を表示してあること． ①被覆の厚さが接地線の線心以外の線心の絶縁体の厚さの 70% を超え，かつ，導体の太さが接地線の導体以外の導体の太さの 80% を超えるとき ②接地線の線心が 2 本以上のとき

表 2・7　解釈別表第 1（抜粋）

導体の直径〔mm〕	引張強さ〔N/mm²〕	伸び〔%〕	導電率〔%〕
0.10 以上 0.28 以下	196 以上 $(462-10.8\,d)$ 未満	15.0 以上	98.0 以上
0.28 を超え 0.29 以下		20.0 以上	98.0 以上
0.29 を超え 0.45 以下		20.0 以上	99.3 以上
0.45 を超え 0.70 以下		20.0 以上	100 以上
0.70 を超え 1.6 以下		25.0 以上	100 以上
1.6 を超え 7.0 以下		30.0 以上	100 以上
7.0 を超え 16.0 以下		35.0 以上	100 以上

※ d は導体の直径〔mm〕

----- **コ ラ ム** -----

電線の構成部材について

本条にて言及されている電線を構成する各部材について，以下に説明を付す.

部材	説明
導体補強線	電線軸方向の強度を補強する目的で，キャブタイヤケーブルなどの導体に挿入された線状材料.
補強索	キャブタイヤケーブルなどにおいて，電線軸方向の強度を補強する目的で，線心と一緒により合わせるなどして挿入された線状材料.
セパレータ	導体と絶縁体との間，絶縁体と外装との間など，隣接する層間の剥離を容易にする目的で，テープなどによって設けた隔離層.
遮へい	線心上又は線心を集合したものの上に，静電結合又は電磁結合による誘導を低減させる目的で設けた層.
介在物	線心を集合する際に線心間の隙間を埋める目的で使用する材料.

（出典：日本産業規格 JISC3010:2019「電線及び電気温床線の安全に関する要求事項」）

4 ▶ 絶縁電線〈解釈第5条〉

絶縁電線とは，**電気導体を絶縁体で被覆**した構造を有する電線である.

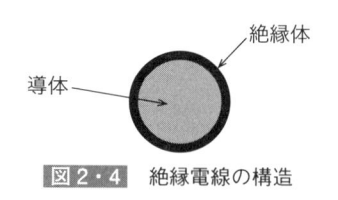

図2・4 絶縁電線の構造

(1) 耐電圧試験と絶縁抵抗

絶縁電線は，電気用品安全法の適用を受けるか，解釈で定める性能を有する必要がある. 完成品の絶縁性能は，以下の絶縁耐力試験と絶縁抵抗により規定され

ている.

①絶縁耐力試験

　清水中に1時間浸した後，導体と大地との間に**表2・8に規定する交流電圧を連続して1分間**加えたとき，これに耐える性能を有すること．

表2・8　絶縁電線の絶縁耐力試験の印加電圧

絶縁電線の種類		交流電圧〔V〕
低圧絶縁電線	導体の断面積が300 mm² 以下	3 000
	導体の断面積が300 mm² 超過	3 500
高圧絶縁電線		12 000
特別高圧絶縁電線		25 000

②絶縁抵抗

　①の絶縁耐力試験後，**導体と大地との間に100 Vの直流電圧を1分間**加えた後に測定した**絶縁体の絶縁抵抗**が，表2・9に規定する値以上であること．

表2・9　絶縁体の絶縁抵抗（解釈別表第6）

使用電圧の区分	絶縁抵抗〔MΩ-km〕
低圧	
高圧	$R = 3.665 \times 10^{-12} \rho \log_{10} \dfrac{D}{d}$
特別高圧	

（備考）　1.　R は，20 ℃における絶縁抵抗

　　　　　2.　ρ は，20 ℃における体積固有抵抗（単位：Ω-cm）

　　　　　3.　D は，絶縁体外径（単位：mm）

　　　　　4.　d は，絶縁体内径（単位：mm）

　　　　　5.　$D/d \geqq 1.8$ のときは，$D/d = 1.8$ として計算する．

（2）絶縁電線に用いられる絶縁体の種類

　絶縁電線の種類によって絶縁体の材料が定められている（表2・10）．また，絶縁体は耐電圧性能及び絶縁抵抗，機械的強度に対する安全を確保するため，最低限の厚さが定められている．

表2・10　絶縁電線の種類と絶縁体の材料

絶縁電線の種類	絶縁体の材料
600 V ビニル絶縁電線（IV）又は屋外用ビニル絶縁電線（OW）	ビニル混合物
600 V ポリエチレン絶縁電線（OE）	ポリエチレン混合物
600 V ふっ素樹脂絶縁電線	ふっ素樹脂混合物
600 V ゴム絶縁電線	天然ゴム混合物，スチレンブタジエンゴム混合物，エチレンプロピレンゴム混合物又はけい素ゴム混合物
高圧絶縁電線	ポリエチレン混合物又はエチレンプロピレンゴム混合物
特別高圧絶縁電線	架橋ポリエチレン混合物

5 ケーブル

　ケーブルは電気導体を絶縁物で被覆した上に，外装による保護を有しており，絶縁電線に比べて耐摩耗性や耐衝撃性に優れた電線である．ケーブルの技術的要件は使用電圧によってそれぞれ規定されている．

（1）低圧ケーブル〈解釈第9条〉

　低圧ケーブルは電気導体を絶縁物と外装で保護することが原則となるが，解釈第127条（水上電線路及び水底電線路の施設）により施設する**低圧水底電線路に使用するケーブルは，外装を有しないものとすることが可能**である．

　絶縁電線と同様に低圧ケーブルについても電気用品安全法の適用を受けるか，解釈に定める性能を有する必要があり，絶縁性能は絶縁耐力試験並びに絶縁抵抗値にて規定されている．

①絶縁耐力試験

　表2・11の試験方法で表2・12に規定する**交流電圧を連続して1分間**加えたとき，これに耐える性能を有する必要がある．

表2・11　低圧ケーブルの絶縁耐力試験の方法

ケーブルの種類		試験方法
水底ケーブル以外の金属外装ケーブル	単心	導体と金属外装との間に交流電圧を印加
	多心	導体相互間及び導体と金属外装との間に交流電圧を印加
その他のケーブル	単心	清水中に1時間浸した後，導体と大地との間に交流電圧を印加
	多心	清水中に1時間浸した後，導体相互間及び導体と大地との間に交流電圧を印加

表2・12　低圧ケーブルの絶縁耐力試験の試験電圧

導体		交流電圧〔V〕
成形単線及びより線（公称断面積 mm²）	単線（直径 mm）	
8 以下	3.2 以下	1 500
8 を超え 30 以下	3.2 を超え 5 以下	2 000
30 を超え 80 以下	—	2 500
80 を超え 400 以下	—	3 000
400 超過	—	3 500

②絶縁抵抗

①の絶縁耐力試験後，**金属外装ケーブルにあっては導体と外装の間，その他のケーブルにあっては導体と大地との間**に 100 V の直流電圧を 1 分間加えた後に測定した**絶縁体の絶縁抵抗**が表2・13を満足する必要がある（絶縁電線と同等）．

表2・13　絶縁体の絶縁抵抗（表2・9再掲）

使用電圧の区分	絶縁抵抗〔MΩ-km〕
低圧	$R = 3.665 \times 10^{-12} \rho \log_{10} \dfrac{D}{d}$

（2）高圧ケーブル〈解釈第10条〉

使用電圧が高圧のケーブルは，低圧と異なり，静電誘導による人体への危険防止と，ケーブル内の電圧を一様にして絶縁物の劣化防止を目的に，**金属製の電気的遮へい層を有する必要**がある．

なお，遮へい層は単心ケーブルであれば線心の上に，多心ケーブルであれば線

心をまとめた上又は各線心の上のいずれかに設ければよく，ケーブル外装が金属であれば外装が遮へい層の役割を果たすため不要となる．

また，低圧ケーブルと同様に，解釈第127条の規定により施設する高圧水底電線路に使用するケーブルは，外装及び金属製の電気的遮へい層は不要である．

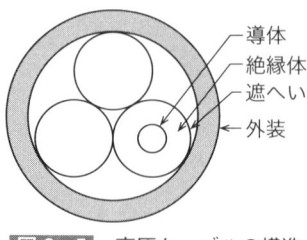

導体
絶縁体
遮へい
外装

図2・5 高圧ケーブルの構造

①絶縁耐力試験

表2・14の試験方法で表2・15に規定する**交流電圧を連続して10分間**加えたとき，これに耐える性能を有する必要がある．

表2・14 高圧ケーブルの絶縁耐力試験の方法

ケーブルの種類		試験方法
水底ケーブル以外の金属外装ケーブル	単心	導体と金属外装との間に交流電圧を印加
	多心	導体相互間及び導体と金属外装との間に交流電圧を印加
水底ケーブル	単心	清水中に1時間浸した後，導体と大地との間に交流電圧を印加
	多心	清水中に1時間浸した後，導体相互間及び導体と大地との間に交流電圧を印加
上記以外のケーブル	単心	導体と遮へいとの間に交流電圧を印加
	多心	導体相互間及び導体と遮へいとの間に交流電圧を印加

表2・15 高圧ケーブルの絶縁耐力試験の試験電圧

使用電圧〔V〕	試験電圧〔V〕
3 500 以下	9 000
3 500 超過	17 000

②絶縁抵抗

　①の絶縁耐力試験後，**金属外装ケーブルにあっては導体と外装の間，金属外装以外のケーブルにあっては導体と遮へいとの間**に 100 V の直流電圧を 1 分間加えた後に測定した**絶縁体の絶縁抵抗**が表 2・16 を満足する必要がある（絶縁電線と同等）．

表 2・16　絶縁体の絶縁抵抗（表 2・9 再掲）

使用電圧の区分	絶縁抵抗〔MΩ-km〕
高圧	$R=3.665\times10^{-12}\rho\log_{10}\dfrac{D}{d}$

6　キャブタイヤケーブル〈解釈第 8 条〉

　キャブタイヤケーブルはケーブルの一種であるが，主として鉱山，工場，農場等で使用される移動用電気機器及びこれに類する用途に使用される機械器具に接続されるもので，その使用用途から**耐摩耗性や耐衝撃性，耐屈曲性**に優れ，**耐水性を有する電線**である．軽易な用途に用いられる第 1 種から，耐摩耗性・耐衝撃性に優れる第 4 種までの分類がある（図 2・6）．

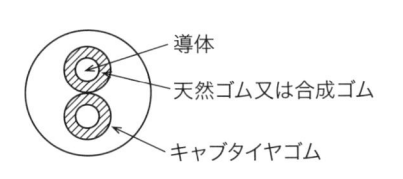

導体
天然ゴム又は合成ゴム
キャブタイヤゴム

（a）2 種キャブタイヤケーブル

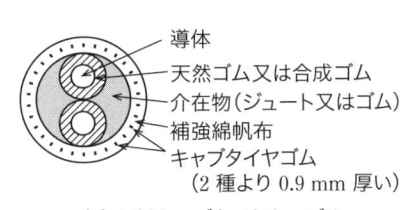

導体
天然ゴム又は合成ゴム
介在物（ジュート又はゴム）
補強綿帆布
キャブタイヤゴム
（2 種より 0.9 mm 厚い）

（b）3 種キャブタイヤケーブル

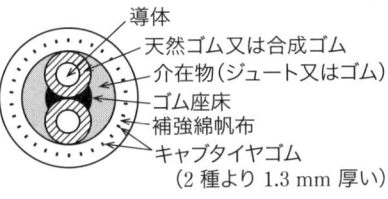

導体
天然ゴム又は合成ゴム
介在物（ジュート又はゴム）
ゴム座床
補強綿帆布
キャブタイヤゴム
（2 種より 1.3 mm 厚い）

（c）4 種キャブタイヤケーブル

図 2・6　キャブタイヤケーブルの構造

　キャブタイヤケーブルは，ケーブルと同様に電気導体を絶縁物で被覆した上に外装で保護した構造を有するものであり，電気用品安全法の適用を受けるか，以下に適合する性能を有する必要がある．

（1）絶縁体・外装の種類と厚さ

　キャブタイヤケーブルの種類による絶縁体及び外装の材料・厚さは表2·17のとおり．

表2·17　キャブタイヤケーブルの種類と絶縁体・外装の材料

	種類	絶縁体の材料	外装の材料	外装の厚さ※〔mm〕
低圧用	ビニルキャブタイヤケーブル	ビニル混合物，ポリエチレン混合物，天然ゴム混合物，ブチルゴム混合物又はエチレンプロピレンゴム混合物	ビニル混合物	$\dfrac{D}{15}+1.3$
	耐燃性ポリオレフィンキャブタイヤケーブル	ポリオレフィン混合物	耐燃性ポリオレフィン混合物	
	クロロプレンキャブタイヤケーブル（2種）	天然ゴム混合物，ブチルゴム混合物又はエチレンプロピレンゴム混合物	クロロプレンゴム混合物	
	クロロプレンキャブタイヤケーブル（3種）			$\dfrac{D}{15}+2.2$
	クロロプレンキャブタイヤケーブル（4種）			$\dfrac{D}{15}+2.6$
高圧用	クロロプレンキャブタイヤケーブル（2種）	ブチルゴム混合物又はエチレンプロピレンゴム混合物	クロロプレンゴム混合物	$\dfrac{D}{15}+2.2$
	クロロプレンキャブタイヤケーブル（3種）			$\dfrac{D}{15}+2.7$

※ D は，丸形のものにあっては外装の内径，その他のものにあっては外装の内短径と内長径の和を2で除した値（単位：mm）

（2）絶縁耐力試験と絶縁抵抗

　絶縁性能は以下の絶縁耐力試験と絶縁抵抗値に適合する必要がある．

①絶縁耐力試験

　表2·18に規定する試験方法で，表2·19に規定する**交流電圧を加えたとき**，これに耐える性能を有する必要がある．

表 2・18　キャブタイヤケーブルの絶縁耐力試験の試験方法

種類		試験方法
低圧用	単心のもの	清水中に1時間浸した後，導体と大地との間に交流電圧を連続して1分間印加
	多心のもの	清水中に1時間浸した後，導体相互間及び導体と大地との間に交流電圧を連続して1分間印加
高圧用	単心のもの	導体と遮へいとの間に交流電圧を連続して10分間印加
	多心のもの	導体相互間及び導体と遮へいとの間に交流電圧を連続して10分間印加

表 2・19　絶縁耐力試験の印加電圧

キャブタイヤケーブルの種類		交流電圧 [V]
低圧用		3 000
高圧用	使用電圧が1 500 V以下のもの	5 500
	使用電圧が1 500 Vを超え3 500 V以下のもの	9 000
	使用電圧が3 500 Vを超えるもの	17 000

②絶縁抵抗

①の絶縁耐力試験後，**導体と大地との間に100 Vの直流電圧を1分間加えた後に測定した絶縁体の絶縁抵抗が**，表2・20に規定する値以上であること（絶縁電線と同等）．

表 2・20　絶縁体の絶縁抵抗（表2・9の再掲）

使用電圧の区分	絶縁抵抗 [MΩ-km]
低圧	$R = 3.665 \times 10^{-12} \rho \log_{10} \dfrac{D}{d}$
高圧	

(備考)　1. Rは，20℃における絶縁抵抗

2. ρは，20℃における体積固有抵抗（単位：Ω-cm）

3. Dは，絶縁体外径（単位：mm）

4. dは，絶縁体内径（単位：mm）

5. $D/d \geqq 1.8$のときは，$D/d = 1.8$として計算する．

7 電線の接続法〈解釈第12条〉

電線を接続する場合は，接続部分の「熱的性能」「電気的性能」「機械的性能」が低下しないように注意しなければならない．

解釈第12条では電線の電気抵抗を増加させないように接続するとともに，以下に適合することが定められている．

(1) 絶縁電線の場合〈第2項〉

絶縁電線相互又は絶縁電線とコード，キャブタイヤケーブル若しくはケーブルとを接続する場合は，以下を満たす必要がある．

- **電線の引張強さを20%以上減少させないこと**．ただし，ジャンパー線を接続する場合その他電線に加わる張力が電線の引張強さに比べて著しく小さい場合は，この限りでない．

- 電気抵抗を増加させないため，**接続部分には接続管その他の器具を使用**するか，又は**ろう付け**すること．

- 接続部分の絶縁効力の低下を防ぐため，接続部分の絶縁電線の絶縁物と同等以上の**絶縁効力のある接続器を使用**するか，接続部分をその部分の**絶縁電線の絶縁物と同等以上の絶縁効力のあるもので十分に被覆**すること．

> **⚙ POINT**
>
> 「接続管その他の器具」とは，図2・7に示すようなS形スリーブ，リングスリーブ，銅管ターミナル，ねじ込み形電線コネクタ等を指し，特別高圧架空電線のジャンパー装置で使用されるジャンパー線接続用のアルミパイプも含まれる．

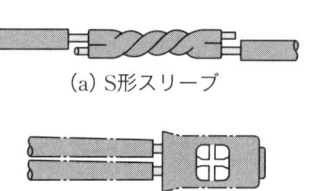

(a) S形スリーブ

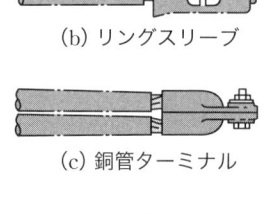

(b) リングスリーブ

(c) 銅管ターミナル

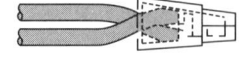

(d) ねじ込み形電線コネクタ

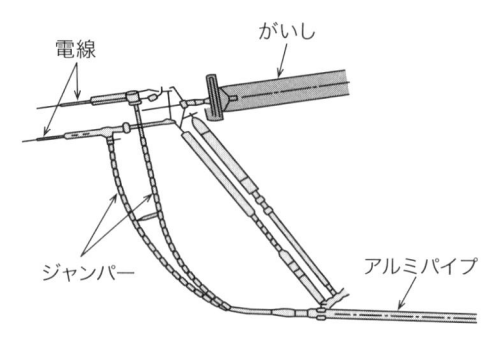

(e) アルミパイプ式ジャンパー装置

図2・7 接続管その他の器具

（2）コード，キャブタイヤケーブル，ケーブルの場合〈第3項〉

　コード相互，キャブタイヤケーブル相互，ケーブル相互を接続する場合，又はこれらのもの相互を接続する場合は，次の要件を満たす必要がある．

- 素線が細いコード類は接続部分の強度が得られず緩みやすいため，直接接続するのではなく，**コード接続器，接続箱その他の器具を使用**すること．
- 素線が十分に太く緩み難い**断面積 8 mm² 以上のキャブタイヤケーブル相互**を接続する場合は，（1）の**絶縁電線の接続方法に準ずる**とともに，かつ，次のいずれかを満たすこと．
  ①**接続部分の絶縁被覆を完全に硫化する**こと．
  ②接続部分の上に**堅ろうな金属製の防護装置を施す**こと．
- **金属被覆のないケーブル相互**を接続する場合において，（1）の**絶縁電線の接続方法に準ずる**こと．

（3）アルミ電線の場合〈第4項〉

　導体にアルミニウムを使用する電線と銅を使用する電線とを接続する等，電気化学的性質の異なる導体を接続する場合には，**接続部分に電気的腐食が生じないようにする必要**がある．

　具体的には，アルミ線用の接続器具類（コネクタ，スリーブ）を使用し，その接続部分には，接続後にその箇所に酸化被膜が形成されて電気抵抗が増加すること及び湿気などが入って湿食や電食を起こすことなどを防止する目的でコンパウンドを塗布する必要がある．

例題 3 ·· H26 問 7

次の文章は「電気設備技術基準の解釈」に基づく，絶縁電線，多心型電線，キャブタイヤケーブル，低圧ケーブル及び高圧ケーブルの規格に共通の事項に関する記述の一部である．文中の □□□ に当てはまる最も適切なものを解答群の中から選びなさい．

a) 通常の使用状態における □(1)□ に耐えること．

b) □(2)□ が 2 本以上のものにあっては，色分けその他の方法により □(2)□ が識別できること．

c) 導体補強線を有するものにあっては，導体補強線は天然繊維若しくは化学繊維又は □(3)□ であること．

d) 接地線を有するものにあっては，接地線の導体は □(4)□ であること．

e) □(5)□ を有するものにあっては，□(5)□ はテープ状のもの，被覆状のもの，編組状のもの又は線状のものであること．また，アルミニウム製のものはケーブル以外の電線に使用しないこと．

【解答群】

(イ) 温度　　(ロ) 素線　　(ハ) 軟銅線　　(ニ) 鉛被　　(ホ) 硬銅線

(ヘ) 防湿剤　(ト) 線心　　(チ) アルミ合金線　(リ) 遮へい　(ヌ) 中性線

(ル) 紙　　　(ヲ) 鋼線　　(ワ) 短絡電流　　(カ) 架空地線　(ヨ) 無効電力

解　説　解釈第 3 条からの出題．2-2 節 3 項を参照のこと．

【解答】(1) イ　(2) ト　(3) ヲ　(4) ハ　(5) リ

例題 4　· R2　問 6

　次の文章は，「電気設備技術基準」及び「電気設備技術基準の解釈」に基づく電線に関する記述である．文中の □ に当てはまる最も適切なものを解答群の中から選びなさい．

　電線とは，　(1)　の伝送に使用する電気導体，絶縁物で被覆した電気導体又は絶縁物で被覆した上を保護被覆で保護した電気導体をいう．

　電線，支線，架空地線，弱電流電線等その他の電気設備の保安のために施設する線は，通常の使用状態において　(2)　のおそれがないように施設しなければならない．

　低圧の絶縁電線は電気用品安全法の適用を受けるものを使用すること．又は，小勢力回路に使用するものを除いて，次に適合する性能を有するものを使用すること．

a)　通常の使用状態における　(3)　に耐えること．

b)　導体の断面積が $300\ \mathrm{mm}^2$ を超えるものは，完成品として清水中に 1 時間浸した後，導体と大地との間に　(4)　電圧 $3\,500\ \mathrm{V}$ を連続して　(5)　間加えたとき，これに耐える性能を有すること．

【解答群】

（イ）温度	（ロ）10 分	（ハ）交流	（ニ）1 分	（ホ）30 分
（ヘ）インパルス	（ト）湿度	（チ）断線	（リ）直流	（ヌ）電流
（ル）電気	（ヲ）強電流電気	（ワ）荷重	（カ）損傷	（ヨ）感電

解　説　　(1) は電技第 1 条の用語の定義（2-1 節 1 項），(2) は電技第 6 条の電線等の断線防止（電線が満たすべき技術的要件本節 1 項），(3) は解釈第 3 条（本節 3 項），(4) ～ (5) は解釈第 5 条（本節 4 項）からの出題である．

　　　　　　　　　　　　　　【解答】(1) ヲ　(2) チ　(3) イ　(4) ハ　(5) ニ

2-3　電路の絶縁

攻略の
ポイント
　電気の保安の確保にあたり，電路の絶縁は次節の電路の接地と対となる重要な事項の１つであり，試験においても出題頻度の高い項目となる．求められる技術要件には，細かな試験方法や満たすべき絶縁耐力といった数値が含まれているため，試験に出題されても対応できるように確認しておこう．

1　電路の絶縁に係る技術的要件

　電路は，十分に絶縁されていなければ，漏れ電流による火災や感電の危険を生じるとともに，電力損失が増加する等の様々な障害を引き起こす．このため，電路の絶縁に関して，満たすべき性能要件を電技第４条，第５条及び第58条において以下のとおり定めている．

（1）電気設備における感電，火災等の防止〈電技第４条〉

　電気設備は，**感電，火災その他人体に危害を及ぼし，又は物件に損傷を与えるおそれがないように**施設しなければならない．

（2）電路の絶縁〈電技第５条〉

1　電路は，**大地から絶縁しなければならない**．ただし，構造上やむを得ない場合であって通常予見される使用形態を考慮し危険のおそれがない場合，又は混触による高電圧の侵入等の異常が発生した際の危険を回避するための接地その他の保安上必要な措置を講ずる場合は，この限りでない．

2　電路を絶縁する際の**絶縁性能**は，**事故時に想定される異常電圧を考慮し，絶縁破壊による危険のおそれがないものでなければならない**．

3　変成器内の巻線と当該変成器内の他の巻線との間の絶縁性能は，事故時に想定される異常電圧を考慮し，絶縁破壊による危険のおそれがないものでなければならない．

（3）低圧の電路の絶縁性能〈電技第58条〉

　電気使用場所における低圧電路の電線相互間及び電路と大地との間の絶縁抵抗は，**開閉器又は過電流遮断器で区切ることのできる電路ごとに**，表2·21の使用電圧の区分に応じた値以上でなければならない．

　これら電技上の技術的要件を満足させるため，低圧電路，高圧・特別高圧の電路，機械器具等の電路のそれぞれについて，解釈第13条から第16条にて具体的な要件が定められている．以下にて詳しく見ていこう．

表2・21 低圧の電路の絶縁性能

電路の使用電圧の区分		絶縁抵抗値
300 V 以下	対地電圧（接地式電路においては電線と大地との間の電圧，非接地式電路においては電線間の電圧）が 150 V 以下の場合	0.1 MΩ
	その他の場合	0.2 MΩ
300 V を超えるもの		0.4 MΩ

2 電路の絶縁〈解釈第13条〉

電技第5条に規定のとおり，**電路は大地から絶縁**する必要があるが，構造上やむを得ない場合など，具体的には**次に掲げる部分は適用が除外**されている．

- 解釈の規定により**接地工事を施す場合の接地点**.
- 次に例示する**絶縁できないことがやむを得ない部分**

  ➤電路の一部を**大地から絶縁せずに電気を使用することがやむを得ないもの**.

  （例）解釈第194条に規定するエックス線発生装置，試験用変圧器，電力線搬送用結合リアクトル，電気さく用電源装置，電気防食用の陽極，単線式電気鉄道の帰線，電極式液面リレーの電極等

  ➤**大地から絶縁することが技術上困難なもの**.

  （例）電気浴器，電気炉，電気ボイラー，電解槽等

······· コラム ·······
絶縁の適用が除外される箇所について

本条では接地点だけを除外しているのであって，接地点以外の接地側電路は絶縁しなければならないことに注意すること．

また，「大地から絶縁することが技術上困難なもの」とは，例えば電気炉の炉体はやむを得ない部分となるが，電気炉用電極に至る導線はやむを得ない部分とは認められず，絶縁が必要になる点にも注意すること．

3 低圧電路の絶縁性能 〈解釈第 14 条〉

電気使用場所における低圧電路は，**開閉器又は過電流遮断器で区切ることのできる電路ごと**に，次の**いずれかに適合する絶縁性能**を有する必要がある．

- 電技第 58 条に規定の絶縁抵抗値であること．
- 絶縁抵抗測定が困難な場合には，当該電路の**使用電圧が加わった状態におけ**る漏えい電流が，**1 mA 以下**であること．

……………………… コ ラ ム ………………………
漏れ電流測定について

………………………………………………………………………

電技に定められた絶縁抵抗測定は停電が必要であることから，近年では一般家庭等での実施が困難になってきている．このため，停電せずに絶縁性能を判定できる方法として，漏えい電流による絶縁性能基準を明確にしている．

漏れ電流計により測定する「漏えい電流測定」は，対地絶縁抵抗による電流の他に対地静電容量に起因する電流が含まれること等から，絶縁抵抗値に正確には換算できないものの，漏えい電流が 1 mA 以下であれば，対地絶縁抵抗による電流はこの値より小さいはずであり，電技で定める絶縁抵抗値と同等以上の絶縁性能を有しているとみなすことができる．

なお，低圧電路に 1 mA 程度の漏れ電流があっても人体に対する感電の危険はなく（人体に通じる電流を零から漸次増していくと 1 mA 前後ではじめて感じる．），この程度の漏れ電流では火災の発生はほとんど考えられないという理由に基づいて定められている．

---

4 高圧又は特別高圧の電路の絶縁性能 〈解釈第 15 条〉

電技第 58 条でみたように低圧電路は絶縁抵抗値にて絶縁性能が規定されてい

る．一方，使用電圧が高くなると絶縁抵抗試験が十分にその効力を発揮することができないため，高圧又は特別高圧の電路は絶縁耐力試験により満たすべき絶縁性能を規定している．

具体的には，解釈第15条では，高圧又は特別高圧の電路は，**次のいずれかの絶縁耐力試験に適合する絶縁性能を有する必要**があるとされている．

- 表2·22に規定する**試験電圧を電路と大地との間**（多心ケーブルにあっては，心線相互間及び心線と大地との間）に**連続して10分間**加えたとき，これに耐える性能を有すること．

- **電線にケーブルを使用する交流の電路**においては，表2·22に規定する試験電圧の**2倍の直流電圧を電路と大地との間**（多心ケーブルにあっては，心線相互間及び心線と大地との間）に連続して**10分間**加えたとき，これに耐える性能を有すること．

POINT

電路が長距離の高圧又は特別高圧ケーブルの場合，静電容量が大きく交流を用いて絶縁耐力試験を行うには，大容量の電源設備を要し実施が困難な場合が多いため，比較的簡単に実施し得る直流での試験方法が定められており，同等の安全性を確保できるものとして，交流試験電圧の2倍に耐えることとされている．

- **最大使用電圧が170 000 Vを超える地中電線路**であって，両端の中性点が直接接地されているものにおいては，**最大使用電圧の0.64倍の電圧を電路と大地との間**（多心ケーブルにあっては，心線相互間及び心線と大地との間）に**連続して60分間**加えたとき，これに耐える性能を有すること．

5 機械器具等の電路の絶縁性能〈解釈第16条〉

変圧器，回転機，整流器，燃料電池，太陽電池モジュール，その他器具等の絶縁性能は解釈第16条に定められている．主なものについて，以下のとおり示す．

(1) 変圧器〈第1項〉

変圧器の電路は，表2·23の絶縁性能を有する必要がある．

なお，放電灯用変圧器，エックス線管用変圧器，吸上変圧器，試験用変圧器，計器用変成器，その他の特殊の用途に供される変圧器は除外されている．

表 2・22 絶縁耐力試験の試験電圧

電路の種類			試験電圧
最大使用電圧が 7 000 V 以下	交流		最大使用電圧の 1.5 倍の交流電圧
	直流		最大使用電圧の 1.5 倍の直流電圧又は 1 倍の交流電圧
最大使用電圧が 7 000 V を超え，60 000 V 以下	**最大使用電圧が 15 000 V 以下の中性点接地式電路**（中性線を有するものであって，その中性線に多重接地するものに限る．）		最大使用電圧の 0.92 倍の電圧
	上記以外		最大使用電圧の 1.25 倍の電圧（10 500 V 未満となる場合は，10 500 V）
最大使用電圧が 60 000 V を超過	整流器に接続する以外のもの	**中性点非接地式**	最大使用電圧の 1.25 倍の電圧
		中性点接地式 — 最大使用電圧が 170 000 V を超過 — **中性点が直接接地されている発電所，蓄電所又は変電所若しくはこれに準ずる場所に施設するもの**	最大使用電圧の 0.64 倍の電圧
		上記以外の中性点直接接地式電路	最大使用電圧の 0.72 倍の電圧
		上記以外	**最大使用電圧の 1.1 倍の電圧**（75 000 V 未満となる場合は，75 000 V）
	整流器に接続するもの	交流側及び直流高電圧側電路	交流側の最大使用電圧の 1.1 倍の交流電圧又は直流側の最大使用電圧の 1.1 倍の直流電圧
		直流側の中性線又は帰線となる電路（周波数変換装置（FC）又は非同期連系装置（BTB）の直流部分等の短小な直流電路において，異常電圧の発生のおそれのない場合は，絶縁耐力試験を行わないことができる．）	次の式により求めた値の交流電圧 $V \times (1/\sqrt{2}) \times 0.51 \times 1.2$ V は，逆変換器転流失敗時に中性線又は帰線となる電路に現れる交流性の異常電圧の波高値（単位：V）

（備考）電位変成器を用いて中性点を接地するものは，中性点非接地式とみなす．

表 2・23 変圧器の満たすべき絶縁性能

変圧器の巻線の種類						試験電圧	試験方法
最大使用電圧が 7 000 V 以下						最大使用電圧の 1.5 倍の交流電圧（500 V 未満となる場合は，500 V）	
最大使用電圧が 7 000 V を超え，60 000 V 以下	最大使用電圧が 15 000 V 以下の中性点接地式電路（中性線を有するものであって，その中性線に多重接地するものに限る.）に接続					最大使用電圧の 0.92 倍の電圧	①
	上記以外					最大使用電圧の 1.25 倍の電圧（10 500 V 未満となる場合は，10 500 V）	
最大使用電圧が 60 000 V 超過	整流器に接続する以外のもの	中性点接地式電路に接続するもの	スター結線のもの	中性点直接接地式電路に接続するもの	中性点を直接接地するもの		
					最大使用電圧が 170 000 V 以下 → 最大使用電圧の 0.72 倍の電圧		②
					最大使用電圧が 170 000 V を超過 → 最大使用電圧の 0.64 倍の電圧		②
				中性点に避雷器を施設するもの	最大使用電圧の 0.72 倍の電圧		③
			上記以外で中性点に避雷器を施設するもの			最大使用電圧の 1.1 倍の電圧（75 000 V 未満となる場合は，75 000 V）	④
			スコット結線であって，T 座巻線と主座巻線の接続点に避雷器を施設するもの				
			上記以外				
		中性点非接地式電路に接続				最大使用電圧の 1.25 倍の電圧	
	整流器に接続するもの					交流側の最大使用電圧の 1.1 倍の交流電圧又は直流側の最大使用電圧の 1.1 倍の直流電圧	①

（備考）電位変成器を用いて中性点を接地するものは，中性点非接地式とみなす.

	試験方法
①	試験される巻線と他の巻線，鉄心及び外箱との間に試験電圧を連続して 10 分間印加
②	試験される巻線の中性点端子，他の巻線（他の巻線が 2 以上ある場合は，それぞれの巻線）の任意の 1 端子，鉄心及び外箱を接地し，試験される巻線の中性点端子以外の任意の 1 端子と大地との間に試験電圧を連続して 10 分間印加
③	試験される巻線の中性点端子，他の巻線（他の巻線が 2 以上ある場合は，それぞれの巻線）の任意の 1 端子，鉄心及び外箱を接地し，試験される巻線の中性点端子以外の任意の 1 端子と大地との間に試験電圧を連続して 10 分間印加し，更に中性点端子と大地との間に最大使用電圧の 0.3 倍の電圧を連続して 10 分間印加する．
④	試験される巻線の中性点端子以外の任意の 1 端子，他の巻線（他の巻線が 2 以上ある場合は，それぞれの巻線）の任意の 1 端子，鉄心及び外箱を接地し，試験される巻線の中性点端子以外の各端子に三相交流の試験電圧を連続して 10 分間印加する． ただし，三相交流の試験電圧を加えることが困難である場合は，試験される巻線の中性点端子及び接地される端子以外の任意の 1 端子と大地との間に単相交流の試験電圧を連続して 10 分間加え，更に中性点端子と大地との間に最大使用電圧の 0.64 倍（スコット結線にあっては，0.96 倍）の電圧を連続して 10 分間印加することができる．

（2）回転機〈第 2 項〉

回転機の電路は，次のいずれかに適合する絶縁性能を有する必要がある．

- 表 2・24 に規定する試験電圧を巻線と大地との間に連続して 10 分間加えたとき，これに耐える性能を有すること．

- 回転変流機を除く交流の回転機においては，表 2・24 に規定する試験電圧の 1.6 倍の直流電圧を巻線と大地との間に連続して 10 分間加えたとき，これに耐える性能を有すること．

表 2・24 回転機の試験電圧

種類		試験電圧
回転変流機		直流側の最大使用電圧の 1 倍の交流電圧 （500 V 未満となる場合は，500 V）
上記以外の回転機	最大使用電圧が 7 000 V 以下	最大使用電圧の 1.5 倍の電圧 （500 V 未満となる場合は，500 V）
	最大使用電圧が 7 000 V を超過	最大使用電圧の 1.25 倍の電圧 （10 500 V 未満となる場合は，10 500 V）

POINT
回転変流器は，回転機の一種で，交流と直流の電力変換を行うもの．ロータリーコンバータとも呼ばれ，主に電気鉄道用の直流電圧を得るのに用いられていた．

(3) 整流器〈第3項〉

表 2・25 の絶縁耐力試験に耐える性能を有する必要がある.

表 2・25　整流器の絶縁耐力試験

最大使用電圧の区分	試験電圧	試験方法
60 000 V 以下	直流側の最大使用電圧の 1 倍の交流電圧（500 V 未満となる場合は，500 V）	充電部分と外箱との間に連続して 10 分間加える.
60 000 V 超過	交流側の最大使用電圧の 1.1 倍の交流電圧又は，直流側の最大使用電圧の 1.1 倍の直流電圧	交流側及び直流高電圧側端子と大地との間に連続して 10 分間加える.

(4) 燃料電池〈第4項〉

最大使用電圧の **1.5 倍の直流電圧**又は **1 倍の交流電圧**（500 V 未満となる場合は，500 V）を充電部分と大地との間に**連続して 10 分間**加えたとき，これに耐える性能を有する必要がある.

(5) 太陽電池モジュール〈第5項〉

次のいずれかに適合する絶縁性能を有する必要がある.

- **最大使用電圧の 1.5 倍の直流電圧**又は **1 倍の交流電圧**（500 V 未満となる場合は，500 V）を充電部分と大地との間に**連続して 10 分間**加えたとき，これに耐える性能を有すること.

- **使用電圧が低圧**の場合は，日本産業規格 JIS C 8918（2013）「結晶系太陽電池モジュール」の「7.1 電気的性能」又は日本産業規格 JIS C 8939（2013）「薄膜太陽電池モジュール」の「7.1 電気的性能」に適合するものであるとともに，**電技第 58 条の規定に準ずる**ものであること.

(6) その他の器具等〈第6項〉

開閉器，遮断器，電力用コンデンサ，誘導電圧調整器，計器用変成器その他の器具の電路並びに**発電所，蓄電所又は変電所，開閉所**若しくはこれらに準ずる場所に施設する機械器具の接続線及び母線は，次の各号のいずれかに適合する絶縁性能を有する必要がある.

①使用電圧が高圧又は特別高圧の電路

解釈第 15 条（本節 4 項）に準ずるものであること.

②使用電圧が低圧の電路

表2·26に規定する試験電圧を電路と大地との間（多心ケーブルにあっては，心線相互間及び心線と大地との間）に**連続して10分間**加えたとき，これに耐える性能を有すること．

表2·26 その他器具（低圧電路）の試験電圧

電路の種類	試験電圧
交流	最大使用電圧の1.5倍の交流電圧 （500 V 未満となる場合は，500 V）
直流	最大使用電圧の1.5倍の直流電圧又は1倍の交流電圧 （500 V 未満となる場合は，500 V）

例題5 ·· H25 問6（改）

次の文章は，「電気設備技術基準」及び「電気設備技術基準の解釈」に基づく，電路の絶縁性能に関する記述の一部である．文中の ☐ に当てはまる最も適切なものを解答群の中から選びなさい．

太陽電池モジュールは，次のいずれかに適合する絶縁性能を有すること．

a) 最大使用電圧の1.5倍の直流電圧又は ☐(1)☐ 倍の交流電圧（500 V 未満となる場合は500 V）を充電部分と大地との間に ☐(2)☐ 加えたとき，これに耐える性能を有すること．

b) 使用電圧が低圧の場合の絶縁性能は，次によること．

①日本産業規格 JIS C 8918（2013）「結晶系太陽電池モジュール」の「7.1 電気的性能」又は日本産業規格 JIS C 8939（2013）「☐(3)☐ 太陽電池モジュール」の「7.1 電気的性能」に適合するものであること．

②電路の電線相互間及び電路と大地との間の絶縁抵抗は，☐(4)☐ 又は過電流遮断器で区切ることのできる電路ごとに，次の表の左欄に掲げる電路の使用電圧の区分に応じ，それぞれ同表の右欄に掲げる値以上でなければならない．

電路の使用電圧の区分		絶縁抵抗値
300 V 以下	対地電圧（接地式電路においては電線と大地との間の電圧，非接地式電路においては電線間の電圧）が150 V 以下の場合	0.1 MΩ
	その他の場合	0.2 MΩ
300 V を超えるもの		☐(5)☐ 〔MΩ〕

【解答群】
(イ) 0.5　(ロ) 0.6　(ハ) 1分間隔で10回　(ニ) 1　(ホ) 薄膜
(ヘ) 有機半導体　(ト) 注水状態で1分間　(チ) 1.1　(リ) 断路器
(ヌ) 連続して10分間　(ル) 連続して10分間　(ヲ) 化合物半導体　(ワ) 1.25
(カ) 太陽電池アレイ　(ヨ) 開閉器

解 説　(1)～(3)は解釈第16条(2-3節5項)、(4)(5)は電技第58条(2-3節1項)からの出題.

【解答】(1) ニ　(2) ル　(3) ホ　(4) ヨ　(5) ヌ

例題6 ………………………………… H14 問4

次の文章は、「電気設備技術基準」及び「電気設備の技術基準の解釈」に基づく、電路の絶縁性能に関する記述である。文中の [ ] に当てはまる語句又は数値を解答群の中から選びなさい。

a) 電気使用場所における使用電圧が低圧の電路の電線相互間及び電路と大地との間の絶縁抵抗は、開閉器又は過電流遮断器で区切ることのできる電路ごとに、次の表の左欄に掲げる電路の使用電圧の区分に応じ、それぞれ同表の右欄に掲げる値以上でなければならない。

電路の使用電圧の区分		絶縁抵抗値
300 V以下	対地電圧(接地式電路においては電線と大地との間の電圧、非接地式電路においては電線間の電圧)が [ ] [V]以下の場合	0.1 MΩ
	(1) [ ] その他の場合	(2) [ ] [MΩ]
300 Vを超えるもの		0.4 MΩ

b) 使用電圧が高圧及び60 000 V以下の特別高圧の電線路は、次の左欄に掲げる電路の種類に応じ、それぞれ同表の右欄に掲げる試験電圧を電路と大地との間(多心ケーブルにあっては、心線相互間及び心線と大地との間。以下同じ。)に連続して10分間加えて絶縁耐力を試験したとき、これに耐えること。ただし、電線に (3) [ ] の電路であって、同表の左欄に掲げる電路の種類を電路と大地との間に連続して10分間加えて絶縁耐力を試験したとき、これに耐えるものについては、この限りでない。ケーブルを使用する (4) [ ] の電路であって、同表の右欄に掲げる試験電圧の2倍の直流電圧を電路と大地との間に連続して10分間加えて絶縁耐力を試験したときこれに耐えるものについては、この限りでない。

電路の種類	試験電圧
一　最大使用電圧が 7 000 V 以下	最大使用電圧の 1.5 倍の交流電圧
二　最大使用電圧が 7 000 V を超え 15 000 V 以下の中性点接地式電路（中性線を有するものであって，その中性線に多重接地するものに限る.）	最大使用電圧の 0.92 倍の電圧
三　最大使用電圧が 7 000 V を超え，60 000 V 以下（二の左欄に掲げるものを除く.）	最大使用電圧の ⬚(5)⬚ 倍の電圧（10 500 V 未 満 と な る 場 合 は,10 500 V）

【解答群】

(イ) 200　　(ロ) 直流　　(ハ) 多心ケーブル　　(ニ) 特別高圧　　(ホ) 0.15

(ヘ) 1.25　　(ト) 0.2　　(チ) 交流　　(リ) 100　　(ヌ) 多心型電線

(ル) 1.10　　(ヲ) ビニル外装ケーブル　　(ワ) 150　　(カ) 0.3　　(ヨ) 1.50

解　説　　(1) (2) は電技第 58 条（2-3 節 1 項），(3) ～ (5) は解釈第 15 条（2-3 節 4 項）からの出題.

【解答】(1) ワ　(2) ト　(3) ハ　(4) チ　(5) ヘ

2-4 電路の接地

攻略の ポイント　電路に接地を施すことは，絶縁耐力が低下した場合にも安全を確保するために重要な要件となる．接地工事の種類や施設場所は試験での頻出事項のため，細かな数値も含めてしっかりと覚えておきたい．

1 電路の接地に係る技術的要件

　前節では電路は原則として絶縁しなければならないことを学んだが，保安上又は機能上の理由から電路に接地を施すことができる場合とその工事方法に関して，電技第10条及び第11条では以下のように定められている．

（1）電気設備の接地〈電技第10条〉

　電気設備の必要な箇所には，**異常時の電位上昇，高電圧の侵入等による感電，火災その他人体に危害を及ぼし，又は物件への損傷を与えるおそれがないよう，接地その他の適切な措置を講じなければならない．** ただし，電路に係る部分にあっては，電技第5条に定めるところにより絶縁しなければならない．

（2）電気設備の接地の方法〈電技第11条〉

　電気設備に**接地を施す場合は，電流が安全かつ確実に大地に通ずることができるようにしなければならない．**

　電路の接地場所や接地工事の方法，接地工事の種類等については，解釈第17条から第19条による．以下にて詳述するため，見ていこう．

・・・・・・・・・・・・・・・・ コ ラ ム ・・・・・・・・・・・・・・・・
接地を施す必要のある箇所について

　本節で解説する箇所のほか，後述の解釈第24条，第25条及び第28条に規定される変圧器の混触時の危険防止を目的とする箇所や，第29条に規定される機械器具の金属製外箱，第37条に規定される避雷器，第123条に規定される地中電線の被覆金属体など多くある．それぞれ関連する節で解説していく．

---

2 保安上又は機能上必要な場合における電路の接地〈解釈第19条〉

(1) 接地場所〈第1項〉

　解釈第19条では，「**電路の保護装置の確実な動作の確保，異常電圧の抑制又は対地電圧の低下を図るために必要な場合**」に，次の場所に接地を施すことが認められている．

- **電路の中性点**（使用電圧が300 V以下の電路において中性点に接地を施し難いときは，電路の一端子）

- **特別高圧の直流電路**

- 燃料電池の電路又はこれに接続する直流電路

(2) 接地を施す場合の工事方法〈第2項，第3項〉

　(1) により電路に接地を施す場合の接地工事は，次の条件を満たすように行わなければならないとされている．

- 接地極は，**故障の際にその近傍の大地との間に生じる電位差により，人若しくは家畜又は他の工作物に危険を及ぼすおそれがないように施設**すること．

- 接地線は，**引張強さ2.46 kN以上の容易に腐食し難い金属線又は直径4 mm以上の軟銅線**であるとともに，**故障の際に流れる電流を安全に通じることのできるもの**であること．

- 接地線は，損傷を受けるおそれがないように施設すること．

- 接地線に接続する抵抗器又はリアクトルその他は，故障の際に流れる電流を安全に通じることのできるものであること．

- 接地線，及びこれに接続する抵抗器又はリアクトルその他は，取扱者以外の者が出入りできない場所に施設し，又は接触防護措置を施すこと．

　なお，**低圧電路の中性点に接地を施す場合**は，上記によらず次の各号によることができる．

- 接地線は，**引張強さ1.04 kN以上の容易に腐食し難い金属線又は直径2.6 mm以上の軟銅線**であるとともに，**故障の際に流れる電流を安全に通じることができるもの**であること．

- **接地極はA種接地工事，B種接地工事の規定に準じて施設**すること．（具体的には，本節3項 (2) を参照のこと.）

（3）その他〈第4項～第6項〉

（1）の場合のほか，以下の場合にも接地を施すことができるとされている．

①変圧器

変圧器の安定巻線若しくは遊休巻線又は電圧調整器の内蔵巻線を異常電圧から保護するために必要な場合は，その巻線に接地を施すことができる．この場合の接地工事は，後述する**A種接地工事**によること．

②需要場所の引込口

需要場所の引込口付近において，**地中に埋設されている建物の鉄骨**であって，大地との間の電気抵抗値が**3Ω以下**の値を保っているものがある場合は，これを接地極に使用して，B種接地工事を施した低圧電線路の中性線又は接地側電線に，**解釈第24条**（2-5節2項）**の規定により施す接地に加えて接地工事を施すことができる．**

③電子機器など

電子機器に接続する使用電圧が150V以下の電路，その他機能上必要な場所において，電路に接地を施すことにより，感電，火災その他の危険を生じることのない場合には，電路に接地を施すことができる．

3 接地工事の種類及び施設方法〈解釈第17条〉

接地工事を施す場合には，その目的や場所に応じて以下のとおり接地工事の要件が定義づけられている．

（1）接地工事の種類

接地工事の種類は，目的によりA種接地工事からD種接地工事の4種類が規定されており，接地抵抗値や接地線の仕様が定められている（表2·27）．

表2・27 接地の種類と接地抵抗値の要件・仕様

種類	接地の目的	接地抵抗値の要件	接地線の仕様
A 種	特別高圧計器用変成器の2次側電路や高圧用又は特別高圧用機器の金属製外箱など，高電圧の侵入のおそれがあり，かつ，危険度の高い場合に施すもの	10 Ω 以下	• 故障の際に流れる電流を安全に通じることができるもの • （移動して使用する電気機械器具の金属製外箱等に接地工事を施す場合に可とう性を必要とする部分）3種・4種キャブタイヤケーブルの1心又は多心キャブタイヤケーブルの遮へいその他の金属体であって，断面積が 8 mm² 以上のもの • （上記以外の部分）引張強さ 1.04 kN 以上の容易に腐食し難い金属線又は直径 2.6 mm 以上の軟銅線
B 種	高圧又は特別高圧が低圧と混触するおそれがある場合に低圧電路の保護のために施設されるもの	表 2・28 の値以下	• 故障の際に流れる電流を安全に通じることができるもの • （移動して使用する電気機械器具の金属製外箱等に接地工事を施す場合に可とう性を必要とする部分）3種・4種キャブタイヤケーブルの1心又は多心キャブタイヤケーブルの遮へいその他の金属体であって，断面積が 8 mm² 以上のもの • （上記以外の部分であって，接地工事を施す変圧器が高圧電路又は特別高圧架空電線路の電路と低圧電路とを結合するものである場合）引張強さ 1.04 kN 以上の容易に腐食し難い金属線又は直径 2.6 mm 以上の軟銅線 • （その他）引張強さ 2.46 kN 以上の容易に腐食し難い金属線又は直径 4 mm 以上の軟銅線
C 種	300 V を超える低圧用機器の金属製外箱など漏電による感電の危険度の大きい場合に施すもの	10 Ω 以下※	• 故障の際に流れる電流を安全に通じることができるもの • 引張強さ 0.39 kN 以上の容易に腐食し難い金属線又は直径 1.6 mm 以上の軟銅線 • 移動して使用する電気機械器具の金属製外箱等に接地工事を施す場合に可とう性を必要とする部分は，次のいずれかのもの. ①多心コード又は多心キャブタイヤケーブルの1心であって，断面積が 0.75 mm² 以上のもの ②可とう性を有する軟銅より線であって，断面積が 1.25 mm² 以上のもの
D 種	300 V 以下の低圧用機器の金属製外箱など，漏電の際に簡単なものでも接地工事を施してあれば感電等の危険を減少させることができる場合に施すもの	100 Ω 以下※	

※低圧電路において，地絡を生じた場合に 0.5 秒以内に当該電路を自動的に遮断する装置を施設するときは，500 Ω 以下

① B 種接地工事の接地抵抗値

　B 種接地工事の接地抵抗値は，表2·28 のとおり，接地を施す変圧器の高圧又は特別高圧側の電路の 1 線地絡電流の大きさによって規定されている．これは，混触発生時の地絡電流が接地線に流れた際に，低圧機器の絶縁破壊を防止するために接地点の電位が一定値（150 V，300 V，600 V）を超えないように定められたものとなる．

　なお，混触が発生した際の高圧又は特別高圧の電路の遮断時間に応じて接地点の電位上昇が 150 V から 300 V 又は 600 V に緩和されている．これは混触発生時に短時間で自動的にこれを遮断できる場合には，低圧側に侵入する電圧が 150 V を超過しても電気機械器具が絶縁破壊に至らないことから緩和されたものとなる．

表 2・28　B 種接地工事の接地抵抗値

接地工事を施す 変圧器の種類	混触により低圧電路の対地電圧が 150 V を超えた場合に，自動的に高圧又は特別高圧の電路を遮断する場合の遮断時間	接地抵抗値 〔Ω〕※
下記以外の場合		$150/I_g$
高圧又は 35 000 V 以下の特別高圧の電路と低圧電路を結合するもの	1 秒を超え 2 秒以下	$300/I_g$
	1 秒以下	$600/I_g$

※ I_g は，当該変圧器の高圧側又は特別高圧側の電路の 1 線地絡電流（単位：A）

② 1 線地絡電流（I_g）の求め方

　B 種接地工事の接地抵抗値を規定する 1 線地絡電流 I_g は，以下の方法で求めることとされている．

- 実測値
- 特別高圧電路において実測が困難な場合，線路定数等により計算した値
- 高圧電路においては，表2·29に規定する計算式により計算した値．（ただし，計算結果は小数点以下を切り上げ，2A 未満となる場合は 2A とする．）

表2・29 高圧電路における1線地絡電流の計算方法

電路の種類	計算式
中性点非接地式電路	$$1+\frac{\dfrac{V'}{3}L-100}{150}+\frac{\dfrac{V'}{3}L'-1}{2}(=I_1)$$ 第2項及び第3項の値は，それぞれ値が負となる場合は，0とする V'：電路の公称電圧を1.1で除した電圧（単位：kV） L：同一母線に接続される高圧電路（ケーブルを除く）の電線延長 　（単位：km） 　＊三相3線式なら亘長を3倍にする L'：同一母線に接続される高圧ケーブルの線路延長（単位：km） 　＊三相3線式でも3倍にしない
中性点接地式電路 （非接地式電路において，大地から絶縁しないで使用する電気ボイラー，電気炉等を直接接続するものを含む）	$$\sqrt{I_1{}^2+\frac{V^2}{3R^2}\times10^6}$$ I_1：上記の1線地絡電流（単位：A） V：電路の公称電圧（単位：kV） R：中性点に使用する抵抗器又はリアクトルの電気抵抗値（中性点の接地工事の接地抵抗値を含む.）（単位：Ω）
中性点リアクトル接地式電路	$$\sqrt{\left(\frac{\dfrac{V}{\sqrt{3}}R}{R^2+X^2}\times10^3\right)^2+\left(I_1-\frac{\dfrac{V}{\sqrt{3}}X}{R^2+X^2}\times10^3\right)^2}$$ I_1：上記の1線地絡電流（単位：A） V：電路の公称電圧（単位：kV） R：中性点に使用する抵抗器又はリアクトルの電気抵抗値（中性点の接地工事の接地抵抗値を含む.）（単位：Ω） X：中性点に使用するリアクトルの誘導リアクタンスの値（単位：Ω）

POINT

　日本では中性点リアクトル接地式の高圧電路はあまり施設されていないが，B種接地抵抗値が低減できない場所では1線地絡電流を少なくする必要があることから，このような方式の電路も施設される場合がある（3-2節6項参照）.

（2）接地工事の施設方法

　A種接地工事は，発電所や蓄電所，変電所などの場所において接地網などで接地し，人や家畜に危険を及ぼすおそれがないように施設する場合を除き，人が触れるおそれがある場所に接地線を施設する場合には，接地極を十分な深さに埋設し，かつ，接地極から地上部分までの接地線を大地から十分に絶縁する必要がある.

　また，B種接地工事についても，混触事故時だけでなく，低圧電路の漏れ電流

が常時流れて地表面に電位傾度が現れ，人及び家畜等に感電事故を起こすおそれがあるため，A種接地工事と同様の施設方法とする必要がある．

具体的な施設方法としては，

- **接地極は地下75cm以上の深さに埋設**すること．
- 接地極を鉄柱その他の金属体に近接して施設する場合は，次のいずれかによること．
  - ➤接地極を**鉄柱その他の金属体の底面から30cm以上の深さに埋設**すること．
  - ➤接地極を**地中でその金属体から1m以上離して埋設**すること．
- 接地線には，**絶縁電線又はケーブルを使用**すること（屋外用ビニル絶縁電線（OW電線），通信用ケーブルを除く）．ただし，接地線を鉄柱その他の金属体に沿って施設する場合以外の場合には，**接地線の地表上60cmを超える**部分については，この限りでない．
- **接地線の地下75cmから地表上2mまでの部分**は，電気用品安全法の適用を受ける**合成樹脂管**（厚さ2mm未満の合成樹脂製電線管及びCD管を除く．）又はこれと同等以上の絶縁効力及び強さのあるもので覆うこと．

とされている．図示すると，図2・8のとおり．

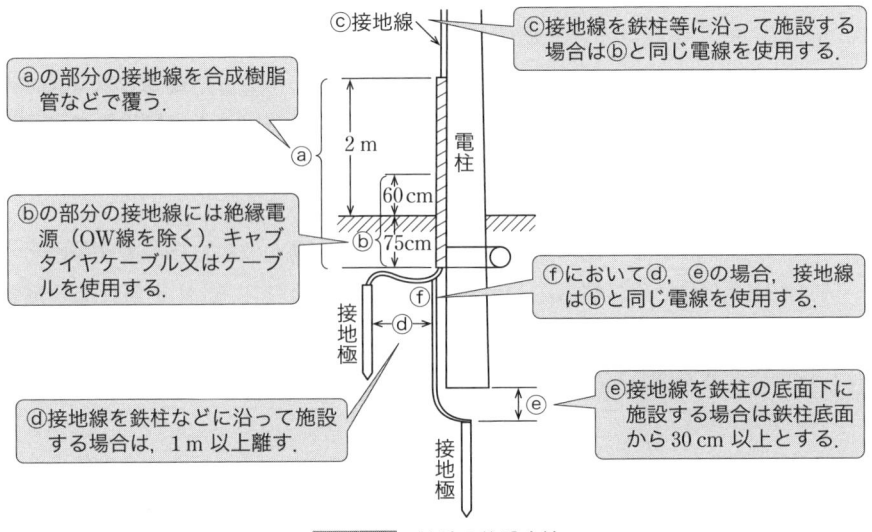

ⓒ接地線

ⓒ接地線を鉄柱等に沿って施設する場合はⓑと同じ電線を使用する．

ⓐの部分の接地線を合成樹脂管などで覆う．

電柱

2m

60cm

75cm

ⓐ

ⓑの部分の接地線には絶縁電源（OW線を除く），キャブタイヤケーブル又はケーブルを使用する．

ⓑ

ⓕにおいてⓓ，ⓔの場合，接地線はⓑと同じ電線を使用する．

ⓕ

接地極

ⓓ

ⓔ接地線を鉄柱の底面下に施設する場合は鉄柱底面から30cm以上とする．

ⓔ

ⓓ接地線を鉄柱などに沿って施設する場合は，1m以上離す．

接地極

図2・8 接地の施設方法

4 工作物の金属体を利用した接地工事〈解釈18条〉

解釈第18条では，鉄骨造，鉄骨鉄筋コンクリート造又は鉄筋コンクリート造の建物の鉄骨や鉄筋などをA種，B種，C種及びD種接地工事並びに解釈第19条第1項に定める電路の中性点の接地工事の共用の接地極として使用できることが認められている．なお，（2）の場合を除き，**鉄骨等は接地抵抗値によらず，共用の接地極として使用することができる**．

工作物の金属体を利用する場合，**建物の鉄骨又は鉄筋コンクリートの一部を地中に埋設**するとともに，**等電位ボンディング**を施すことが求められる．加えて，A種接地工事又はB種接地工事の接地極として使用する場合には，追加で次の（1）の規定に従う必要がある．

ここでいう「等電位ボンディング」とは，建物内の導電性部分間に発生する電位差を軽減するために施すもので，建物の構造体接地極等を電気的に接続することに加え，水道管や窓枠金属部分など系統外導電性部分も含め，人が触れるおそれがある範囲にある全ての導電性部分を共用の接地極に接続するものである．

（1）鉄骨等をA種又はB種接地工事の接地極として使用する場合の施設方法

- 特別高圧又は高圧の機械器具の金属製外箱に施す接地工事の接地線に1線地絡電流が流れた場合において，**建物の柱，梁，床，壁等の構造物の導電性部分間に50Vを超える接触電圧**（人が複数の導電性部分に同時に接触した場合に発生する導電性部分間の電圧）**が発生しないように，建物の鉄骨又は鉄筋は相互に電気的に接続されていること**．また，このとき**当該建物の金属製部分と大地との間又は当該建物及び隣接する建物の外壁の金属製部分間**に，**50Vを超える接触電圧が発生しないように施設**すること．

- 接地工事を施した電気機械器具等の金属製部分間又はこれらの金属製部分と建物の柱，梁，床，壁等の構造物の導電性部分間に，**50Vを超える接触電圧が発生しないように施設**すること．

（2）鉄骨等を非接地式高圧電路のA種又はB種接地工事の接地極として使用する場合の接地抵抗値

大地との間の電気抵抗値が**2Ω以下**の値を保っている建物の鉄骨その他の金属体は，次の接地工事の接地極に使用することができる．

- **非接地式高圧電路に施設する機械器具等に施すA種接地工事**

・非接地式高圧電路と低圧電路を結合する変圧器に施す B 種接地工事

例題 7 ····················· R4　問 5

次の文章は，「電気設備技術基準の解釈」に基づく，電気設備の接地及び保安上又は機能上必要な場合における電路の接地に関する記述である．文中の ☐ に当てはまる最も適切なものを解答群の中から選びなさい．

a)　電路の保護装置の確実な動作の確保，異常電圧の抑制又は対地電圧の低下を図るために必要な場合は，他の解釈の規定による場合のほか，次に掲げる場所に接地を施すことができる．

①電路の中性点（使用電圧が 300 V 以下の電路において中性点に接地を施し難いときは，電路の ☐ (1) ☐ ）

②特別高圧の直流電路

③ ☐ (2) ☐ の電路又はこれに接続する直流電路

b)　変圧器の安定巻線若しくは遊休巻線又は電圧調整器の内蔵巻線を異常電圧から保護するために必要な場合は，その巻線に接地を施すことができる．この場合の接地工事は， ☐ (3) ☐ 種接地工事によること．

c)　需要場所の引込口付近において，地中に埋設されている建物の鉄骨であって，大地との間の電気抵抗値が 3 Ω以下の値を保っているものがある場合は，これを接地極に使用して，B 種接地工事を施した低圧電線路の中性線又は接地側電線に，高圧又は特別高圧と低圧との混触による危険防止のために施す接地に ☐ (4) ☐ 接地工事を施すことができる．

d)　電子機器に接続する使用電圧が ☐ (5) ☐ 〔V〕以下の電路，その他機能上必要な場所において，電路に接地を施すことにより，感電，火災その他の危険を生じることのない場合には，電路に接地を施すことができる．

【解答群】

(イ) 150　　　(ロ) ナトリウム硫黄電池　　(ハ) D　　(ニ) C　　(ホ) 一端子

(ヘ) 300　　　(ト) 60　　　(チ) ガード　　(リ) 加えて　　(ヌ) 燃料電池

(ル) 関わらず　(ヲ) 接地側　(ワ) 代えて　(カ) 太陽電池　(ヨ) A

解 説　解釈第 19 条からの出題．2-4 節 2 項を参照のこと．

【解答】(1) ホ　(2) ヌ　(3) ヨ　(4) リ　(5) イ

2-5 変圧器の混触による危険の防止

**攻略の
ポイント**　　前節では，高圧又は特別高圧が低圧と混触するおそれがある場合に低圧電路の保護のために B 種接地工事を施すことを学んだ．本節では，混触による危険を防止するための具体的な措置について見ていこう．過去の試験においても繰り返し出題されている範囲であり，漏れなく押さえておきたい．

1 変圧器の混触に関する電技上での扱い

混触発生時の危険防止については，電技第 12 条及び第 13 条に以下のように定められている．

（1）特別高圧電路等と結合する変圧器等の火災等の防止〈電技第 12 条〉

1　高圧又は特別高圧の電路と低圧の電路とを結合する変圧器は，**高圧又は特別高圧の電圧の侵入による低圧側の電気設備の損傷，感電又は火災のおそれがないよう，**当該変圧器における**適切な箇所に接地を施さなければならない．**ただし，施設の方法又は構造によりやむを得ない場合であって，変圧器から離れた箇所における接地その他の適切な措置を講ずることにより低圧側の電気設備の損傷，感電又は火災のおそれがない場合は，この限りでない．

2　変圧器によって特別高圧の電路に結合される高圧の電路には，**特別高圧の電圧の侵入による高圧側の電気設備の損傷，感電又は火災のおそれがないよう，**接地を施した**放電装置の施設その他の適切な措置を講じなければならない．**

（2）特別高圧を直接低圧に変成する変圧器の施設制限〈電技第 13 条〉

特別高圧を直接低圧に変成する変圧器は，次の各号のいずれかに掲げる場合を除き，**施設してはならない．**

1　**発電所等公衆が立ち入らない場所に施設する場合**

2　**混触防止措置が講じられている等危険のおそれがない場合**

3　特別高圧側の巻線と低圧側の巻線とが混触した場合に**自動的に電路が遮断される装置の施設その他の保安上の適切な措置が講じられている場合**

これらを踏まえ，解釈第 24 条，第 27 条，第 28 条には危険防止のための具体的な取扱い方法が定められている．

2 高圧又は特別高圧と低圧との混触による危険防止施設〈解釈第 24 条〉

高圧電路又は特別高圧電路と低圧電路とを結合する変圧器には，次の各号によ

り B 種接地工事を施す必要がある．

（1）接地工事を施す箇所と接地抵抗値〈第 1 項，第 5 項〉

次のいずれかの箇所には，接地工事を施すこと（図 2・9）．

①低圧側の中性点

②低圧回路の**使用電圧が 300 V 以下**の場合において，接地工事を低圧側の中性点に施し難いときは，**低圧側の 1 端子**

③低圧回路が非接地である場合においては，**高圧巻線又は特別高圧巻線と低圧巻線との間に設けた金属製の混触防止板**．なお，このとき変圧器に接続する低圧電線を屋外に施設する場合は，次の各号により施設する必要がある．

➤低圧電線は 1 構内だけに施設すること．

➤低圧架空電線路又は低圧屋上電線路の電線はケーブルであること．

➤低圧架空電線と高圧又は特別高圧の架空電線とは，同一支持物に施設しないこと．（高圧又は特別高圧の架空電線がケーブルである場合を除く．）

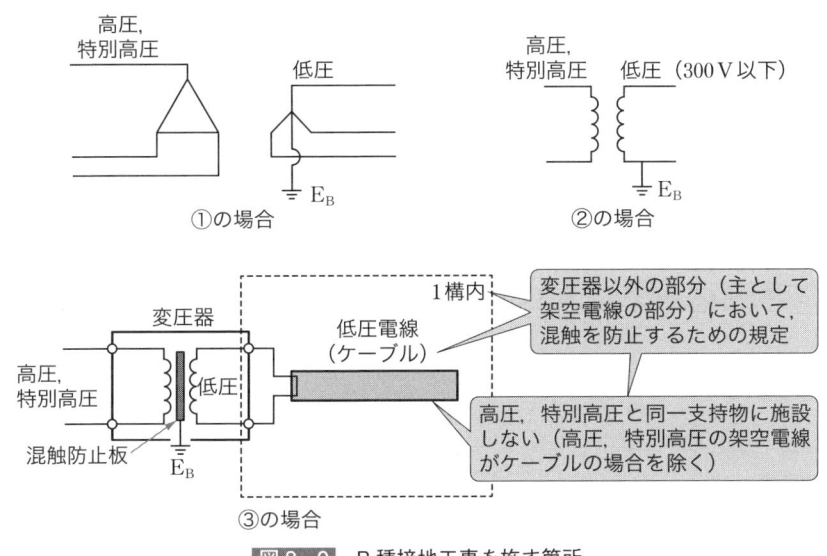

図 2・9 B 種接地工事を施す箇所

接地抵抗値は，解釈第 17 条の規定に則り 1 線地絡電流から求めることとなる（2-4 節 3 項（1）参照）が，計算結果によっては表 2・30 の接地抵抗値とする必要がある．

表2・30 変圧器に施設するB種接地工事の接地抵抗値

変圧器の種類	接地抵抗値
高圧又は特別高圧電路と低圧電路とを結合する変圧器	計算の結果，5Ω未満となる場合であっても5Ωでよい．
特別高圧電路と低圧電路とを結合する変圧器	計算の結果，10Ωを超過する場合は10Ω以下とする必要がある． ただし，以下のいずれかの場合にはこの限りでない． • 特別高圧電路の使用電圧が35 000 V以下，かつ当該特別高圧電路に地絡を生じた際に，1秒以内に自動的にこれを遮断する装置を有する場合 • 特別高圧電路が解釈第108条に規定する15 000 V以下の特別高圧架空電線路の電路である場合

（2）接地工事の施設方法〈第3項，第4項〉

接地工事は原則として変圧器の施設箇所ごとに施すこととされているが，土地の状況によってその直下では規定の接地抵抗値が得られない場合や，多数の変圧器の施設箇所にそれぞれ接地工事を施すことが経済的に困難な場合が考えられる．

このような場合には，接地線により離れた場所に接地工事を施すことや，共同地線により2以上の変圧器で共通の接地工事を施すことが認められている．

①接地線の施設による接地工事

土地の状況により規定の接地抵抗値が得難い場合は，表2・31のいずれかに適合する接地線を施設し，変圧器の施設箇所から200 m以内の場所に接地工事を施すことができる．

表2・31 接地線の要件

接地線の種類	施設要件
架空接地線	引張強さ5.26 kN以上のもの又は直径4 mm以上の硬銅線を使用して，低圧架空電線の規定に準じて施設する
地中接地線	地中電線の規定に準じて施設する

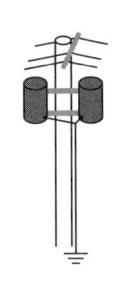
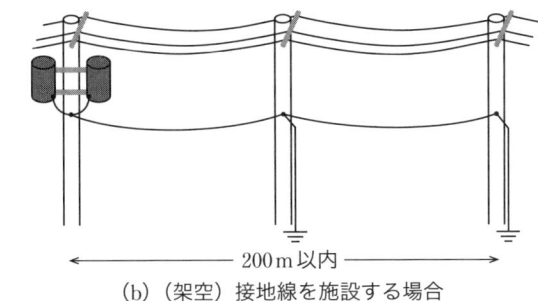

200 m 以内

(a)変圧器の施設箇所に
接地工事を施す場合

(b)（架空）接地線を施設する場合

図 2・10　接地線の施設による接地工事

②共同地線の施設による接地工事

　土地の状況により①の規定により難いときは，以下の方法により共同地線を設けて，2 以上の施設箇所に共通の B 種接地工事を施すことができる．

　なお，共同地線は表 2・31 の接地線に適合するものとし，低圧架空電線又は低圧地中電線の 1 線を兼用することも可能である．

- 接地工事は，**各変圧器を中心とする直径 400 m 以内の地域**であって，その変圧器に接続される電線路直下の部分において，**各変圧器の両側にあるように施すこと**．ただし，その施設箇所において接地工事を施した変圧器については，この限りでない．

> 🎵 POINT
> 共同地線が断線した場合においても，非接地状態となる変圧器がないように，どの変圧器についてもその変圧器から 200 m の地域内の両側に接地工事が施されているようにしたものである．

- 共同地線と大地との間の合成電気抵抗値は，**直径 1 km 以内の地域**ごとに解釈第 17 条第 2 項第 1 号（表 2・28）に規定する **B 種接地工事の接地抵抗値以下**であること．
- 各接地工事の接地抵抗値は，**接地線を共同地線から切り離した場合において，300 Ω 以下**であること．

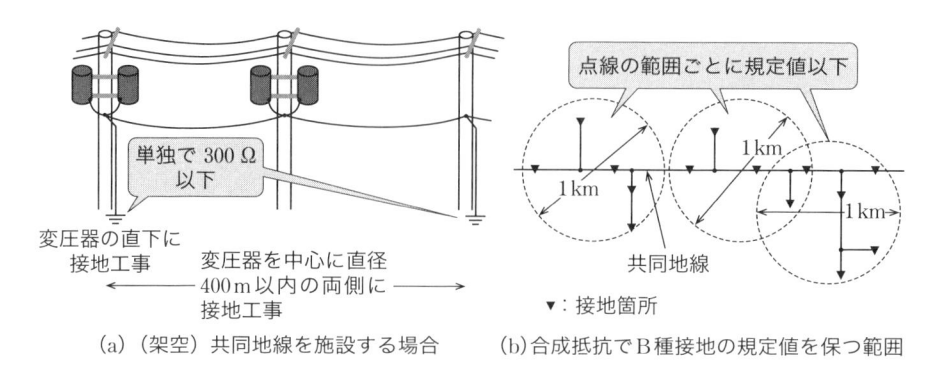

（a）（架空）共同地線を施設する場合　　（b）合成抵抗でB種接地の規定値を保つ範囲

図 2・11　共同地線による接地工事

3　特別高圧を直接低圧に変成する変圧器の施設 〈解釈第 27 条〉

電技第 13 条に規定のとおり，特別高圧を直接低圧に変成する変圧器は，原則として施設しないこと．ただし，例外的に次の各号に掲げるものは認められている．

- 発電所，蓄電所又は変電所，開閉所若しくはこれらに準ずる場所の**所内用の変圧器**
- **使用電圧が 100 000 V 以下の変圧器**であって，その特別高圧巻線と低圧巻線との間に **B 種接地工事**（解釈第 17 条第 2 項第 1 号の規定により計算した値が 10 を超える場合は，接地抵抗値が 10 Ω 以下のものに限る．）を施した**金属製の混触防止板を有するもの**
- **使用電圧が 35 000 V 以下の変圧器**であって，その特別高圧巻線と低圧巻線とが混触したときに，**自動的に変圧器を電路から遮断するための装置を設けたもの**
- 電気炉等，大電流を消費する負荷に電気を供給するための変圧器
- 交流式電気鉄道用信号回路に電気を供給するための変圧器
- 解釈第 108 条に規定する 15 000 V 以下の特別高圧架空電線路に接続する変圧器

4　計器用変成器の 2 次側電路の接地 〈解釈第 28 条〉

計器用変成器のうち，**高圧計器用変成器の 2 次側電路には D 種接地工事**，特

別高圧計器用変成器の2次側電路には**A種接地工事**を施すこととされている.

　高圧の場合をD種接地工事としているのは，計器用変成器の2次側電路は主に配電盤といった一般の人が立ち入らない場所に施設されるためである.

例題8 ·· H17　問6

　次の文章は，「電気設備技術基準」に基づく，変圧器等の火災等の予防に関する記述である.　文中の ［　　　　］ に当てはまる語句を解答群の中から選びなさい.

a)　高圧又は特別高圧の電路と低圧の電路とを結合する変圧器は，高圧又は特別高圧の ［(1)］ の侵入による低圧側の電気設備の損傷，感電又は火災のおそれがないよう，当該変圧器における ［(2)］ に ［(3)］ を施さなければならない.　ただし，施設の ［(4)］ 又は構造によりやむを得ない場合であって，変圧器から離れた箇所における ［(3)］ その他の適切な措置を講ずることにより低圧側の電気設備の損傷，感電又は火災のおそれがない場合は，この限りでない.

b)　変圧器によって特別高圧の電路に結合される高圧の電路には，特別高圧の ［(1)］ の侵入による高圧側の電気設備の損傷，感電又は火災のおそれがないよう，［(3)］ を施した ［(5)］ の施設その他の適切な措置を講じなければならない.

【解答群】
（イ）電圧　　　　（ロ）放電装置　　　（ハ）特殊性　　　（ニ）継電装置
（ホ）重要性　　　（ヘ）サージ電圧　　（ト）直近　　　　（チ）遮断装置
（リ）接地　　　　（ヌ）適切な箇所　　（ル）誘導電圧　　（ヲ）一次側
（ワ）方法　　　　（カ）難燃性隔壁　　（ヨ）保護装置

解　説　電技第12条からの出題.　2-5節1項(1)を参照のこと.

【解答】(1) イ　(2) ヌ　(3) リ　(4) ワ　(5) ロ

例題9 ·· H14 問3（改）

次の文章は，「電気設備技術基準」及び「電気設備の技術基準の解釈」に基づく，特別高圧を直接低圧に変成する変圧器に関する記述である．文中の ☐☐☐ に当てはまる語句又は数値を解答群の中から選びなさい．

a) 特別高圧を直接低圧に変成する変圧器は，次の各号のいずれかに掲げる場合を除き，施設してはならない．

①発電所等 ☐(1)☐ が立ち入らない場所に施設する場合

②混触防止措置が講じられている等危険のおそれがない場合

③特別高圧側の巻線と低圧側の巻線とが混触した場合に ☐(2)☐ に電路が遮断される装置の施設その他の保安上の適切な措置が講じられている場合

b) 上記 a の規定に関連する「電気設備の技術基準の解釈」の規定では，「特別高圧を直接低圧に変成する変圧器は，次に掲げるものを除き，施設しないこと．」としている．

①電気炉等電流の大きな電気を消費するための変圧器

②発電所，蓄電所又は変電所，開閉所若しくはこれらに準ずる場所の ☐(3)☐ の変圧器

③使用電圧が 15 000 V 以下の特別高圧架空電線路であって，一定の条件を備えるものに接続する変圧器

④使用電圧が ☐(4)☐ 〔V〕以下の変圧器であって，その特別高圧側巻線と低圧側巻線とが混触したときに自動的に変圧器を電路から遮断するための装置を設けたもの

⑤使用電圧が 100 000 V 以下の変圧器であって，その特別高圧側巻線と低圧側巻線との間に一定の条件を満たす ☐(5)☐ 接地工事を施した金属製の混触防止板を有するもの

⑥交流式電気鉄道用信号回路に電気を供給するための変圧器

【解答群】

（イ）非常用	（ロ）35 000	（ハ）瞬時	（ニ）取扱者以外の者	（ホ）60 000
（ヘ）C種	（ト）70 000	（チ）所内用	（リ）予備用	（ヌ）自動的
（ル）B種	（ヲ）従業員以外の者	（ワ）公衆	（カ）A種	（ヨ）安全

解 説 (1) (2) は電技第 13 条，(3) ～ (5) は解釈第 27 条からの出題．それぞれ 2-5 節 1 項 (2) 及び 2-5 節 3 項を参照のこと．

【解答】 (1) ワ (2) ヌ (3) チ (4) ロ (5) ル

例題 10 ··· H16 問3

　次の文章は、「電気設備技術基準」及び「電気設備技術基準の解釈」に基づく、電気設備の接地に関する記述である。文中の　　　　　に当てはまる語句又は数値を解答群の中から選びなさい。

a)　電気設備の必要な箇所には、　(1)　の電位上昇、高電圧の侵入等による感電、火災その他人体に危害を及ぼし、又は　(2)　への損傷を与えるおそれがないよう、接地その他適切な措置を講じなければならない。ただし、電路に係る部分にあっては、第5条第1項（電路の絶縁）の規定に定めるところによりこれを行わなければならない。（電気設備技術基準）

b)　高圧電路又は特別高圧電路と低圧電路を結合する変圧器（　(3)　変圧器、鉄道又は軌道の信号用変圧器は除く。）の低圧側の中性点には、B種接地工事（使用電圧が 35 000 V 以下の特別高圧電路であって、電路に地絡を生じた場合に　(4)　秒以内に自動的にこれを遮断する装置を有するもの及び第108条に規定する 15 000 V 以下の特別高圧架空電線路の電路以外の特別高圧電路と低圧電路とを結合する場合において、第19条第1項（接地工事の種類）の規定により計算した値が 10 を超えるときは、接地抵抗値が 10 Ω 以下のものに限る。）を施すこと。ただし、低圧電路の使用電圧が　(5)　〔V〕以下の場合において、当該接地工事を変圧器の中性点に施し難いときは、低圧側の一端子に施すことができる。（電気設備技術基準の解釈）

【解答群】
（イ）0.5	（ロ）緊急時	（ハ）1	（ニ）150	（ホ）異常時	（ヘ）600
（ト）家畜	（チ）物件	（リ）財産	（ヌ）雷撃時	（ル）絶縁	
（ヲ）混触防止板付き	（ワ）2	（カ）300	（ヨ）安全		

解　説　(1) (2) は電技第 10 条、(3) ～ (5) は解釈第 24 条からの出題。それぞれ 2-4 節 1 項（1）及び 2-5 節 2 項を参照のこと。

【解答】(1) ホ　(2) チ　(3) ヲ　(4) ハ　(5) カ

例題 11 ·· H24 問2(改)

次の文章は,「電気設備技術基準の解釈」に基づく,特別高圧を直接低圧に変成する変圧器の施設制限に関する記述である.文中の□□□に当てはまる最も適切なものを解答群の中から選びなさい.

特別高圧を直接低圧に変成する変圧器は,次の各号に掲げるものを除き,施設しないこと.

a) 発電所,蓄電所又は変電所,開閉所若しくはこれらに準ずる場所の □(1)□ 用の変圧器

b) 使用電圧が 100 000 V 以下の変圧器であって,その特別高圧巻線と低圧巻線との間に B 種接地工事(接地抵抗値計算の規定により計算した値が □(2)□ を超える場合は,接地抵抗値が □(2)□ 〔Ω〕以下のものに限る.)を施した金属製の混触防止板を有するもの

c) 使用電圧が 35 000 V 以下の変圧器であって,その特別高圧巻線と低圧巻線とが □(3)□ したときに,自動的に変圧器を □(4)□ から遮断するための装置を設けたもの

d) 電気炉等,大電流を消費する負荷に電気を供給するための変圧器

e) 交流式電気鉄道用 □(5)□ 回路に電気を供給するための変圧器

f) 使用電圧が 15 000 V 以下の中性点接地式の特別高圧架空電線路であって,地絡遮断装置を有するなど一定の条件を備えるものに接続する変圧器

【解答群】

(イ)混触　　(ロ)所内　　(ハ)地絡　　(ニ)電食　　(ホ)電路　　(ヘ)信号
(ト)事故電流　(チ)帰線　　(リ)非常　　(ヌ)100　　(ル)き電　　(ヲ)10
(ワ)30　　　(カ)予備　　(ヨ)負荷

解 説 解釈第 27 条からの出題.2-5 節 3 項を参照のこと.

【解答】(1)ロ　(2)ヲ　(3)イ　(4)ホ　(5)ヘ

2-6 電気機械器具の保安原則

**攻略の
ポイント**

　本節では，電気機械器具の施設にあたって保安を確保するための方策を解説する．試験でも繰り返し出題されている範囲であるとともに，現場では実際に機械器具を取り扱うことも多く身近な技術要件となるため，実務の観点からも押さえておきたい内容となる．

1 電気機械器具の危険の防止〈電技第9条〉

　電技第9条にて，電気機械器具の危険防止に関する技術的要件は以下のとおり規定されている．

1　高圧又は特別高圧の電気機械器具は，**取扱者以外の者が容易に触れるおそれがないように施設しなければならない**．ただし，接触による危険のおそれがない場合は，この限りでない．

2　高圧又は特別高圧の開閉器，遮断器，避雷器その他これらに類する器具であって，**動作時にアークを生ずるものは，火災のおそれがないよう，木製の壁又は天井その他の可燃性の物から離して施設しなければならない**．ただし，耐火性の物で両者の間を隔離した場合は，この限りでない．

　これを受けて，高圧（解釈第21条），特別高圧（解釈第22条），アークを生じる器具（解釈第23条），機械器具の金属製外箱（解釈第29条）などの危険防止に関する取扱いが解釈に定められている．また，本節ではこれらに関連して公害の防止についても解説する．

2 高圧の機械器具〈解釈第21条〉，特別高圧の機械器具〈解釈第22条〉

　解釈第21条及び第22条では，主に一般公衆を対象として，充電部分及び故障の際の歩幅電圧に対する危険防止，機械器具の温度上昇による火傷防止の見地から，機械器具を施設する場合の取扱いを規定している．

　このため，**発電所，蓄電所又は変電所，開閉所若しくはこれらに準ずる場所に施設する機械器具や，第191条第1項第二号ただし書に則って施設する電気集じん応用装置，第194条第1項の規定により施設するエックス線発生装置を除く機**械器具が対象となる．

　対象の機械器具は，表2・32のいずれかの方法により施設する必要がある．

表 2・32 高圧及び特別高圧の機械器具の施設方法

高圧の機械器具（解釈第 21 条）	特別高圧の機械器具（解釈第 22 条）
• 発電所，蓄電所又は変電所，開閉所若しくはこれらに準ずる場所に施設する機械器具を除く	次の機械器具を除く. • 発電所，蓄電所又は変電所，開閉所若しくはこれらに準ずる場所に施設する機械器具 • 第 191 条第 1 項第二号ただし書に則って施設する電気集じん応用装置 • 第 194 条第 1 項の規定により施設するエックス線発生装置
• 屋内に施設する場合であって，取扱者以外の者が出入りできないように措置した場所に施設する.	
• 次を満たすように施設する（工場等の構内では，②及び③は不要）. ①人が触れるおそれがないように，機械器具の周囲に適当なさく，へい等を設ける ②①のさく，へい等の高さと，当該さく，へい等から機械器具の充電部分までの距離との和を 5 m 以上とする. ③危険である旨の表示をする.	• 次を満たすように施設する. ①人が触れるおそれがないように，機械器具の周囲に適当なさくを設ける. ②①のさくの高さと，当該さくから機械器具の充電部分までの距離との和を，表2・33 に規定する値以上とする. ③危険である旨の表示をする.
• 機械器具に附属する高圧電線にケーブル又は引下げ用高圧絶縁電線を使用し，機械器具を人が触れるおそれがないように地表上 4.5 m（市街地外においては 4 m）以上の高さに施設する.	• 機械器具を地表上 5 m 以上の高さに施設し，充電部分の地表上の高さを表 2・33 に規定する値以上とし，かつ，人が触れるおそれがないように施設する.
• 機械器具をコンクリート製の箱又は D 種接地工事を施した金属製の箱に収め，かつ，充電部分が露出しないように施設する.	• 工場等の構内において，機械器具を絶縁された箱又は A 種接地工事を施した金属製の箱に収め，かつ，充電部分が露出しないように施設する.
• 充電部分が露出しない機械器具を，次のいずれかにより施設する. ➤ 簡易接触防護措置を施す. ➤ 温度上昇により，又は故障の際に，その近傍の大地との間に生じる電位差により，人若しくは家畜又は他の工作物に危険のおそれがないように施設する.	• 充電部分が露出しない機械器具に，簡易接触防護措置を施す.
—	• 解釈第 108 条に規定する 15 000 V 以下の特別高圧架空電線路に接続する機械器具を，高圧の機械器具に準じて施設する.
—	• 日本電気技術規格委員会規格 JESC E2007（2014）「35 kV 以下の特別高圧用機械器具の施設の特例」の「2. 技術的規定」による.

POINT

「簡易接触防護措置」（解釈第1条より（2-1節1項））
次のいずれかに適合するように施設することをいう.
- 設備を，屋内にあっては床上1.8 m以上，屋外にあっては地表上2 m以上の高さに，かつ，人が通る場所から容易に触れることのない範囲に施設すること.
- 設備に人が接近又は接触しないよう，さく，へい等を設け，又は設備を金属管に収める等の防護措置を施すこと.

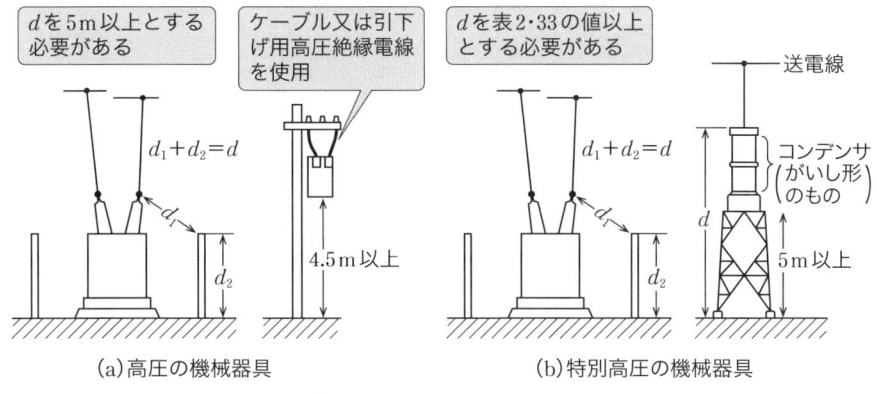

(a)高圧の機械器具　　　　　(b)特別高圧の機械器具

図2・12 機械器具の地上高・さくの考え方

表2・33 特別高圧の機械器具の施設要件

使用電圧の区分	さくの高さとさくから充電部分までの距離との和 又は　地表上の高さ
35 000 V 以下	5 m
35 000 V を超え 160 000 V 以下	6 m
160 000 V 超過	$(6+c)$ m ※

※ c は，使用電圧と 160 000 V の差を 10 000 V で除した値（小数点以下切り上げ.）に 0.12 を乗じたもの

---

3 アークを生じる器具の施設 〈解釈第23条〉

　解釈第23条では，アークにより可燃質のものに火が移らないような施設方法を規定している.

　具体的には，**高圧用又は特別高圧用の開閉器，遮断器又は避雷器その他これらに類する器具**であって，動作時にアークを生じるものは，次のいずれかにより施設することとされている.

- 耐火性のものでアークを生じる部分を囲むことにより，木製の壁又は天井その他の可燃性のものから隔離する．
- 木製の壁又は天井その他の可燃性のものとの離隔距離を，表2・34に規定する値以上とすること．

表2・34 アークを生じる器具と可燃性のものとの離隔距離

開閉器等の使用電圧の区分		離隔距離
高圧		1 m
特別高圧	35 000 V 以下	2 m（動作時に生じるアークの方向及び長さを**火災が発生するおそれがないように制限した場合**にあっては，1 m）
	35 000 V 超過	2 m

4 ▶ 機械器具の金属製外箱等の接地〈解釈第29条〉

解釈第13条（電路の絶縁）や解釈第16条（機械器具等の電路の絶縁性能）で規定されているように，電気機械器具の通電部分と金属製の台や外箱等との間は絶縁する必要があるが，絶縁体の劣化により漏電して危険を生じることがある．

解釈第29条では，このような場合の危険を低減するため，金属製の台及び外箱に接地を施すことが定められている．

（1）一般的な機械器具の場合

電路に施設する機械器具の金属製の台及び外箱（**外箱のない変圧器又は計器用変成器にあっては，鉄心**）には，使用電圧に応じて表2・35の**接地工事を施す**必要がある．

表2・35 機械器具の使用電圧と金属製外箱等に施す接地工事の種類

機械器具の使用電圧の区分		接地工事
低圧	300 V 以下	D 種接地工事
	300 V 超過	C 種接地工事
高圧又は特別高圧		A 種接地工事

（2）太陽電池モジュール等の場合

太陽電池モジュール，燃料電池発電設備又は常用電源として用いる蓄電池に接

続する直流電路に施設する機械器具であって，**使用電圧が 300 V を超え 450 V
以下**のものの金属製外箱等に施す C 種接地工事の接地抵抗値は，表 2・36 のすべ
ての条件に適合すれば，**100 Ω 以下**とすることができる．

表 2・36 機械器具の外箱に施す C 種接地抵抗値の緩和

機械器具	条件	
太陽電池モジュール	• 直流電路が非接地 • 直流電路に接続する逆変換装置の交流側に，絶縁変圧器を施設 • 直流電路に機械器具を施設しない※	太陽電池モジュールの合計出力が 10 kW 以下
燃料電池発電設備		個々の燃料電池発電設備の出力がそれぞれ 10 kW 未満
蓄電池		個々の蓄電池の出力がそれぞれ 10 kW 未満

※太陽電池モジュール，燃料電池発電設備，常用電源として用いる蓄電池，直流変換装置，
逆変換装置，避雷器，解釈第 154 条に規定する蓄電池の保護装置，解釈第 200 条第 1 項第
一号において規定する燃料電池の保護装置，解釈第 200 条第 2 項第一号ロ及びハに規定す
る開閉器及び過電流遮断器を除く．

（3）接地を必要としない場合

　外箱を充電して使用する機械器具に人が触れるおそれがないように**さくなど**を
設けて施設する場合又は**絶縁台を設けて施設する場合**は，（1）の規定に関わらず
接地工事は不要となる．

　また，小規模発電設備に該当する燃料電池発電設備を除き，**次の各号のいずれ
かに該当する場合においても接地工事は不要**である．

- **交流の対地電圧が 150 V 以下**又は**直流の使用電圧が 300 V 以下**の機械器具
を乾燥した場所に施設する場合

- **低圧用の機械器具**を乾燥した木製の床その他これに類する絶縁性のものの上
で取り扱うように施設する場合

- 電気用品安全法の適用を受ける 2 重絶縁の構造の機械器具を施設する場合

- **低圧用**の機械器具に電気を供給する**電路の電源側に絶縁変圧器**（2 次側線間
電圧が 300 V 以下であって，容量が 3 kVA 以下のものに限る．）を施設し，
かつ，当該絶縁変圧器の**負荷側の電路を接地しない**場合

- **水気のある場所以外**の場所に施設する**低圧用**の機械器具に電気を供給する電
路に，電気用品安全法の適用を受ける**漏電遮断器**（定格感度電流が 15 mA

以下，**動作時間が 0.1 秒以下の電流動作型**のものに限る．）**を施設**する場合

- 金属製外箱等の周囲に適当な絶縁台を設ける場合
- 外箱のない**計器用変成器**がゴム，**合成樹脂その他の絶縁物で被覆**したものである場合
- 低圧用若しくは高圧用の機械器具，解釈第 26 条に規定する配電用変圧器若しくはこれに接続する電線に施設する機械器具又は解釈第 108 条に規定する 15 000 V 以下の特別高圧架空電線路の電路に施設する機械器具を，**木柱その他これに類する絶縁性のものの上**であって，**人が触れるおそれがない高さに施設**する場合

················· **コ ラ ム** ·················

燃料電池発電設備に接地が必要な理由

···

　解釈第 29 条では，小規模発電設備である燃料電池発電設備については，(3) に該当する場合であっても金属製外箱等の接地省略は認められていない．

　これは，小出力の燃料電池発電設備については，風雨に晒される屋外に設置され，また，熱回収等のため筐体内で水を使用していることから，万が一水分が筐体内へ侵入あるいは漏洩し，充電部分と筐体間の絶縁抵抗が減少した場合においても，感電事故を防止するためである．

---

5 ▶ 公害等の防止 〈電技第 19 条，解釈第 32 条〉

　電気機械器具は冷却のため冷却水や絶縁油が使用されている場合があることや，運転により振動や騒音が発生する場合があること，重量物の施設ため地形を変えるような工事を要する場合があることなど，環境に大きな影響を及ぼすことがある．

　このため，電気機械器具に起因する公害等を防止することを目的に，電技第

19 条や解釈第 32 条では以下のような事項が規定されている.

(1) 公害等の防止〈電技第 19 条〉

①第 8 項

水質汚濁防止法第 2 条第 5 項の規定による**貯油施設等を設置する発電所, 蓄電所又は変電所, 開閉所**若しくはこれらに準ずる場所には, 貯油施設等の破損その他の事故が発生し, **油を含む水が当該設置場所から公共用水域に排出**され, 又は**地下に浸透**したことにより生活環境に係る被害を生ずるおそれがないよう, **適切な措置**を講じなければならない.

②第 10 項

中性点直接接地式電路に接続する変圧器を設置する箇所には, **絶縁油の構外への流出及び地下への浸透を防止**するための措置が施されていなければならない.

③第 13 項

急傾斜地の崩壊による災害の防止に関する法律第 3 条第 1 項の規定により指定された**急傾斜地崩壊危険区域内に施設する発電所, 蓄電所又は変電所, 開閉所**若しくはこれらに準ずる場所の電気設備, **電線路又は電力保安通信設備**は, 当該区域内の**急傾斜地の崩壊を助長し又は誘発するおそれがないように施設**しなければならない.

④第 14 項

ポリ塩化ビフェニルを含有する絶縁油を使用する電気機械器具及び電線は, 電路に施設してはならない.

(2) ポリ塩化ビフェニル使用電気機械器具及び電線の施設禁止〈解釈第 32 条〉

ポリ塩化ビフェニルを含有する絶縁油とは, **絶縁油に含まれるポリ塩化ビフェニルの量**が**試料 1 kg につき 0.5 mg**（重量比 0.00005 %）**以下**である絶縁油以外のものである.

例題 12 .... H23　問 2

次の文章は,「電気設備技術基準の解釈」に基づく, 機械器具の鉄台及び外箱の接地に関する記述の一部である. 文中の [ ] に当てはまる最も適切なものを解答群の中から選びなさい.

太陽電池モジュールに接続する直流電路に施設する機器器具であって, 使用電圧が 300 V を超える低圧のものの鉄台及び金属製外箱の接地には [(1)] 接地工事を施

す必要がある.

　ただし，次の各号のすべてに該当する場合であって，使用電圧が 300 V を超え［ (2) ］〔V〕以下のものに施す接地工事の接地抵抗値は［ (3) ］〔Ω〕以下にすることができる.

一　直流電路が接地されていないこと.

二　直流電路に接続する逆変換装置の交流側に［ (4) ］が施設されていること.

三　太陽電池モジュールの出力（複数の太陽電池モジュールを施設した場合にあっては，その合計の出力.）が［ (5) ］〔kW〕以下であること.

四　機械器具（太陽電池モジュール，これに接続する開閉器及び過電流遮断器その他の器具，逆変換装置並びに避雷器を除く.）が直流電路に施設されていないこと.

【解答群】

（イ）絶縁変圧器	（ロ）20	（ハ）750	（ニ）30	（ホ）500	（ヘ）A 種
（ト）断路器	（チ）10	（リ）遮断器	（ヌ）50	（ル）C 種	（ヲ）D 種
（ワ）600	（カ）100	（ヨ）450			

解　説　解釈第 29 条からの出題. 2-6 節 4 項（2）を参照のこと.

【解答】（1）ル　（2）ヨ　（3）カ　（4）イ　（5）チ

例題 13 ⋯⋯⋯⋯⋯⋯⋯⋯⋯⋯⋯⋯⋯⋯⋯⋯⋯⋯⋯⋯⋯⋯⋯ **H8　問 6（改）**

　次の文章は，機械器具の鉄台及び外箱の接地に関する記述である. 次の［　　　］の中に当てはまる語句又は数値を解答群から選びなさい. ただし，「電気設備に関する技術基準を定める省令」に準拠するものとする.

　電路に施設する機械器具の鉄台及び金属製外箱（外箱のない変圧器又は計器用変成器にあっては，［ (1) ］）には，原則として，次の表の左に掲げる機械器具の区分に応じ，それぞれ同表の右に掲げる接地工事を施さなければならない. ただし，外箱を［ (2) ］して使用する場合は，この限りでない.

機械器具の区分	接地工事
［ (3) ］〔V〕以下の低圧用のもの	D 種接地工事
［ (3) ］〔V〕を超える低圧用のもの	［ (4) ］接地工事
高圧用又は特別高圧用のもの	［ (5) ］接地工事

【解答群】

（イ）600	（ロ）B種	（ハ）鉄心	（ニ）充電	（ホ）絶縁	（ヘ）C種
（ト）巻線	（チ）300	（リ）架台	（ヌ）A種	（ル）隔離	（ヲ）150

2章
電気設備の技術基準とその解釈

解 説　解釈第29条からの出題．2-6節4項を参照のこと．

【解答】(1) ハ　(2) ニ　(3) チ　(4) ヘ　(5) ヌ

例題14 ·· R4　問2（改）

　次の文章は，「電気設備技術基準」及び「電気設備技術基準の解釈」に基づく油（絶縁油）の公害等の防止に関する記述である．文中の　　　　　に当てはまる最も適切なものを解答群の中から選びなさい．

a）　ポリ塩化ビフェニルを含有する絶縁油を使用する　(1)　及び電線は，　(2)　に施設してはならない．

b）　ポリ塩化ビフェニルを含有する絶縁油とは，絶縁油に含まれるポリ塩化ビフェニルの量が試料1 kgにつき　(3)　mg以下である絶縁油以外のものである．

c）　水質汚濁防止法の規定による貯油施設等を設置する発電所，蓄電所又は変電所，開閉所若しくはこれらに準ずる場所には，貯油施設等の破損その他の事故が発生し，油を含む水が当該設置場所から　(4)　に排出され，又は　(5)　したことにより生活環境に係る被害を生ずるおそれがないよう，適切な措置を講じなければならない．

【解答群】

（イ）河川を汚染	（ロ）電路	（ハ）敷地外	（ニ）構外	（ホ）出火
（ヘ）公共用水域	（ト）電気設備	（チ）0.01	（リ）0.5	（ヌ）ケーブル
（ル）急傾斜地	（ヲ）市街地	（ワ）地下に浸透	（カ）電気機械器具	
（ヨ）5.0				

解 説　(1)(2)(4)(5)は電技第19条から，(3)は解釈第32条からの出題．2-6節5項を参照のこと．

【解答】(1) カ　(2) ロ　(3) リ　(4) ヘ　(5) ワ

1 過電流保護対策

(1) 過電流からの電線及び電気機械器具の保護対策〈電技第14条〉

電技第14条では, 短絡や過負荷により発生する過電流から電線及び電気機械器具を保護するための技術的要件を以下のように定めている.

> 電路の必要な箇所には, **過電流による過熱焼損から電線及び電気機械器具を保護**し, かつ, **火災の発生を防止**できるよう, **過電流遮断器**を施設しなければならない.

この要件を満たすため, 解釈第33条及び第34条では低圧, 高圧, 特別高圧の電路に施設する過電流遮断器の性能等が規定されている.

(2) 低圧電路に施設する過電流遮断器の性能等〈解釈第33条〉

解釈第33条で規定する低圧電路に施設する過電流遮断器には, 「ヒューズ」「配線用遮断器」「過負荷保護装置と短絡保護専用遮断器又は短絡保護専用ヒューズを組み合わせた装置」が該当する. それぞれについて, 以下のように性能要件が定められている.

①共通性能

低圧電路に施設する過電流遮断器は, これを**施設する箇所を通過する短絡電流を遮断する能力を有する必要**がある.

ただし, **最大短絡電流が10 000Aを超過**する場合には, 技術的・経済的な理由から, これを単一の過電流遮断器ではなく, 2つの異なる過電流遮断器で保護することがある. これを「**カスケード遮断方式**」と呼び, 以下のすべての条件に合致する場合に施設することが認められている (図2・13).

- 当該箇所を通過する**最大短絡電流が10 000Aを超過**する.
- 当該箇所に過電流遮断器として**10 000A以上の短絡電流を遮断する能力を有する配線用遮断器を施設**する.
- 当該箇所より**電源側の電路に当該配線用遮断器の短絡電流を遮断する能力を超え**, 当該最大短絡電流以下の短絡電流を当該配線用遮断器より早く, 又は

同時に遮断する能力を有する過電流遮断器を施設する．

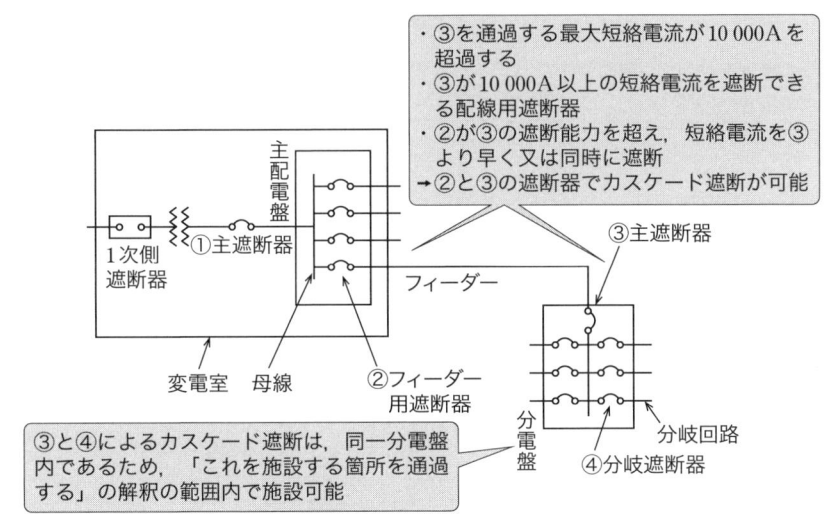

・③を通過する最大短絡電流が10 000Aを超過する
・③が10 000A以上の短絡電流を遮断できる配線用遮断器
・②が③の遮断能力を超え，短絡電流を③より早く又は同時に遮断
→②と③の遮断器でカスケード遮断が可能

主配電盤

③主遮断器

①主遮断器

1次側遮断器

フィーダー

変電室　母線

②フィーダー用遮断器

分電盤

分岐回路

④分岐遮断器

③と④によるカスケード遮断は，同一分電盤内であるため，「これを施設する箇所を通過する」の解釈の範囲内で施設可能

図 2・13　カスケード遮断方式

②ヒューズの性能要件

　過電流遮断器として低圧電路に施設するヒューズ（電気用品安全法の適用を受けるもの，配電用遮断器と組み合わせて1つの過電流遮断器として使用するもの及び④に規定するものを除く．）は，水平に取り付けた場合（板状ヒューズにあっては，板面を水平に取り付けた場合）において，表2·37に適合する必要がある．

　なお，低圧電路に施設する非包装ヒューズは，次のいずれかのものを使用する場合を除き，つめ付ヒューズである必要がある．

- ローゼットその他これに類するものに収める定格電流5A以下のもの．
- 硬い金属製で，端子間の長さが表2·38に規定する値以上のもの．

表2・37 ヒューズの性能要件

ヒューズの 定格電流	定格電流の1.1倍の 電流を通じた場合	定格電流の1.6倍の 電流を通じた場合	定格電流の2倍の 電流を通じた場合
30 A 以下	溶断しない	60 分以内に溶断	2 分以内に溶断
30 A を超え 60 A 以下			4 分以内に溶断
60 A を超え 100 A 以下		120 分以内に溶断	6 分以内に溶断
100 A を超え 200 A 以下			8 分以内に溶断
200 A を超え 400 A 以下		180 分以内に溶断	10 分以内に溶断
400 A を超え 600 A 以下		240 分以内に溶断	12 分以内に溶断
600 A 超過			20 分以内に溶断

表2・38 非包装ヒューズの端子間の長さ

定格電流	端子間の長さ
10 A 未満	100 mm
10 A 以上 20 A 未満	120 mm
20 A 以上 30 A 未満	150 mm

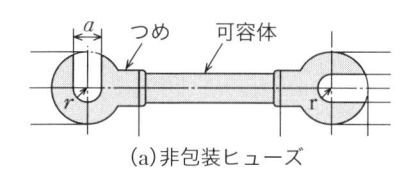

(a)非包装ヒューズ　　　　　　　(b)包装ヒューズ

図2・14 ヒューズの構造

③配線用遮断器の性能要件

　過電流遮断器として低圧電路に施設する配線用遮断器（電気用品安全法の適用を受けるもの及び④に規定するものを除く.）は，表2・39に適合する必要がある.

表2・39　配線用遮断器の性能要件

配線用遮断器の定格電流	定格電流の1倍の電流を通じた場合	定格電流の1.25倍の電流を通じた場合	定格電流の2倍の電流を通じた場合
30 A 以下	自動的に動作しない	60 分以内に自動的に動作	2 分以内に自動的に動作
30 A を超え 50 A 以下			4 分以内に自動的に動作
50 A を超え 100 A 以下		120 分以内に自動的に動作	6 分以内に自動的に動作
100 A を超え 225 A 以下			8 分以内に自動的に動作
225 A を超え 400 A 以下			10 分以内に自動的に動作
400 A を超え 600 A 以下			12 分以内に自動的に動作
600 A を超え 800 A 以下			14 分以内に自動的に動作
800 A を超え 1 000 A 以下			16 分以内に自動的に動作
1 000 A を超え 1 200 A 以下			18 分以内に自動的に動作
1 200 A を超え 1 600 A 以下			20 分以内に自動的に動作
1 600 A を超え 2 000 A 以下			22 分以内に自動的に動作
2 000 A 超過			24 分以内に自動的に動作

④過負荷保護装置と短絡保護専用遮断器又は短絡保護専用ヒューズを組み合わせた装置の性能要件

電動機のみに至る低圧電路で使用するものであれば，過電流遮断器として**過負荷保護装置と短絡保護専用遮断器又は短絡保護専用ヒューズを組み合わせた装置が適用できる**．なお，過負荷保護装置と短絡保護専用遮断器又は短絡保護専用ヒューズは，**専用の1つの箱の中に収める必要**がある．

　組み合わせて使用する過負荷保護装置，短絡保護専用遮断器，短絡保護専用ヒューズはそれぞれ表2・40の要件すべてに適合する必要がある．

表2・40 過負荷保護装置，短絡保護専用遮断器・ヒューズの要件

種類	要件
過負荷保護装置	・**電動機が焼損するおそれがある過電流**を生じた場合に，**自動的に**これを遮断すること． ・電気用品安全法の適用を受ける**電磁開閉器**又は日本産業規格 JIS C 8201-4-1（2010）に適合するものであること．
短絡保護専用遮断器	・短絡電流によって**過負荷保護装置が焼損する前**に，当該短絡電流を遮断する能力を有すること． ・定格電流の **1 倍の電流で自動的に動作しない**こと． ・整定電流は，**定格電流の 13 倍以下**であること． ・整定電流の 1.2 倍の電流を通じた場合において，0.2 秒以内に自動的に動作すること．
短絡保護専用ヒューズ	・短絡電流によって**過負荷保護装置が焼損する前**に，当該短絡電流を遮断する能力を有すること． ・短絡保護専用ヒューズの定格電流は，**過負荷保護装置の整定電流の値**（その値が短絡保護専用ヒューズの標準定格に該当しない場合は，その値の直近上位の標準定格）以下であること． ・**定格電流の 1.3 倍の電流に耐える**こと． ・整定電流の 10 倍の電流を通じた場合において，**20 秒以内に溶断**すること．

（3）高圧又は特別高圧の電路に施設する過電流遮断器の性能等〈解釈第 34 条〉

高圧又は特別高圧の電路に施設する過電流遮断器及びヒューズは，表2・41 の性能を有する必要がある．

表2・41 高圧又は特別高圧の電路に施設する過電流遮断器等の性能

種類	要件
過電流遮断器	・電路に短絡を生じたときに作動するものにあっては，これを施設する箇所を通過する短絡電流を遮断する能力を有すること． ・その作動に伴い**その開閉状態を表示する装置を有する**こと．ただし，その開閉状態を容易に確認できるものは，この限りでない．
包装ヒューズ（ヒューズ以外の過電流遮断器と組み合わせて 1 つの過電流遮断器として使用するものを除く．）	次のいずれかによること． ・**定格電流の 1.3 倍の電流に耐え，**かつ，**2 倍の電流で 120 分以内に溶断**するもの ・日本電気技術規格委員会が承認した「高圧限流ヒューズ」に適合するもの
非包装ヒューズ	**定格電流の 1.25 倍の電流に耐え，**かつ，**2 倍の電流で 2 分以内に溶断**するもの

（4）過電流遮断器の施設の例外〈解釈第 35 条〉

以上が過電流保護対策となるが，次の箇所には過電流遮断器を施設しないことが解釈第 35 条に定められている．

- 接地線
- 多線式電路の中性線
- 解釈第 24 条第 1 項第 1 号ロの規定により，使用電圧が 300 V 以下の低圧電路の一部に接地工事を施した低圧電線路の接地側電線

なお，上記の箇所であっても，多線式電路の中性線に施設した過電流遮断器が動作した場合に各極が同時に遮断される場合や，解釈第 19 条第 1 項の規定により中性点や特別高圧の直流電路，燃料電池の電路に抵抗器，リアクトル等を使用して接地工事を施すとき，過電流遮断器の動作により当該接地線が非接地状態にならない場合は，過電流遮断器を施設しても差し支えない．

2　地絡保護対策

（1）地絡に対する保護対策〈電技第 15 条〉

電技第 15 条では，電路の地絡事故による危険防止のための技術的要件が以下のように定められている．

電路には，**地絡が生じた場合に，電線若しくは電気機械器具の損傷，感電又は火災のおそれがないよう，地絡遮断器の施設**その他の適切な措置を講じなければならない．ただし，電気機械器具を乾燥した場所に施設する等地絡による危険のおそれがない場合は，この限りでない．

これを実現するための具体的要件として，解釈第 36 条には地絡遮断装置の施設が規定されている．

（2）地絡遮断装置の施設〈解釈第 36 条〉

低圧電路，高圧又は特別高圧の電路，低圧又は高圧の非常用照明等の電路について，それぞれ以下のとおり地絡遮断装置の施設が定められている．

①低圧電路

金属製外箱を有する使用電圧が 60 V **を超える低圧の機械器具に接続する電路，及び高圧又は特別高圧の電路と変圧器によって結合される使用電圧が** 300 V **を超える低圧の電路には，電路に地絡を生じたときに自動的に電路を遮断する装置を施設**する必要がある．

なお，表 2・42 の場合は比較的危険が少なく，地絡遮断装置を施設しなくても
よい．

表 2・42 漏電遮断装置を施設しなくても良い場合

電路の種類	漏電遮断装置を施設しなくても良い場合
金属製外箱を有する使用電圧が 60 V を超える低圧の機械器具に接続する電路	• 機械器具に**簡易接触防護措置**を施す場合 • 次のいずれかの場所に施設する場合 　➤**発電所，蓄電所又は変電所，開閉所若しくはこれらに準ずる場所** 　➤**乾燥した場所** 　➤機械器具の対地電圧が 150 V 以下の場合においては，**水気のある場所以外の場所** • 機械器具が次のいずれかに該当する場合 　➤電気用品安全法の適用を受ける 2 **重絶縁構造**のもの 　➤ゴム，合成樹脂その他の**絶縁物で被覆**したもの 　➤**誘導電動機の 2 次側電路に接続**されるもの 　➤解釈第 13 条第 2 号に掲げる絶縁できないことがやむを得ないもの • 機械器具に施された C 種接地工事又は D 種接地工事の接地抵抗値が 3 Ω 以下の場合 • **電路の系統電源側に絶縁変圧器**（機械器具側の線間電圧が 300 V 以下のものに限る.）**を施設するとともに，当該絶縁変圧器の機械器具側の電路を非接地**とする場合 • 機械器具内に電気用品安全法の適用を受ける漏電遮断器を取り付け，かつ，電源引出部が損傷を受けるおそれがないように施設する場合 • 機械器具を**太陽電池モジュールに接続する直流電路に施設**し，かつ，当該電路が次に適合する場合 　➤直流電路は**非接地**であること. 　➤直流電路に接続する**逆変換装置の交流側に絶縁変圧器を施設**すること. 　➤直流電路の対地電圧は 450 V 以下であること. • 電路が**管灯回路**である場合
高圧又は特別高圧の電路と変圧器によって結合される使用電圧が 300 V を超える低圧の電路	• **発電所，蓄電所又は変電所若しくはこれに準ずる場所**にある電路の場合 • **電気炉，電気ボイラー又は電解槽**であって，**大地から絶縁すること**が技術上困難なものに電気を供給する**専用の電路**の場合

なお，表 2・42 に該当する場合であっても，表 2・43 にある条項にて規定される
電路については，それぞれの条項に応じて地絡遮断装置の施設が必要となる．

表 2・43 解釈第 36 条が適用されない低圧電路

適用される条項	電路の種類
解釈第 143 条第 1 項	対地電圧が 150 V を超える住宅の屋内電路
解釈第 165 条第 3 項, 第 4 項	ライティングダクト工事, 平形保護層工事による低圧屋内配線
解釈第 178 条第 2 項	火薬庫内の電気設備に電気を供給する電路
解釈第 180 条第 4 項	使用電圧が 300 V 以下の屋内配線であって, その設置の工事が完了した日から 1 年以内に限り使用する電路
解釈第 187 条	水中照明灯に電気を供給する電路
解釈第 195 条	フロアヒーティング等の発熱線に電気を供給する電路
解釈第 196 条	電気温床等の発熱線に電気を供給する電路
解釈第 197 条	パイプライン等の発熱線に電気を供給する電路
解釈第 200 条第 1 項	小規模発電設備である燃料電池発電設備に接続する電路

②高圧又は特別高圧の電路

高圧又は特別高圧の電路には，表 2・44 の箇所又はこれに近接する箇所に，同表に掲げる電路に地絡を生じたときに自動的に電路を遮断する装置を施設する必要がある．ただし，表 2・44 右欄に掲げる場合はこの限りでない．

表 2・44 高圧又は特別高圧の電路における地絡遮断装置の施設要件

地絡遮断装置を施設する箇所	電路	地絡遮断装置を施設しなくても良い場合
発電所，蓄電所又は変電所若しくはこれに準ずる場所の引出口	発電所，蓄電所又は変電所若しくはこれに準ずる場所から引出される電路	発電所，蓄電所又は変電所相互間の電線路が，いずれか一方の発電所，蓄電所又は変電所の**母線の延長とみなされるもの**である場合において，**計器用変成器**を母線に施設すること等により，当該電線路に地絡を生じた場合に**電源側の電路を遮断**する装置を施設するとき（図 2・15 (a)）
他の者から供給を受ける受電点	受電点の負荷側の電路	他の者から供給を受ける電気を全てその受電点に属する受電場所において変成し，又は使用する場合（図 2・15 (b)）
配電用変圧器（単巻変圧器を除く.）の施設箇所	配電用変圧器の負荷側の電路	配電用変圧器の負荷側に地絡を生じた場合に，当該配電用変圧器の施設箇所の**電源側の発電所，蓄電所又は変電所で当該電路を遮断**する装置を施設するとき（図 2・15 (c)）

（備考）引出口とは，常時又は事故時において，発電所，蓄電所又は変電所若しくはこれに準ずる場所から電線路へ電流が流出する場所をいう．

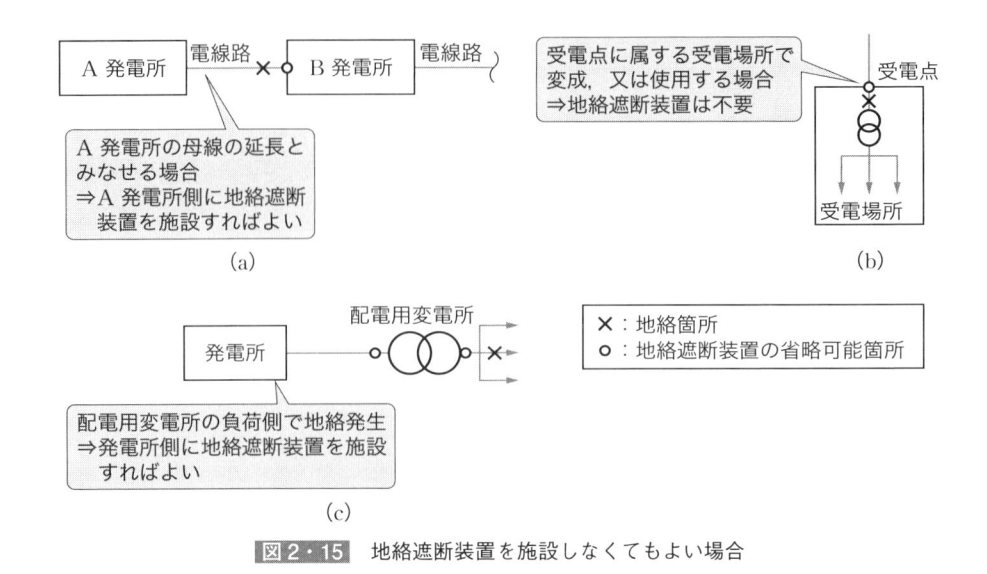

図2・15 地絡遮断装置を施設しなくてもよい場合

③低圧又は高圧の非常用照明等の電路

低圧又は高圧の電路であって，非常用照明装置，非常用昇降機，誘導灯又は鉄道用信号装置その他その**停止が公共の安全の確保に支障を生じるおそれのある機械器具に電気を供給するもの**には，電路に地絡を生じたときにこれを**技術員駐在所に警報する装置を施設**する場合は，地絡遮断装置を施設しなくてもよい．

3 ▶ 異常電圧対策

（1）高圧及び特別高圧の電路の避雷器等の施設〈電技第49条〉

電技第49条では，送配電線路に接続する重要機器を雷電圧から保護するため，必要な箇所に避雷器等を施設して，雷電圧を低減し，機器の絶縁破壊などの被害を防止することを以下のように規定している．

雷電圧による電路に施設する電気設備の損壊を防止できるよう，当該電路中次の各号に掲げる箇所又はこれに近接する箇所には，避雷器の施設その他の適切な措置を講じなければならない．ただし，雷電圧による当該電気設備の損壊のおそれがない場合は，この限りでない．

1　**発電所，蓄電所又は変電所若しくはこれに準ずる場所**の**架空電線引込口**及び**引出口**

2　**架空電線路に接続する配電用変圧器**であって，過電流遮断器の設置等の保安上の保護対策が施されているものの高圧側及び特別高圧側

3　高圧又は特別高圧の架空電線路から供給を受ける**需要場所の引込口**

これを実現するための具体的な方策として，解釈第 37 条では避雷器等の施設が規定されている．

（2）避雷器等の施設〈解釈第 37 条〉

①避雷器の施設が必要な箇所

高圧及び特別高圧の電路中，次の各号に掲げる箇所又はこれに近接する箇所には避雷器を施設すること．

- **発電所，蓄電所又は変電所**若しくはこれに準ずる場所の**架空電線の引込口**（需要場所の引込口を除く．）**及び引出口**

- **架空電線路に接続する**，解釈第 26 条に規定する**配電用変圧器の高圧側及び特別高圧側**

- **高圧架空電線路**から電気の供給を受ける受電電力が $500\,\mathrm{kW}$ **以上の需要場所の引込口**

- **特別高圧架空電線路**から電気の供給を受ける**需要場所の引込口**

ただし，次のいずれかに該当する場合は，避雷器を省略しても機器の絶縁破壊のおそれがほとんどないため，避雷器の施設を省略することができる．

- 前項各号に掲げる箇所に直接接続する**電線が短い場合**

- 使用電圧が $60\,000\,\mathrm{V}$ を超える**特別高圧電路**において，**同一の母線に常時接続されている架空電線路の数**が，**回線数が 7 以下の場合にあっては 5 以上，回線数が 8 以上の場合にあっては 4 以上**のとき．これらの場合において，同一支持物に 2 回線以上の架空電線が施設されているときは，架空電線路の数は 1 として計算する．

> 🔧 **POINT**
> 高電圧であって，かつ，同一母線に常に多数の電線が接続されている場合は，これらの電線のサージインピーダンスによって，侵入した雷電圧が低減する．侵入する電圧を電線路のがいしの 50% せん絡電圧とすれば，$60\,000\,\mathrm{V}$ 以上の特別高圧電路では侵入した雷電圧は避雷器の放電開始電圧よりも低くなり，実用上避雷器が必要ではなくなるため，上記では避雷器の施設を省略可能としている．

②避雷器に施す接地工事の要件

高圧及び特別高圧の電路に施設する避雷器には，**A 種接地工事**を施すこと．ただし，**高圧架空電線路**に施設する避雷器（①の規定により施設するものを除

く.）の A 種接地工事を日本電気技術規格委員会規格 JESC E2018（2015）「高圧架空電線路に施設する避雷器の接地工事」の「2. 技術的規定」により施設する場合の接地抵抗値は，解釈第 17 条の規定によらず，図 2·16 に示す値とすることができる．

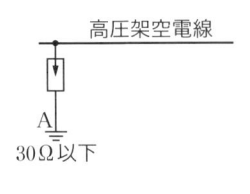

高圧架空電線

A
30 Ω 以下

(a) B 種接地が施された
変圧器に近接しない
場合

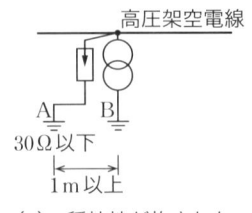

高圧架空電線

A　　B
30 Ω 以下
1 m 以上

(b) B 種接地が施された
変圧器に近接する場合

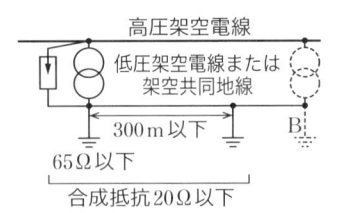

高圧架空電線

低圧架空電線または
架空共同地線

300 m 以下
B
65 Ω 以下
合成抵抗 20 Ω 以下

(c) B 種接地が施された変圧器の
施設箇所で連接接地する場合

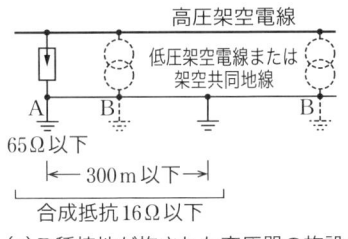

高圧架空電線

低圧架空電線または
架空共同地線

A　　B　　　　　　B
65 Ω 以下
← 300 m 以下 →
合成抵抗 16 Ω 以下

(d) B 種接地が施された変圧器の施設
箇所以外で接地線を接続する場合

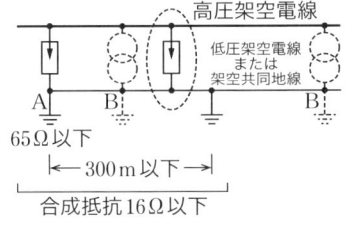

高圧架空電線

低圧架空電線
または
架空共同地線

A　　B　　　　　　B
65 Ω 以下
← 300 m 以下 →
合成抵抗 16 Ω 以下

(e) (d) の接地工事が施された範囲に
他の避雷器を施設する場合

　　：避雷器

　　：接地

　　：変圧器

図 2·16　JESC E2018（2015）の規定内容

例題 15 ·· H21　問 1

　次の文章は，「電気設備技術基準の解釈」に基づく，過電流遮断器の施設に関する記述である．文中の ☐ に当てはまる語句又は数値を解答群の中から選びなさい．

a)　過電流遮断器として低圧電路に使用する配線用遮断器は，定格電流の ☐(1)☐ の電流で自動的に動作しないこと．

b)　低圧電路に使用する過電流遮断器は，これを施設する箇所を通過する短絡電流を遮断する能力を有するものであること．ただし，当該箇所を通過する最大短絡電流が ☐(2)☐〔A〕を超える場合において，過電流遮断器として ☐(2)☐〔A〕以上の短絡電流を遮断する能力を有する配線用遮断器を施設し，当該箇所より

(3) の電路に当該配線用遮断器の短絡電流を遮断する能力を超え，当該最大短絡電流以下の短絡電流を当該配線用遮断器より早く又は同時に遮断する能力を有する過電流遮断器を施設するときは，この限りでない．

c) 過電流遮断器として施設するヒューズのうち，高圧電路に用いる非包装ヒューズは，定格電流の 1.25 倍の電流に耐え，かつ，2 倍の電流で (4) 以内に溶断するものであること．

d) 高圧又は特別高圧電路中の電路に短絡を生じたときに作動する過電流遮断器は，これを施設する箇所を通過する短絡電流を遮断する能力を有するものであること．過電流遮断器は，その作動に伴いその (5) を表示する装置を有するものであること．ただし，その (5) を容易に確認できるものは，この限りでない．

【解答群】

(イ) 2 分	(ロ) 50	(ハ) 20 秒	(ニ) 10 000	(ホ) 電源側
(ヘ) 開閉回数	(ト) 10 分	(チ) 1 倍	(リ) 温度変化	(ヌ) 開閉状態
(ル) 1.1 倍	(ヲ) 直近	(ワ) 負荷側	(カ) 100	(ヨ) 1.2 倍

解 説 (1) ～ (3) は解釈第 33 条，(4)(5) は解釈第 34 条からの出題．それぞれ 2-7 節 1 項を参照のこと．

【解答】(1) チ (2) ニ (3) ホ (4) イ (5) ヌ

例題 16 ·· **H30 問 2(改)**

次の文章は，「電気設備技術基準の解釈」における，地絡遮断装置の施設に関する記述である．文中の◻◻◻◻に当てはまる最も適切なものを解答群の中から選びなさい．

a) 高圧又は特別高圧の電路と変圧器によって結合される，使用電圧が (1) 〔V〕を超える低圧の電路には，電路に地絡を生じたときに自動的に電路を遮断する装置を施設すること．ただし，当該低圧電路が次のいずれかのものである場合はこの限りでない．

①発電所，蓄電所又は変電所若しくはこれに準ずる場所にある電路

②電気炉，電気ボイラー又は電解槽であって，大地から絶縁することが技術上困難なものに電気を供給する (2) の電路

b) 高圧又は特別高圧の電路には，表の左欄に掲げる箇所又はこれに近接する箇所に，同表中欄に掲げる電路に地絡を生じたときに自動的に電路を遮断する装置を施設すること．ただし，同表右欄に掲げる場合はこの限りでない．

地絡遮断装置を施設する箇所	電路	地絡遮断装置を施設しなくても良い場合
発電所，蓄電所又は変電所若しくはこれに準ずる場所の引出口	発電所，蓄電所又は変電所若しくはこれに準ずる場所から引出される電路	発電所，蓄電所又は変電所相互間の電線路が，いずれか一方の発電所，蓄電所又は変電所の母線の延長とみなされるものである場合において， (3) を母線に施設すること等により当該電線路に地絡を生じた場合に (4) 側の電路を遮断する装置を施設するとき
他の者から供給を受ける受電点	受電点の負荷側の電路	他の者から供給を受ける電気を全てその受電点に属する受電場所において (5) し，又は使用する場合
配電用変圧器（単巻変圧器を除く.）の施設箇所	配電用変圧器の負荷側の電路	配電用変圧器の負荷側に地絡を生じた場合に，当該配電用変圧器の施設箇所の (4) 側の発電所，蓄電所又は変電所で当該電路を遮断する装置を施設するとき

（備考）引出口とは，常時又は事故時において，発電所，蓄電所又は変電所若しくはこれに準ずる場所から電線路へ電流が流出する場所をいう.

【解答群】

（イ）一次　　（ロ）変成　　（ハ）送電　　　（ニ）リアクトル装置

（ホ）計器用変成器　　（ヘ）300　　　（ト）二次　（チ）専用　（リ）150

（ヌ）60　　（ル）電源　（ヲ）検電装置　（ワ）配電　（カ）屋内　（ヨ）構内

解 説　　解釈第 36 条からの出題. 2-7 節 2 項を参照のこと.

【解答】(1) ヘ　(2) チ　(3) ホ　(4) ル　(5) ロ

2-8 発電所，蓄電所並びに変電所，開閉所及びこれらに準ずる場所の施設

攻略のポイント

　本節で解説する発電所，蓄電所，変電所，開閉所の取扱いに関する規制は，構内への一般公衆の立ち入り防止策に始まり，絶縁用の圧縮空気・ガスや冷却用水素の取扱い，発変電設備の保護，そしてこれらを適切に監視するための方策と多岐に亘る．試験でも過去には数多く出題されている範囲であるため，一つひとつの項目を実際の設備や運用をイメージしながら理解を深めておきたい．

1　発電所等への取扱者以外の者の立入の防止

　電技第 23 条第 1 項及び解釈 38 条では，発電所，蓄電所，又は変電所，開閉所若しくはこれらに準ずる場所（以下，「発電所等」という．）は，保安のため，取扱者以外の者が立ち入らないように講じるべき措置が規定されている．

（1）電技第 23 条第 1 項

　高圧又は特別高圧の電気機械器具，母線等を施設する発電所等には，**取扱者以外の者に電気機械器具，母線等が危険である旨を表示**するとともに，当該者が**容易に構内に立ち入るおそれがないように適切な措置**を講じなければならない．

（2）解釈第 38 条

　発電所等の構内に取扱者以外が入らないようにするための具体的な措置が以下のとおり規定されている．

①屋外に機械器具等を施設する発電所等

　土地の状況により人が立ち入るおそれがない箇所を除き，高圧又は特別高圧の機械器具及び母線等を屋外に施設する発電所等は，次に示す措置を講じる必要がある．

- **さく，へい等を設けること**．
- **出入口に立入を禁止する旨を表示**すること．
- **出入口に施錠装置を施設して施錠**する等，取扱者以外の者の出入りを制限する措置を講じること．
- **特別高圧の機械器具等**を施設する場合は，**さく，へい等の高さと，さく，へい等から充電部分までの距離との和は，表 2・45 に規定する値以上**とすること．

> **POINT**
> さく，へいの施設要件は，解釈第22条（特別高圧の機械器具の施設）の表2・33に示す
> 要件と同等の要件となる．

表2・45 さく，へいの施設要件（特別高圧）

充電部分の使用電圧の区分	さく，へい等の高さと，さく，へい等から充電部分までの距離との和
35 000 V 以下	5 m
35 000 V を超え 160 000 V 以下	6 m
160 000 V 超過	$(6+c)$ m※

※c は，使用電圧と 160 000 V の差を 10 000 V で除した値（小数点以下切り上げ．）に 0.12 を
乗じたもの

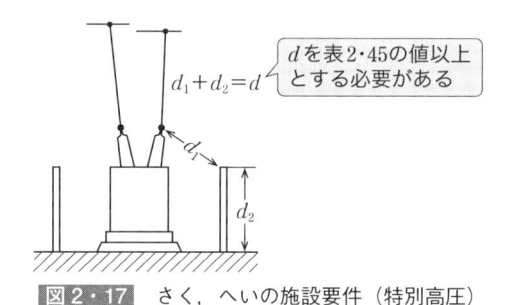

図2・17 さく，へいの施設要件（特別高圧）

②屋内に機械器具等を施設する発電所等

高圧又は特別高圧の機械器具及び母線等を屋内に施設する発電所等は，次の各
号に示す措置を講じる必要がある．

- **堅ろうな壁を設ける**か，若しくは**さく，へい等を設け**，当該さく，へい等の
  高さと，さく，へい等から充電部分までの距離との和を，表2・45に規定す
  る値以上とすること．
- **出入口に立入を禁止する旨を表示**すること．
- **出入口に施錠装置を施設して施錠**する等，取扱者以外の者の出入りを制限す
  る措置を講じること．

③その他

（ア）工場等の構内の場合

　工場等の構内において，次により施設する場合は，上記の①②に規定によらないことができる．

- **構内境界全般にさく，へい等を施設し，一般公衆が立ち入らないように施設**すること．

- **危険である旨の表示**をすること．

- 高圧の機械器具等は解釈第 21 条第 1 号，第 3 号，第 4 号又は第 5 号（ロを除く．），特別高圧の機械器具等は解釈第 22 条第 1 項第 1 号，第 3 号，第 4 号，第 5 号又は第 6 号の規定に準じて，それぞれ**表 2・46 にしたがって施設**すること．

表 2・46　工場等の構内における高圧及び特別高圧の機械器具の施設方法（表 2・32 抜粋）

高圧の機械器具	特別高圧の機械器具
・屋内に施設する場合であって，**取扱者以外の者が出入りできないように措置した場所に施設する．**	
・機械器具に附属する高圧電線に**ケーブル又は引下げ用高圧絶縁電線を使用**し，機械器具を人が触れるおそれがないように**地表上 4.5 m（市街地外においては 4 m）以上の**高さに施設する．	・機械器具を**地表上 5 m 以上の高さに施設**し，充電部分の地表上の高さを表 2・47 に**規定する値以上とし，かつ，人が触れるお**それがないように施設する．
・機械器具を**コンクリート製の箱又は D 種接地工事を施した金属製の箱に収め，か**つ，充電部分が露出しないように施設する．	・**工場等の構内**において，機械器具を**絶縁された箱又は A 種接地工事を施した金属製の箱に収め，かつ，充電部分が露出しないように施設する．**
・充電部分が露出しない機械器具に，**簡易接触防護措置**を施す．	
―	・解釈第 108 条に規定する 15 000 V 以下の特別高圧架空電線路に接続する機械器具を，高圧の機械器具に準じて施設する．

表2・47 特別高圧の機械器具の施設要件（表2・33再掲）

使用電圧の区分	さくの高さとさくから充電部分までの距離との和 又は　地表上の高さ
35 000 V 以下	5 m
35 000 V を超え 160 000 V 以下	6 m
160 000 V 超過	$(6+c)$ m ※

※c は，使用電圧と 160 000 V の差を 10 000 V で除した値（小数点以下切り上げ.）に
　　0.12 を乗じたもの

（イ）高圧及び特別高圧の機械器具の場合

　高圧及び特別高圧の機械器具を表2・48 の方法に則って施設する場合も，上記
①②に規定によらないことができる.

表2・48 高圧及び特別高圧の機械器具の施設方法

高圧の機械器具	特別高圧の機械器具
・**危険である旨の表示**をする. ・**高圧又は特別高圧の機械器具相互を接続する電線**（隣接して施設する機械器具相互を接続するものを除く.）であって，**取扱者以外の者が立ち入る場所に施設するものは，電線路の要件を定める解釈第 49 条から第 133 条の規定に準じて施設する.**	
次のいずれかによること. ・機械器具を**コンクリート製の箱又は D 種接地工事を施した金属製の箱**に収め，かつ，**充電部分が露出しないように施設する**とともに，機械器具等を収めた箱を施錠すること. ・充電部分が露出しない機械器具に，簡易接触防護措置を施す.	次のいずれかによること. ・機械器具を**絶縁された箱又は A 種接地工事を施した金属製の箱**に収め，かつ，**充電部分が露出しないように施設する**とともに，機械器具等を収めた箱を施錠すること. ・**充電部分が露出しない機械器具**に，簡易接触防護措置を施す.

2　ガス絶縁機器等の取扱い

　発電所等に施設されている高圧ガス設備には，圧縮絶縁ガスを使用した母線や
開閉器類，また，開閉器・遮断器の操作用及び消弧用の圧縮空気装置などがある.

　これらの高圧ガス設備を有する電気工作物は高圧ガス保安法の適用が除外される代わりに，電技や解釈にて以下のとおり技術基準が定められている.

（1）ガス絶縁機器等の危険の防止〈電技第 33 条〉

　発電所，蓄電所又は変電所，開閉所若しくはこれらに準ずる場所に施設する**ガ**

ス絶縁機器（充電部分が圧縮絶縁ガスにより絶縁された電気機械器具をいう．以下同じ．）及び**開閉器又は遮断器に使用する圧縮空気装置**は，次の各号により施設しなければならない．

1　**圧力を受ける部分の材料及び構造**は，**最高使用圧力に対して十分に耐え**，かつ，**安全なもの**であること．

2　**圧縮空気装置の空気タンク**は，**耐食性**を有すること．

3　圧力が上昇する場合において，当該圧力が**最高使用圧力に到達する以前に当該圧力を低下させる機能**を有すること．

4　**圧縮空気装置**は，**主空気タンクの圧力が低下**した場合に**圧力を自動的に回復させる機能**を有すること．

5　**異常な圧力を早期に検知**できる機能を有すること．

6　ガス絶縁機器に使用する**絶縁ガス**は，**可燃性，腐食性及び有毒性のないもの**であること．

（2）ガス絶縁機器等の圧力容器の施設〈解釈第 40 条〉

ガス絶縁機器や開閉器・遮断器に使用する圧縮空気装置に使用する**圧力容器の低温使用限界**は−30 ℃とすることに加え，それぞれ以下の要件に適合する必要がある．

①ガス絶縁機器等に使用する圧力容器

ガス絶縁機器等に使用する圧力容器は，次の各号に適合する必要がある．

- **100 kPa を超える絶縁ガスの圧力を受ける部分であって外気に接する部分**は，**最高使用圧力の 1.5 倍の水圧**（水圧を連続して 10 分間加えて試験を行うことが困難である場合は，**最高使用圧力の 1.25 倍の気圧**）を連続して 10 分間加えて試験を行ったとき，これに耐え，かつ，漏えいがないものであること．ただし，**ガス圧縮機に接続して使用しないガス絶縁機器**にあっては，**最高使用圧力の 1.25 倍の水圧を連続して 10 分間**加えて試験を行ったとき，これに耐え，かつ，漏えいがないものである場合は，この限りでない．

- ガス圧縮機を有するものにあっては，ガス圧縮機の最終段又は圧縮絶縁ガスを通じる管のこれに近接する箇所及びガス絶縁機器又は圧縮絶縁ガスを通じる管のこれに近接する箇所には，**最高使用圧力以下の圧力で作動する**とともに，民間規格評価機関として日本電気技術規格委員会が承認した規格である「安全弁」に適合する**安全弁を設ける**こと．

- 絶縁ガスの圧力の低下により絶縁破壊を生じるおそれがあるものは，**絶縁ガスの圧力の低下を警報する装置又は絶縁ガスの圧力を計測する装置**を設けること．

- 絶縁ガスは，**可燃性，腐食性及び有毒性のものでないこと．**

② **開閉器及び遮断器に使用する圧縮空気装置に使用する圧力容器**

開閉器及び遮断器に使用する圧縮空気装置に使用する圧力容器は，次の各号に適合する必要がある．

- **空気圧縮機**は，**最高使用圧力の 1.5 倍の水圧**（水圧を連続して 10 分間加えて試験を行うことが困難である場合は，**最高使用圧力の 1.25 倍の気圧**）を**連続して 10 分間**加えて試験を行ったとき，これに耐え，かつ，漏えいがないものであること．

- **空気タンク**は，前号の規定に準じるほか，次によること．

  ➤ 材料，材料の許容応力及び構造は，民間規格評価機関として日本電気技術規格委員会が承認した規格である「圧力容器の構造－一般事項」に準じること．

  ➤ 使用圧力において**空気の補給がない状態**で開閉器又は遮断器の**投入及び遮断を連続して 1 回以上できる容量を有する**ものであること．

  ➤ 耐食性を有しない材料を使用する場合は，**外面にさび止めのための塗装**を施すこと．

- 圧縮空気を通じる管は，空気圧縮装置の耐圧性能及び空気タンクの材料，材料の許容応力及び構造に準じること．

- 空気圧縮機，空気タンク及び圧縮空気を通じる管は，**溶接により残留応力が生じないように**，また，**ねじの締付けにより無理な荷重がかからないように**すること．

- 空気圧縮機の最終段又は圧縮空気を通じる管のこれに近接する箇所及び空気タンク又は，圧縮空気を通じる管のこれに近接する箇所には**最高使用圧力以下の圧力で作動する**とともに，民間規格評価機関として日本電気技術規格委員会が承認した規格である「安全弁」に適合する**安全弁を設ける**こと．ただし，**圧力 1MPa 未満の圧縮空気装置**にあっては，**最高使用圧力以下の圧力で作動する安全装置**をもってこれに替えることができる．

- 主空気タンクの圧力が低下した場合に，**自動的に圧力を回復する装置**を設け

ること．

- 主空気タンク又はこれに近接する箇所には，**使用圧力の 1.5 倍以上 3 倍以下の最高目盛のある圧力計**を設けること．

3 水素冷却式発電機等の施設

水素冷却式の大容量のタービン発電機や同期調相機は，水素が空気と混合した場合に爆発の危険があり，これを防止するための施設方法が電技第 35 条及び解釈第 41 条にて規定されている．

（1）電技第 35 条

水素冷却式の発電機若しくは調相設備又はこれに附属する水素冷却装置は，次の各号により施設しなければならない．

1 構造は，**水素の漏洩又は空気の混入のおそれがないもの**であること．

2 発電機，調相設備，水素を通ずる管，弁等は，**水素が大気圧で爆発する場合に生じる圧力に耐える強度を有するもの**であること．

3 発電機の軸封部から水素が漏洩したときに，**漏洩を停止**させ，又は**漏洩した水素を安全に外部に放出**できるものであること．

4 発電機内又は調相設備内への**水素の導入**及び発電機内又は調相設備内からの**水素の外部への放出が安全にできるもの**であること．

5 **異常を早期に検知し，警報する機能**を有すること．

（2）解釈第 41 条

水素冷却式の発電機若しくは調相機又はこれらに附属する水素冷却装置は，次の各号によること．

- 水素を通じる管，弁等は，水素が漏えいしない構造のものであること．
- 水素を通じる管は，銅管，継目無鋼管又はこれと同等以上の強度を有する溶接した管であるとともに，**水素が大気圧において爆発した場合に生じる圧力に耐える強度**を有するものであること．
- 発電機又は調相機は，**気密構造**のものであり，かつ，水素が大気圧において爆発した場合に生じる圧力に耐える強度を有するものであること．
- 発電機又は調相機に取り付けた**ガラス製ののぞき窓**等は，**容易に破損しない構造**のものであること．
- **発電機の軸封部**には，**窒素ガスを封入することができる装置**又は発電機の軸

封部から漏えいした水素ガスを安全に外部に放出することができる装置を設けること.

- 発電機内又は調相機内に水素を安全に導入することができる装置，及び発電機内又は調相機内の水素を安全に外部に放出することができる装置を設けること.
- 発電機内又は調相機内の**水素の純度が** 85% **以下に低下した場合**に，これを**警報する装置を設けること**.
- 発電機内又は調相機内の**水素の圧力を計測する装置**及びその圧力が著しく変動した場合に，これを**警報する装置を設けること**.
- 発電機内又は調相機内の**水素の温度を計測する装置**を設けること.
- 発電機内から**水素を外部に放出するための放出管**は，水素の着火による**火災**に至らないよう次によること.
  - ➤ さび等の異物及び水分が滞留しないよう考慮して施設すること.
  - ➤ 放出管及びその周辺の金属構造物に**静電気が蓄積しないよう**，これらを接地すること.
  - ➤ **放出管は可燃物のない方向に施設**すること.
  - ➤ **放出管の出口には逆火防止用の金網等を設置**すること.

┄┄┄┄┄┄ コ ラ ム ┄┄┄┄┄┄
水素の危険性について

　一般に水素は，純度 50～70% が爆発可能領域といわれており，ガス圧が 100 kPa の場合の理論上の爆発上限圧力は 700 kPa である．ガス圧が高くなればその絶対圧力に比例して爆発圧力も高くなるが，実際には運転中は純度を 90% 程度以上に保つようにしており，またガス圧が高くなれば空気の混入の機会は少なく，危険度は急速に減少するため，爆発の危険はガスの入替え等大気圧の際において最も多い.

　なお，何らかの理由で水素の純度が低下した場合の安全を確保するため，解釈では爆発可能範囲の上限である純度 70% に余裕をもたせて，少

なくとも 85% に低下した場合には警報を出すこととしている．通常，警報動作の設定値は，85〜90% になっている．

4 発変電設備の保護

発電所，蓄電所並びに変電所，開閉所及びこれらに準ずる場所に施設する発電機や変圧器，調相設備，蓄電池等について，著しい損壊の防止と供給支障の防止の観点から守るべき施設条件が電技第 44 条，第 45 条及び解釈第 42 条〜45 条で規定されている．

（1）発変電設備等の損傷による供給支障の防止〈電技第 44 条〉

1　**発電機，燃料電池又は常用電源として用いる蓄電池**には，当該電気機械器具を**著しく損壊するおそれ**があり，又は**一般送配電事業若しくは配電事業に係る電気の供給に著しい支障を及ぼすおそれ**がある異常が当該電気機械器具に生じた場合に**自動的にこれを電路から遮断する装置を施設**しなければならない．

2　**特別高圧の変圧器又は調相設備**には，当該電気機械器具を**著しく損壊するお**それがあり，又は**一般送配電事業若しくは配電事業に係る電気の供給に著しい支障を及ぼすおそれ**がある異常が当該電気機械器具に生じた場合に**自動的にこれを電路から遮断する装置の施設**その他の適切な措置を講じなければならない．

（2）発電機等の機械的強度〈電技第 45 条〉

1　発電機，変圧器，調相設備並びに母線及びこれを支持するがいしは，**短絡電流により生ずる機械的衝撃に耐えるもの**でなければならない．

2　**水車又は風車に接続する発電機の回転する部分**は，**負荷を遮断した場合に起こる速度**に対し，**蒸気タービン，ガスタービン又は内燃機関に接続する発電機の回転する部分**は，**非常調速装置及びその他の非常停止装置が動作して達する速度**に対し，**耐えるもの**でなければならない．

（3）発電機の保護装置〈解釈第 42 条〉

発電機には，次の各号に掲げる場合に，発電機を自動的に電路から遮断する装置を施設する必要がある．

- **発電機に過電流を生じた場合**
- 容量が $500\,\mathrm{kVA}$ **以上の発電機を駆動する水車の圧油装置の油圧又は電動式ガ**

イドベーン制御装置，電動式ニードル制御装置若しくは**電動式デフレクタ制御装置**の電源電圧が著しく低下した場合

- 容量が **100 kVA 以上**の発電機を駆動する**風車の圧油装置の油圧，圧縮空気装置の空気圧**又は**電動式ブレード制御装置の電源電圧が著しく低下**した場合
- 容量が **2 000 kVA 以上の水車発電機のスラスト軸受の温度が著しく上昇**した場合
- 容量が **10 000 kVA 以上の発電機の内部に故障**を生じた場合
- 定格出力が **10 000 kW を超える蒸気タービン**にあっては，その**スラスト軸受**が著しく摩耗し，又はその**温度が著しく上昇**した場合

（4）特別高圧の変圧器及び調相設備の保護装置〈解釈第43条〉

①変圧器

特別高圧の変圧器には，表2・49に規定する保護装置を施設すること．

表2・49 特別高圧の変圧器の保護装置

変圧器のバンク容量等	動作条件	装置の種類
5 000 kVA 以上 10 000 kVA 未満	変圧器内部故障	自動遮断装置※又は警報装置
10 000 kVA 以上	同上	自動遮断装置※
他冷式変圧器（変圧器の巻線及び鉄心を直接冷却するため封入した冷媒を強制循環させる冷却方式をいう．）	冷却装置の故障又は変圧器の温度が著しく上昇した場合	警報装置

※変圧器の内部に故障を生じた場合に，当該変圧器の電源となっている発電機を自動的に停止するように施設する場合においては，当該発電機の電路から遮断する装置を設けることを要しない．

②調相設備

特別高圧の調相設備には，表2・50に規定する保護装置を施設すること．

表2・50 特別高圧の調相設備の保護装置

調相設備の種類	バンク容量	自動的に電路から遮断する装置
電力用コンデンサ又は分路リアクトル	500 kvar を超え 15 000 kvar 未満	内部に**故障**を生じた場合に動作する装置又は**過電流**を生じた場合に動作する装置
	15 000 kvar 以上	内部に**故障**を生じた場合に動作する装置及び**過電流**を生じた場合に動作する装置又は**過電圧**を生じた場合に動作する装置
調相機	15 000 kVA 以上	内部に**故障**を生じた場合に動作する装置

（5）蓄電池の保護装置〈解釈第44条〉

　発電所，蓄電所又は変電所若しくはこれに準ずる場所に施設する**蓄電池**（常用電源の停電時又は電圧低下発生時の非常用予備電源として用いるものを除く．）には，次の各号に掲げる場合に，**自動的にこれを電路から遮断する装置を施設**すること．

- 蓄電池に**過電圧**が生じた場合
- 蓄電池に**過電流**が生じた場合
- **制御装置に異常**が生じた場合
- 内部温度が高温のものにあっては，**断熱容器の内部温度が著しく上昇**した場合

> **POINT**
> 解釈第44条に規定する「蓄電池」は，「常用電源の停電時又は電圧低下発生時の非常用予備電源として用いるものを除く」とされている．このため，規制の対象は負荷平準化や受電又は発電電力の平準化等を目的として，電力を一時的に貯蔵し，必要に応じて負荷に供給するために施設される蓄電池となる．

（6）燃料電池の施設〈解釈第45条〉

　燃料電池発電所に施設する燃料電池，電線及び開閉器その他器具は，次の各号によること．

- 燃料電池には，**次に掲げる場合に燃料電池を自動的に電路から遮断**し，また，燃料電池内の**燃料ガスの供給を自動的に遮断**するとともに，燃料電池内の燃料ガスを**自動的に排除**する装置を施設すること．
  - ➤燃料電池に**過電流**が生じた場合
  - ➤発電要素の**発電電圧に異常低下**が生じた場合，又は燃料ガス出口における酸素濃度若しくは空気出口における**燃料ガス濃度が著しく上昇**した場合

➤燃料電池の**温度が著しく上昇**した場合

- **充電部分が露出しない**ように施設すること.

- **直流幹線部分**の電路に短絡を生じた場合に,当該電路を保護する**過電流遮断器を施設**すること.ただし,次のいずれかの場合は,この限りでない.

  ➤**電路が短絡電流に耐えるもの**である場合

  ➤**燃料電池と電力変換装置とが1つの筐体に収められた構造**のものである場合

- 燃料電池及び開閉器その他の器具に**電線を接続する場合**は,ねじ止めその他の方法により,**堅ろうに接続**するとともに,**電気的に完全に接続**し,**接続点に張力が加わらない**ように施設すること.

5 発電所等の監視

発電所等の監視・制御について,電技第46条及び解釈第47条～第48条の各条項にて規定されている.

保安面や安定供給面における重要度に応じて,監視・制御の方法が細かく規定されており,条文も長文であるため,以下では主な項目について解説する.

(1) 常時監視をしない発電所等の施設〈電技第46条〉

1 異常が生じた場合に人体に危害を及ぼし,若しくは物件に損傷を与えるおそれがないよう,**異常の状態に応じた制御が必要となる発電所**,又は一般送配電事業若しくは配電事業に係る電気の供給に著しい支障を及ぼすおそれがないよう,**異常を早期に発見する必要のある発電所**であって,発電所の運転に必要な知識及び技能を有する者が当該発電所又はこれと同一の構内において**常時監視をしないものは,施設してはならない**.ただし,発電所の運転に必要な知識及び技能を有する者による当該発電所又はこれと同一の構内における常時監視と同等な監視を確実に行う発電所であって,異常が生じた場合に安全かつ確実に停止することができる措置を講じている場合は,この限りでない.

2 前項に掲げる発電所以外の発電所,蓄電所又は変電所(これに準ずる場所であって,100 000 V を超える特別高圧の電気を変成するためのものを含む.)であって,発電所,蓄電所又は変電所の運転に必要な知識及び技能を有する者が当該発電所若しくはこれと同一の構内,蓄電所又は変電所において常時監視をしない発電所,蓄電所又は変電所は,非常用予備電源を除き,異常が生じた場合に安全かつ確実に停止することができるような措置を講じなければなら

ない．

これを図示すると，図2・18のとおり．

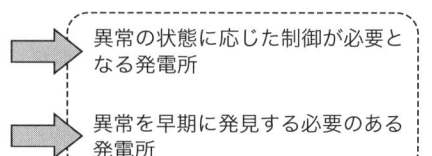

目　的	発電所に求められる要件
・異常が生じた場合に人体に危害を及ぼさない ・物件に損傷を与えない	異常の状態に応じた制御が必要となる発電所
一般送配電事業若しくは配電事業に係る電気の供給に著しい支障を及ぼさない	異常を早期に発見する必要のある発電所

【上記の発電所の監視の要件】＜第1項＞

①発電所の運転に必要な知識及び技能を有する者が当該発電所又はこれと同一の構内において常時監視する．
又は
②①の常時監視と同等な監視を確実に行い，異常が生じた場合に安全かつ確実に停止することができる措置を講じる．

【上記以外の発電所，蓄電所，変電所の監視の要件】＜第2項＞

①運転に必要な知識及び技能を有する者が当該発電所若しくはこれと同一の構内，蓄電所又は変電所において常時監視をする．
又は
②①の常時監視を行わない場合は，非常用予備電源を除き，異常が生じた場合に安全かつ確実に停止することができる措置を講じる．

図 2・18　電技第46条の解説

　この発電所等の監視に関して，第1項に規定する発電所において「常時監視と同等な監視な確実に行い，異常が生じた場合に安全かつ確実に停止することができる措置を講じる」ために必要な要件は解釈第47条に「遠隔常時監視制御方式」として，また第2項に規定する常時監視をしない発電所，蓄電所，変電所において必要な要件はそれぞれ解釈第47条の2，第47条の3及び第48条に規定されている．

（2）常時監視と同等な監視を確実に行える発電所の施設〈解釈第47条〉

　技術員が発電所又はこれと同一の構内における常時監視と同等な常時監視を確実に行える発電所は，次によること．

①汽力を原動力とする発電所（地熱発電所を除く．）

　・③に規定する**遠隔常時監視制御方式**により施設すること．

- 蒸気タービン及び発電機には，自動出力調整装置又は出力制限装置を施設すること．
- 次に掲げる場合に，発電機を電路から自動的に遮断するとともに，ボイラーへの燃料の流入及び蒸気タービンへの蒸気の流入を自動的に停止する装置を施設すること．
  - ➤ 蒸気タービン制御用の圧油装置の油圧，圧縮空気制御装置の空気圧又は電動式制御装置の電源電圧が著しく低下した場合
  - ➤ 蒸気タービンの回転速度が著しく上昇した場合
  - ➤ 発電機に過電流が生じた場合
  - ➤ 蒸気タービンの軸受の潤滑油の温度が著しく上昇した場合
  - ➤ 容量が 2 000 kVA 以上の発電機の内部に故障を生じた場合
  - ➤ 発電所の制御回路の電圧が著しく低下した場合
  - ➤ ボイラーのドラム水位が著しく低下若しくは上昇した場合　　　など
- 次に掲げる場合に，制御所にいる技術員へ警報する装置を施設すること．
  - ➤ 蒸気タービンが異常により自動停止した場合
  - ➤ 運転操作に必要な遮断器（当該遮断器の遮断により蒸気タービンが自動停止するものを除く．）が異常により自動的に遮断した場合（遮断器が自動的に再閉路した場合を除く．）
  - ➤ 燃料設備の燃料油面が異常に低下した場合
- 制御所には，蒸気タービン及び発電機の出力の調整を行う装置を施設すること．
- 発電所及び，監視又は制御を行う制御所並びにこれらの間に施設する電力保安通信設備に異常が発生した場合，異常の拡大を防ぐとともに，安全かつ確実に発電所を制御又は停止することができるような措置を講じること．

②出力 10 000 kW 以上のガスタービン発電所

- ③に規定する遠隔常時監視制御方式により施設すること．
- ガスタービン及び発電機には，自動出力調整装置又は出力制限装置を施設すること．
- 次に掲げる場合に，発電機を電路から自動的に遮断するとともに，ガスタービンへの燃料の流入を自動的に停止する装置を施設すること．
  - ➤ ガスタービン制御用の圧油装置の油圧，圧縮空気制御装置の空気圧又は電

動式制御装置の電源電圧が**著しく低下**した場合

- ➤ガスタービンの**回転速度が著しく上昇**した場合

- ➤**発電機に過電流**が生じた場合

- ➤**ガスタービンの軸受**の潤滑油の**温度が著しく上昇**した場合

- ➤ガスタービンに接続する**発電機の軸受の温度が著しく上昇**した場合

- ➤**発電機の内部に故障**を生じた場合

- ➤ガスタービン入口（入口の温度の測定が困難な場合は出口）における**ガスの温度が著しく上昇**した場合

- ➤発電所の**制御回路の電圧が著しく低下**した場合　　など

- 次に掲げる場合に，**制御所にいる技術員へ警報する装置を施設**すること．

  - ➤ガスタービンが**異常により自動停止**した場合

  - ➤運転操作に必要な**遮断器**（当該遮断器の遮断によりガスタービンが自動停止するものを除く．）が**異常により自動的に遮断**した場合（遮断器が自動的に再閉路した場合を除く．）

  - ➤ガスタービンの**燃料油面が異常に低下**した場合

  - ➤ガスタービンの**空気圧縮機の吐出圧力が著しく上昇**した場合

- 制御所には，ガスタービン及び発電機の**出力の調整を行う装置**を施設すること．

- 発電所及び，監視又は制御を行う制御所並びにこれらの間に施設する電力保安通信設備に異常が発生した場合，異常の拡大を防ぐとともに，安全かつ確実に発電所を制御又は停止することができるような措置を講じること．

③遠隔常時監視制御方式

上記①②の発電所に求められる「遠隔常時監視制御方式」とは，次の条件を満たすものとなる．

- **技術員が制御所に常時駐在し，発電所の運転状態の監視又は制御を遠隔**で行うものであること．

- 次の場合に，制御所にいる**技術員へ警報**する装置を施設すること．

  - ➤発電所内（屋外であって，変電所若しくは開閉所又はこれらに準ずる機能を有する設備を施設する場所を除く．）で**火災が発生**した場合

  - ➤**他冷式の特別高圧用変圧器の冷却装置が故障**した場合又は**温度が著しく上昇**した場合

> **➤ガス絶縁機器**（圧力の低下により絶縁破壊等を生じるおそれのないものを除く．）の絶縁ガスの**圧力が著しく低下**した場合
>
> **➤**①及び②においてそれぞれ規定する，発電所の種類に応じ警報を要する場合

- **制御所**には，次に掲げる装置を施設すること．

> **➤**発電所の**運転及び停止を監視又は操作する装置**
>
> **➤使用電圧が 100 000 V を超える変圧器を施設する発電所**にあっては，次に掲げる装置
>
>   ✓ 運転操作に常時必要な**遮断器の開閉を監視**する装置
>
>   ✓ 運転操作に常時必要な**遮断器**（自動再閉路装置を有する高圧又は 15 000 V 以下の特別高圧の配電線路用遮断器を除く．）の**開閉を操作**する装置
>
> **➤**①及び②においてそれぞれ規定する，発電所の種類に応じて必要な装置

（3）常時監視をしない発電所の施設〈解釈第 47 条の 2〉

（2）の解釈第 47 条では，汽力発電所及び出力 10 000 kW 以上のガスタービン発電所において，技術員が発電所や発電所の同一構内にて常時監視する代わりに，遠隔常時監視制御方式による監視に係る要件が規定されている．

以下で解説する解釈第 47 条の 2 では，遠隔常時監視制御方式のほか，常時監視をしない「随時巡回方式」「随時監視制御方式」による監視が認められている．

対象となるのは，水力発電所，風力発電所，太陽光発電所，燃料電池発電所，地熱発電所，内燃力発電所，出力 10 000 kW 未満のガスタービン発電所，内燃力とその排熱を回収するボイラーによる汽力を原動力とする発電所（内燃力コンバインドサイクル発電所），工事現場等に施設する移動用発電設備となる．

①随時巡回方式

「随時巡回方式」とは，次の条件を満たすものとなる．

- 技術員が**適当な間隔をおいて発電所を巡回**し，**運転状態の監視**を行うものであること．

- 発電所は**電気の供給に支障を及ぼさない**よう，次に適合するものであること．

> **➤**当該発電所に**異常が生じた場合**に，一般送配電事業者又は配電事業者が電気を供給する**需要場所**（当該発電所と同一の構内又はこれに準ずる区域にあるものを除く．）**が停電しない**こと．

➤ 当該発電所の**運転又は停止**により，一般送配電事業者又は配電事業者が運用する**電力系統の電圧及び周波数の維持に支障を及ぼさない**こと．

• 発電所に施設する**変圧器の使用電圧**は，170 000 V **以下**であること．

②随時監視制御方式

「随時監視制御方式」とは，次の条件を満たすものを指している．

• 技術員が**必要に応じて発電所に出向**き，運転状態の監視又は制御その他必要な措置を行うものであること．

• 次の場合に，**技術員へ警報**する装置を施設すること．

  ➤ 発電所内（屋外であって，変電所若しくは開閉所又はこれらに準ずる機能を有する設備を施設する場所を除く．）で**火災が発生**した場合

  ➤ **他冷式の特別高圧用変圧器の冷却装置が故障**した場合又は**温度が著しく上昇**した場合

  ➤ **ガス絶縁機器**（圧力の低下により絶縁破壊等を生じるおそれのないものを除く．）の絶縁ガスの**圧力が著しく低下**した場合

  ➤ 発電所の種類に応じた警報を要する場合

• 発電所の出力が 2 000 kW **未満**の場合においては，技術員への警報を，技術員に連絡するための**補助員への警報**とすることができる．

• 発電所に施設する**変圧器の使用電圧**は，170 000 V **以下**であること．

┈┈┈┈┈┈ コ ラ ム ┈┈┈┈┈┈
随時巡回方式と随時監視制御方式

　「随時巡回方式」は，常時監視をしない発電所の中で最も簡素な監視方式であり，技術員が適当な間隔をおいて発電所を巡回し，運転状態の把握を行うものである．本方式では，事故等により発電所が停止しても技術員へ警報されず，次回の巡回まで停止状態となる．このため，「電気の供給に支障を及ぼさない」発電所に限り，同方式を適用できるものとしている．

　「随時監視制御方式」は，技術員へ発電所の異常等を警報する装置を施設し，技術員が警報受信時その他必要に応じて発電所に出向き，発電所の

監視及び機器の操作等を行う方式である．情報通信技術を活用し，技術員が技術員駐在所に常時駐在しなくても携帯電話等で警報を常時受信することが可能であることから，平成23年の改正で解釈に追加されている．

③発電所の種類に応じた監視方式

①②の監視方式について，発電所の種類に応じた適応方法や主な条件を表2・51に示す．

表2・51 発電所の種類に応じた監視方式

発電所種類	随時巡回方式	随時監視制御方式
水力	○（出力2 000 kW未満）	○
	• 水車及び発電機には，自動出力調整装置又は出力制限装置を施設すること． • 異常時に発電機を電路から自動的に遮断するとともに，水車への水の流入を自動的に停止する装置を施設すること．	
風力	○	○
	• 風車及び発電機には，自動出力調整装置又は出力制限装置を施設すること． • 異常時に発電機を電路から自動的に遮断するとともに，風車の回転を自動的に停止する装置を施設すること．	
太陽光	○	○
	他冷式の特別高圧用変圧器の冷却装置が故障したとき又は温度が著しく上昇したときに逆変換装置を自動停止する装置を施設すること．	
燃料電池	○	○
	• 自動出力調整装置又は出力制限装置を施設すること． • 異常時に燃料電池を電路から自動的に遮断，自動的に燃料の供給を遮断及び内部の燃料ガスを排除すること． • 形式は「りん酸形」「固体高分子形」「溶融炭酸塩形であって内部改質形のもの」「固体酸化物形であって取扱者以外の者が高温部に容易に触れるおそれがないもの」	
地熱	×	○
		• 蒸気タービン及び発電機には，自動出力調整装置又は出力制限装置を施設すること．

		• 異常時に発電機を電路から自動的に遮断するとともに，蒸気タービンへの蒸気の流入を自動的に停止する装置を施設すること．
内燃力（移動用発電設備を除く．）	○（出力 1 000 kW 未満）	○
	• 内燃機関及び発電機には，自動出力調整装置又は出力制限装置を施設すること． • 異常時に発電機を電路から自動的に遮断するとともに，内燃機関への燃料の流入を自動的に停止する装置を施設すること．	
出力 10 000 kW 未満のガスタービン	○	○
	• ガスタービン及び発電機には，自動出力調整装置又は出力制限装置を施設すること． • 異常時に発電機を電路から自動的に遮断するとともに，ガスタービンへの燃料の流入を自動的に停止する装置を施設すること．	
内燃力コンバインドサイクル	×	○（出力 2 000 kW 未満）
		• 内燃機関，蒸気タービン及び発電機には，自動出力調整装置又は出力制限装置を施設すること． • 異常時に発電機を電路から自動的に遮断するとともに，内燃機関への燃料の流入及び蒸気タービンへの蒸気の流入を自動的に停止する装置を施設すること．
移動用発電設備	○（出力 880 kW 以下）	—
	• 発電機及び原動機並びに附属装置を 1 つの筐体に収めたものであること． • 原動機はディーゼル機関であること． • 発電電圧は低圧であること． • 原動機及び発電機には，自動出力調整装置又は出力制限装置を施設すること． • 一般送配電事業者又は配電事業者が運用する電力系統と電気的に接続しないこと． • 取扱者以外の者が容易に触れられないように施設すること． • 原動機の燃料を発電設備の外部から連続供給しないように施設すること． • 異常時に原動機を自動的に停止する装置を施設すること． • 異常時に発電機を電路から自動的に遮断する装置を施設すること．	

（4）常時監視をしない蓄電所の施設〈解釈第 47 条の 3〉

蓄電所については，随時巡回方式，随時監視制御方式，遠隔常時監視制御方式のいずれも認められている．表 2・52 にそれぞれの要件を示す．

表 2・52 蓄電所の監視の要件

方式	要件
随時巡回方式	・技術員が適当な間隔をおいて蓄電所を巡回し，運転状態の監視を行うものであること. ・蓄電所は，**電気の供給に支障を及ぼさない**よう，次に適合するものであること. 　➤当該蓄電所に異常が生じた場合に，一般送配電事業者又は配電事業者が電気を供給する需要場所（当該蓄電所と同一の構内又はこれに準ずる区域にあるものを除く.）**が停電しない**こと. 　➤当該蓄電所の運転又は停止により，一般送配電事業者又は配電事業者が運用する**電力系統の電圧及び周波数の維持に支障を及ぼさない**こと. ・蓄電所に施設する**変圧器の使用電圧**は，**170 000 V 以下**であること. ・他冷式の特別高圧用変圧器の冷却装置が故障した場合又は温度が著しく上昇した場合に，**逆変換装置の運転を自動停止する装置の施設等**により，当該変圧器に流れる電流を遮断するものであること.
随時監視制御方式	・技術員が必要に応じて蓄電所に出向き，運転状態の監視又は制御その他必要な措置を行うものであること. ・次の場合に**技術員へ警報**する装置を施設すること. 　➤蓄電所内（屋外であって，変電所若しくは開閉所又はこれらに準ずる機能を有する設備を施設する場所を除く.）で**火災が発生**した場合 　➤**他冷式の特別高圧用変圧器の冷却装置が故障**した場合又は**温度が著しく上昇**した場合 　➤**ガス絶縁機器**（圧力の低下により絶縁破壊等を生じるおそれのないものを除く.）の絶縁ガスの**圧力が著しく低下**した場合 　➤逆変換装置の運転が**異常により自動停止**した場合 　➤運転操作に必要な**遮断器**（当該遮断器の遮断により逆変換装置の運転が自動停止するものを除く.）が**異常により自動的に遮断**した場合（遮断器が自動的に再閉路した場合を除く.） ・蓄電所の出力が 2 000 kW 未満の場合においては，技術員への警報を，技術員に連絡するための補助員への警報とすることができる. ・蓄電所に施設する**変圧器の使用電圧**は，**170 000 V 以下**であること.
遠隔常時監視制御方式	・技術員が制御所に常時駐在し，蓄電所の運転状態の監視及び制御を遠隔で行うものであること. ・次の場合に**制御所へ警報**する装置を施設すること. 　➤蓄電所内（屋外であって，変電所若しくは開閉所又はこれらに準ずる機能を有する設備を施設する場所を除く.）で**火災が発生**した場合 　➤**他冷式の特別高圧用変圧器の冷却装置が故障**した場合又は**温度が著しく上昇**した場合

➤ガス絶縁機器（圧力の低下により絶縁破壊等を生じるおそれのないものを除く．）の絶縁ガスの圧力が著しく低下した場合
➤逆変換装置の運転が異常により自動停止した場合
➤運転操作に必要な遮断器（当該遮断器の遮断により逆変換装置の運転が自動停止するものを除く．）が異常により自動的に遮断した場合（遮断器が自動的に再閉路した場合を除く．）
• 制御所には，次に掲げる装置を施設すること．
➤蓄電所の運転及び停止を，監視及び操作する装置
➤使用電圧が 100 000 V を超える変圧器を施設する蓄電所にあっては，次に掲げる装置
 ✓運転操作に常時必要な遮断器の開閉を監視する装置
 ✓運転操作に常時必要な遮断器（自動再閉路装置を有する高圧又は 15 000 V 以下の特別高圧の配電線路用遮断器を除く．）の開閉を操作する装置

（5）常時監視をしない変電所の施設〈解釈第 48 条〉

　情報伝送技術及び自動制御技術の進歩並びに電力用機器及び保護装置の信頼性の向上等の技術的要因を背景として，変電所の無人化が進んでおり，解釈第 48 条は技術員が変電所又はこれと同一の構内において常時監視をしないことができる変電所の種類と，その場合の施設条件について示している．

①監視制御の方式

　変電所の監視制御の方式としては，表 2・53 の 4 種類が規定されている．

表 2・53 変電所の監視制御の方式

監視の方式	説明
簡易監視制御方式	• 技術員が必要に応じて変電所へ出向いて，変電所の監視及び機器の操作を行うものであること． • 異常時には，技術員（技術員に連絡するための補助員がいる場合は，当該補助員）に警報を発する装置を施設すること．
断続監視制御方式	• 技術員が当該変電所又はこれから 300 m 以内にある技術員駐在所に常時駐在し，断続的に変電所へ出向いて変電所の監視及び機器の操作を行うものであること． • 異常時には，技術員駐在所に警報を発する装置を施設すること．
遠隔断続監視制御方式	• 技術員が変電制御所（当該変電所を遠隔監視制御する場所をいう．）又はこれから 300 m 以内にある技術員駐在所に常時駐在し，断続的に変電制御所へ出向いて変電所の監視及び機器の操作を行うものであること． • 異常時には，変電制御所及び技術員駐在所に警報を発する装置を施設すること．

遠隔常時監視制御方式	・技術員が変電制御所に常時駐在し，変電所の監視及び機器の操作を行うものであること. ・異常時には，変電制御所に警報を発する装置を施設すること.

②変圧器の使用電圧による監視方式の区分

変電所に施設する変圧器の使用電圧に応じて，監視制御方式はいずれかにより施設すること.

表2・54 使用電圧による変電所の監視方式の区分

変電所に施設する変圧器の使用電圧の区分	監視制御方式			
	簡易監視制御方式	断続監視制御方式	遠隔断続監視制御方式	遠隔常時監視制御方式
100 000 V 以下	○	○	○	○
100 000 V を超え170 000 V 以下		○	○	○
170 000 V 超過				○

③警報を発する条件

次に掲げる場合には，監視制御方式に応じた場所等へ警報する必要がある.

- 運転操作に必要な**遮断器が自動的に遮断**した場合（遮断器が自動的に再閉路した場合を除く.）
- **主要変圧器の電源側電路が無電圧**になった場合
- **制御回路の電圧が著しく低下**した場合
- 全屋外式変電所以外の変電所にあっては，**火災が発生**した場合
- 容量 3 000 kVA を超える特別高圧用変圧器にあっては，その**温度が著しく上昇**した場合
- 他冷式の特別高圧用変圧器にあっては，その**冷却装置が故障**した場合
- **調相機**（水素冷却式のものを除く.）にあっては，その**内部に故障**を生じた場合
- **水素冷却式の調相機**にあっては，次に掲げる場合
  - ➤ 調相機内の**水素の純度が 90% 以下に低下**した場合
  - ➤ 調相機内の**水素の圧力が著しく変動**した場合

➤ 調相機内の**水素の温度が著しく上昇**した場合

- **ガス絶縁機器**（圧力の低下により絶縁破壊等を生じるおそれがないものを除く．）の絶縁ガスの**圧力が著しく低下**した場合

④ **施設が必要な装置等**

次の装置等を施設すること．

- 水素冷却式の**調相機内の水素の純度**が 85% **以下に低下した場合**に，当該調相機を**電路から自動的に遮断する装置**を施設すること．

- 使用電圧が 100 000 V **を超える変圧器**を施設する変電所であって，**変電制御所を設けるもの**は，当該変電制御所に次に掲げる装置を施設すること．

  ➤ 運転操作に常時必要な**遮断器**（自動再閉路装置を有する高圧又は 15 000 V 以下の特別高圧の配電線路用遮断器を除く．）**の開閉を操作**する装置

  ➤ 運転操作に常時必要な**遮断器の開閉を監視**する装置

- 使用電圧が 170 000 V **を超える変圧器**を施設する変電所であって，特定昇圧変電所（使用電圧が 170 000 V を超える特別高圧電路と使用電圧が 100 000 V 以下の特別高圧電路とを結合する変圧器を施設する変電所であって，昇圧又は降圧の用のみに供するものをいう．）以外の変電所は，**2 以上の信号伝送経路により遠隔監視制御するように施設**すること．

例題 17 ··· **H12 問6(改)**

次の文章は，「電気設備技術基準の解釈」に基づく，発電所等への取扱者以外の者の立入の防止に関する記述である．文中の ☐ に当てはまる語句又は数値を解答群の中から選びなさい．

a) 高圧又は特別高圧の機械器具及び母線等を屋外に施設する発電所，蓄電所又は変電所，開閉所若しくはこれらに準ずる場所には，次の各号により構内に取扱者以外の者が立ち入らないように施設すること．ただし，土地の状況により人が立ち入るおそれがない箇所については，この限りではない．

　① さく，☐(1)☐ 等を設けること．
　② 出入口の立ち入りを禁止する旨を ☐(2)☐ すること．
　③ 出入口に ☐(3)☐ その他適当な装置を施設すること．

b) 上記 a ① のさく等の高さとさく等から特別高圧の充電部分までの距離との和は，使用電圧が 35 kV 以下の場合は ☐(4)☐ 〔m〕以上，35 kV を超え 160 kV 以下の場合は ☐(5)☐ 〔m〕以上とすること．

【解答群】

（イ）施錠装置	（ロ）壁	（ハ）告示	（ニ）へい	（ホ）表示	（ヘ）5
（ト）4.5	（チ）4	（リ）かんぬき	（ヌ）5.5	（ル）立札	（ヲ）鍵
（ワ）6.5	（カ）垣	（ヨ）6			

> **解　説**　解釈第 38 条からの出題．2-8 節 1 項を参照のこと．

【解答】（1）ニ　（2）ホ　（3）イ　（4）ヘ　（5）ヨ

例題 18 ·· R3　問 2

　次の文章は，「電気設備技術基準の解釈」に基づく，開閉器及び遮断器に使用する圧縮空気装置に使用する圧力容器に関する記述である．文中の　　　　　に当てはまる最も適切なものを解答群の中から選びなさい．ただし，水圧を連続して 10 分間加えて試験を行うことができるものとする．

a)　空気圧縮機は，最高使用圧力の　(1)　の水圧を連続して 10 分間加えて試験を行ったとき，これに耐え，かつ，漏えいがないものであること．

b)　空気タンクは，使用圧力において空気の補給がない状態で開閉器又は遮断器の　(2)　1 回以上できる容量を有するものであること．

　空気タンクに　(3)　を有しない材料を使用する場合は，外面にさび止めのための塗装を施すこと．

c)　空気圧縮機，空気タンク及び圧縮空気を通じる管は，溶接により　(4)　が生じないように，また，ねじの締付けにより無理な荷重がかからないようにすること．

d)　主空気タンクの圧力が低下した場合に，自動的に　(5)　する装置を設けること．

【解答群】

（イ）耐火性	（ロ）警報	（ハ）2.0 倍	（ニ）歪み	（ホ）ひび割れ
（ヘ）耐食性	（ト）圧力を回復	（チ）投入を	（リ）操作機構を鎖錠	
（ヌ）1.25 倍	（ル）1.5 倍	（ヲ）遮断を	（ワ）投入及び遮断を連続して	
（カ）残留応力	（ヨ）防爆性			

> **解　説**　解釈第 40 条からの出題．2-8 節 2 項を参照のこと．

【解答】（1）ル　（2）ワ　（3）ヘ　（4）カ　（5）ト

例題 19 ··H10 問7

次の文章は，水素冷却式発電機を施設する場合に関する記述である．

文中の □ に当てはまる語句又は数値を解答群の中から選びなさい．以下は，「電気設備の技術基準の解釈について」の記述である．

a) 発電機は，　(1)　構造のものであり，かつ，水素が大気圧において爆発する場合に生じる圧力に耐える強度を有するものであること．

b) 発電機の軸封部には，　(2)　ガスを封入することができる装置又は発電機の軸封部から漏えいした水素ガスを安全に外部に放出することができる装置を設けること．

c) 発電機内の水素の純度が　(3)　〔%〕以下に低下した場合にこれを警報する装置を設けること．

d) 発電機内の水素の　(4)　を計測する装置及びその　(4)　が著しく変動した場合にこれを警報する装置を設けること．

e) 発電機内の水素の　(5)　を計測する装置を設けること．

【解答群】

（イ）80	（ロ）温度	（ハ）酸素	（ニ）圧力	（ホ）冷却水	（ヘ）耐圧
（ト）85	（チ）防爆	（リ）気密	（ヌ）純度	（ル）炭酸	（ヲ）75
（ワ）湿度	（カ）窒素	（ヨ）液面			

解 説　解釈第41条からの出題．2-8節3項を参照のこと．

【解答】(1) リ　(2) カ　(3) ト　(4) ニ　(5) ロ

例題 20 ································· H16 問 1 (改)

次の文章は，「電気設備技術基準」及び「電気設備技術基準の解釈」に基づく，特別高圧の変圧器又は調相設備の保護装置に関する記述である．文中の ☐ に当てはまる語句又は数値を解答群の中から選びなさい．

a) 「電気設備技術基準」では，「特別高圧の変圧器又は調相設備には，当該電気機械器具を著しく損壊するおそれがあり，又は一般送配電事業若しくは配電事業に係る ☐ (1) ☐ に著しい支障を及ぼすおそれがある異常が当該電気機械器具に生じた場合に自動的にこれを ☐ (2) ☐ の施設その他の適切な措置を講じなければならない．」と規定されている．

b) このうち変圧器に関して「電気設備技術基準の解釈」では，次のように解釈されている．

特別高圧用の変圧器には，その内部に故障を生じた場合の保護装置として，次の表の左に掲げるバンク容量等の区分及び動作条件に応じ，同表右欄に掲げる装置を施設すること．ただし，変圧器の故障を生じた場合に，当該変圧器の ☐ (3) ☐ を自動的に停止するように施設した場合においては，当該発電機の ☐ (2) ☐ を設けることを要しない．

バンク容量等	動作条件	装置の種類
☐ (4) ☐ kVA 以上 10 000 kVA 未満	変圧器内部故障	自動遮断装置又は警報装置
10 000 kVA 以上	同上	自動遮断装置
他冷式変圧器（変圧器の巻線及び鉄心を直接冷却するため封入した冷媒を ☐ (5) ☐ させる冷却方式をいう．）	冷却装置が故障した場合又は，変圧器の温度が著しく上昇した場合	警報装置

【解答群】
（イ）500　　（ロ）電気の供給　（ハ）主要電気工作物　（ニ）置換
（ホ）自動タップ切換器　　　（ヘ）5 000　　（ト）検出する装置
（チ）調整する装置　　　　（リ）3 000　　（ヌ）自然循環　　（ル）強制循環
（ヲ）電路から遮断する装置　（ワ）冷却ファン　　　（カ）電圧調整機能
（ヨ）電源となっている発電機

解 説　(1)(2) は電技第 44 条，(3) ～ (5) は解釈第 43 条からの出題．それぞれ 2-8 節 4 項 (1) 及び 2-8 節 4 項 (4) を参照のこと．

【解答】(1) ロ　(2) ヲ　(3) ヨ　(4) ヘ　(5) ル

例題 21 ·· H25　問 4

　次の文章は，「電気設備技術基準の解釈」に基づく，常時監視をしない発電所の施設に関する記述である．文中の 　　　 に当てはまる最も適切なものを解答群の中から選びなさい．なお，地熱発電所は汽力発電所とは別のものであるとする．

a)　技術員が当該発電所又はこれと同一の構内において常時監視をしない 　(1)　 は，施設してはならない．

b)　技術員が適当な間隔をおいて発電所を巡回し，運転状態の監視を行う方式を随時巡回方式という．随時巡回方式は 　(1)　 に対してだけではなく，　(2)　 に対しても適用することができない．随時巡回方式の発電所は，一般送配電事業者又は配電事業者の 　(3)　 に支障を及ぼさないように施設しなければならない．

c)　技術員が必要に応じて発電所に出向き，運転状態の監視又は制御その他必要な措置を行う方式を随時監視制御方式という．随時巡回方式又は随時監視制御方式の発電所に設置する変圧器の使用電圧は，　(4)　〔V〕以下でなければならない．

d)　技術員が制御所に常時駐在し，発電所の運転状態の監視及び制御を遠隔で行う方式を遠隔常時監視制御方式という．遠隔常時監視制御方式を採用する水力発電所では，発電所の 　(5)　 の電圧が著しく低下した場合に制御所へ警報しなければならない．

【解答群】

（イ）100 000　　　　（ロ）変圧器　　（ハ）電気の供給　　（ニ）発電設備

（ホ）内燃力発電所　　（ヘ）170 000　　（ト）風力発電所

（チ）ガスタービン発電所　　　　　　　（リ）地熱発電所　　（ヌ）50 000

（ル）水力発電所　　（ヲ）制御回路　　（ワ）従業員の安全　　（カ）発電機

（ヨ）汽力発電所

解　説　(1) は解釈第 47 条，(2) ～ (5) は解釈第 47 条の 2 からの出題．それぞれ2-8 節 5 項 (2)，2-8 節 5 項 (3) を参照のこと．

(5) は，水力発電所に対して遠隔常時監視制御方式を適用する場合に警報を要する場合として，解釈第 47 条の 2 第 3 項第 3 号ロに規定されている．このほか，「水車が異常により自動停止した場合」及び「運転操作に必要な遮断器が異常により自動的に遮断した場合」も警報を要する場合とされている．

【解答】 (1) ヨ　(2) リ　(3) ハ　(4) ヘ　(5) ヲ

例題 22 ··· H21 問 5

　次の文章は，「電気設備技術基準の解釈」に基づく，変電所の施設に関する記述の一部である．文中の　□□□□　に当てはまる最も適切な語句又は数値を解答群の中から選びなさい.

　変電所の運転に必要な知識及び技能を有する者（以下，技術員という.）が当該変電所（変電所に施設する電路を分割して監視する場合にあっては，分割した電路.）において常時監視をしない変電所は，変圧器の使用電圧と技術員駐在所の関係を，次の①から④に適合するように施設しなければならない.

　①使用電圧が，　(1)　〔V〕以下の変圧器を施設する変電所であって，当該変電所又はその　(2)　にある技術員駐在所のいずれかに技術員が　(3)　しているもの.

　②使用電圧が，　(1)　〔V〕を超え 170 000 V 以下の変圧器を施設する変電所であって，当該変電所又はこれから　(4)　〔m〕以内にある技術員駐在所のいずれかに技術員が　(3)　しているもの.

　③使用電圧が，　(1)　〔V〕を超え 170 000 V 以下の変圧器を施設する変電所であって，当該変電所を　(5)　制御する制御所（以下，変電制御所という.）又はこれから，　(4)　〔m〕以内にある技術員駐在所のいずれかに技術員が　(3)　しているもの.

　④使用電圧が，170 000 V を超える変圧器を施設する変電所であって，変電制御所に技術員が　(3)　しているもの.

【解答群】

（イ）1 000	（ロ）常時駐在	（ハ）100 000	（ニ）断続監視	（ホ）300
（ヘ）簡易監視	（ト）定期駐在	（チ）屋上	（リ）遠隔監視	（ヌ）地下
（ル）構外	（ヲ）60 000	（ワ）巡回	（カ）500	（ヨ）35 000

解 説　解釈第 48 条からの出題. 2-8 節 5 項（5）を参照のこと.

【解答】（1）ハ　（2）ル　（3）ロ　（4）ホ　（5）リ

2-9 架空電線路の一般事項

　2-2 節「電線」では，主に電線の種類や電線が満たすべき熱的性能・電気的性能について解説した．本節から 2-12 節にかけては，電線路の施設場所や用途に応じて満たすべき機械的性能とその実現方法を学んでいこう．このうち，本節では使用電圧に関わらず架空電線路に共通する一般事項について解説する．試験での出題頻度も高く本節以降の基礎的な内容となるため，用語の定義を意識しながら押さえておきたい．

1 電線路に係る用語の定義〈解釈第 49 条〉

本節から 2-12 節までの電線路に関連する用語の定義は表 2・55 のとおり．

表 2・55　電線路に係る用語の定義

用語	定義
想定最大張力	高温季及び低温季の別に，それぞれの季節において想定される最大張力．ただし，異常着雪時想定荷重の計算に用いる場合にあっては，気温 0 ℃の状態で架渉線に着雪荷重と着雪時風圧荷重との合成荷重が加わった場合の張力．
A 種鉄筋コンクリート柱	基礎の強度計算を行わず，根入れ深さを解釈第 59 条第 2 項に規定する値以上とすること等により施設する鉄筋コンクリート柱
B 種鉄筋コンクリート柱	A 種鉄筋コンクリート柱以外の鉄筋コンクリート柱
複合鉄筋コンクリート柱	鋼管と組み合わせた鉄筋コンクリート柱
A 種鉄柱	基礎の強度計算を行わず，根入れ深さを解釈第 59 条第 3 項に規定する値以上とすること等により施設する鉄柱
B 種鉄柱	A 種鉄柱以外の鉄柱
鋼板組立柱	鋼板を管状にして組み立てたものを柱体とする鉄柱
鋼管柱	鋼管を柱体とする鉄柱
第 1 次接近状態	架空電線が他の工作物と接近する場合において，当該架空電線が他の工作物の上方又は側方において，水平距離で 3 m 以上，かつ，架空電線路の支持物の地表上の高さに相当する距離以内に施設されることにより，架空電線路の電線の切断，支持物の倒壊等の際に，当該電線が他の工作物に接触するおそれがある状態
第 2 次接近状態	架空電線が他の工作物と接近する場合において，当該架空電線が他の工作物の上方又は側方において水平距離で 3 m 未満に施設される状態
接近状態	第 1 次接近状態及び第 2 次接近状態（図 2・19）

用語	定義
上部造営材	屋根，ひさし，物干し台その他の人が上部に乗るおそれがある造営材（手すり，さくその他の人が上部に乗るおそれのない部分を除く.）
索道	索道の搬器を含み，索道用支柱を除くものとする.

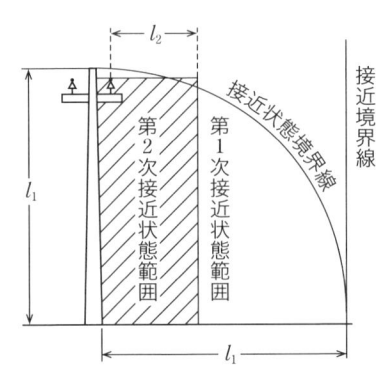

l_1：支持物の地表上の高さ
l_2：3 m 未満
接近状態：
第 1 次接近状態＋第 2 次接近状態

図 2・19 接近状態の解説図

2 架空電線路の支持物の昇塔防止

身近に施設されている鉄塔や電柱などの架空電線路の支持物に，一般公衆が昇塔し，充電部に接触して感電・墜落する事故を防止するための措置として，電技第 24 条及び解釈第 53 条が規定されている.

（1）電技第 24 条

架空電線路の支持物には，感電のおそれがないよう，**取扱者以外の者が容易に昇塔できないように適切な措置**を講じなければならない.

（2）解釈第 53 条

架空電線路の支持物に取扱者が昇降に使用する**足場金具等**を施設する場合は，**地表上 1.8 m 以上**に施設すること.ただし，次の各号のいずれかに該当する場合はこの限りでない.

- 足場金具等が**内部に格納**できる構造である場合
- 支持物に**昇塔防止のための装置**を施設する場合
- 支持物の周囲に取扱者以外の者が立ち入らないように，**さく，へい等を施設**する場合

- 支持物を**山地等であって人が容易に立ち入るおそれがない場所**に施設する場合

3 支持物の倒壊防止と強度

架空電線路の支持物の倒壊防止のために満足すべき技術的要件をみていこう.

（1）支持物の倒壊の防止〈電技第32条〉

電技第32条では，第1項にて支持物が考慮すべき荷重や外部環境の影響について，また，第2項では，連鎖倒壊を回避すべき旨が規定されている.

1 架空電線路又は架空電車線路の支持物の材料及び構造（支線を施設する場合は，当該支線に係るものを含む.）は，その支持物が支持する**電線等による引張荷重，10分間平均で風速40 m/sの風圧荷重**及び当該設置場所において通常想定される**地理的条件，気象の変化，振動，衝撃その他の外部環境の影響**を考慮し，倒壊のおそれがないよう，安全なものでなければならない. ただし，**人家が多く連なっている場所**に施設する架空電線路にあっては，その施設場所を考慮して施設する場合は，**10分間平均で風速40 m/sの風圧荷重の1/2の風圧荷重**を考慮して施設することができる.

2 架空電線路の支持物は，構造上安全なものとすること等により**連鎖的に倒壊のおそれがないように施設**しなければならない.

（2）架空電線路の強度検討に用いる荷重〈解釈第58条〉

電技第32条第1項を受けて，架空電線路の強度検討に考慮すべき荷重が解釈第58条で定められている．このうち，風圧荷重については第1項第1号にて以下のとおり規定されている.

①風圧荷重の種類

4種類の風圧荷重が表2・56のように定義されている.

表 2・56 風圧荷重の種類

種類	定義
甲種風圧荷重	表2・57に規定する構成材の垂直投影面に加わる圧力を基礎として計算したもの，又は風速40 m/s以上を想定した風洞実験に基づく値より計算したもの
乙種風圧荷重	架渉線の周囲に厚さ6 mm，比重0.9の氷雪が付着した状態に対し，甲種風圧荷重の0.5倍を基礎として計算したもの
丙種風圧荷重	甲種風圧荷重の0.5倍を基礎として計算したもの

種類	定義
着雪時風圧荷重	架渉線の周囲に比重 0.6 の雪が同心円状に付着した状態に対し，甲種風圧荷重の 0.3 倍を基礎として計算したもの

表 2・57　風圧荷重計算に使用する構成材ごとの圧力（抜粋）

風圧を受けるものの区分			構成材の垂直投影面に加わる圧力
支持物	木柱		780 Pa
	鉄筋コンクリート柱（丸形のもの）		780 Pa
	鉄柱	丸形のもの	780 Pa
		鋼管により構成される四角形のもの	1 470 Pa
	鉄塔 単柱	丸形のもの	780 Pa
		六角形又は八角形のもの	1 470 Pa
	鋼管により構成されるもの（単柱を除く.）		1 670 Pa
架渉線	多導体（構成する電線が 2 条ごとに水平に配列され，かつ，当該電線相互間の距離が電線の外径の 20 倍以下のものに限る. 以下この条において同じ.）を構成する電線		880 Pa
	その他のもの		980 Pa
がいし装置（特別高圧電線路用のものに限る.）			1 370 Pa

※鉄塔と鉄柱の区別：鉄塔では各主柱に，鉄柱では各主柱共通に 1 個の基礎を持つ

②風圧荷重の適用区分

①の風圧荷重は，表 2·58 に定める季節や電線路を施設する地方に応じて適用する.

表 2・58　風圧荷重の適用区分

季節	地方		適用する風圧荷重※
高温季	すべての地方		甲種風圧荷重
低温季	氷雪の多い地方	海岸地その他の低温季に最大風圧を生じる地方	甲種風圧荷重又は乙種風圧荷重のいずれか大きいもの
		上記以外の地方	乙種風圧荷重
	氷雪の多い地方以外の地方		丙種風圧荷重
異常着雪時想定荷重			着雪時風圧荷重

※人家が多く連なっている場所に施設される架空電線路の構成材のうち，次に掲げるものの風圧荷重については，上記の適用区分に関わらず甲種風圧荷重又は乙種風圧荷重に代えて丙種風圧荷重を適用することができる.
➤ 低圧又は高圧の架空電線路の支持物及び架渉線
➤ 使用電圧が 35 000 V 以下の特別高圧架空電線路であって，電線に特別高圧絶縁電線又はケーブルを使用するものの支持物，架渉線並びに特別高圧架空電線を支持するがいし装置及び腕金類

③風圧荷重を考慮すべき構成材

②の風圧荷重は，表2·59の構成材ごとに適用のうえ，強度計算を行う必要がある.

表2·59 風圧荷重を考慮すべき構成材

支持物の形状	方向	風圧荷重が加わる物
単柱形状	電線路に直角	支持物，架渉線及びがいし装置
	電線路に平行	支持物，がいし装置及び腕金類
その他の形状	電線路に直角	支持物のその方向における前面結構，架渉線及びがいし装置
	電線路に平行	支持物のその方向における前面結構及びがいし装置

(3) 架空電線路の支持物の強度等〈解釈第59条〉及び基礎の強度等〈解釈第60条〉

(2)の荷重が加わった際に架空電線路の支持物が倒壊しないよう，支持物及びその基礎が満たすべき要件が解釈第59条及び第60条で以下のとおり定められている.

① A種鉄筋コンクリート柱，A種鉄柱

架空電線路の支持物として使用するA種鉄筋コンクリート柱，A種鉄柱は，架空電線路の使用電圧及び柱の種類に応じて表2·60に規定する荷重に耐える強度を有するとともに，設計荷重及び柱の全長に応じ，根入れ深さを表2·61に規定する値以上として施設する必要がある.

表2・60 A種鉄筋コンクリート柱，A種鉄柱の適用荷重

使用電圧の区分	種類	荷重
低圧	すべて	風圧荷重
高圧又は特別高圧	複合鉄筋コンクリート柱	風圧荷重及び垂直荷重
	その他の鉄筋コンクリート柱	風圧荷重
	鉄柱※	風圧荷重及び垂直荷重

※鋼板組立柱又は鋼管柱

表2・61 A種コンクリート柱，A種鉄柱の根入れ深さ

種類	設計荷重	支持物の全長	根入れ深さ
鉄柱※	6.87 kN 以下	15 m 以下	全長の1/6
		15 m を超え 16 m 以下	2.5 m
鉄筋コンクリート柱		16 m を超え 20 m 以下	2.8 m
	6.87 kN を超え 9.81 kN 以下	14 m 以上 15 m 以下	全長の1/6 に 0.3 m を加えた値
		15 m を超え 20 m 以下	2.8 m
	9.81 kN を超え 14.72 kN 以下	14 m 以上 15 m 以下	全長の1/6 に 0.5 m を加えた値
		15 m を超え 18 m 以下	3 m
		18 m を超え 20 m 以下	3.2 m

※鋼板組立柱又は鋼管柱

POINT

解釈第49条（電線路に係る用語の定義，表2・55）にあるように，A種コンクリート柱，A種鉄柱は根入れ深さを表2・61の値以上とするもの．この場合，基礎の強度計算は不要となる．

② B種鉄筋コンクリート柱，B種鉄柱及び鉄塔

　架空電線路の支持物として使用するB種鉄筋コンクリート柱，B種鉄柱及び鉄塔は，架空電線路の使用電圧及び支持物の種類に応じて**表2・62に規定する荷重に耐える強度**を有するとともに，**支持物の基礎の安全率は2以上（鉄塔における異常時想定荷重又は異常着雪時想定荷重については，1.33以上）**とする必要がある．

表2・62 B種鉄筋コンクリート柱，B種鉄柱及び鉄塔の適用荷重

使用電圧の区分	種類	荷重
低圧	すべて	風圧荷重
高圧	すべて	常時想定荷重
特別高圧	鉄筋コンクリート柱又は鉄柱	常時想定荷重
	鉄塔	常時想定荷重の1倍及び異常時想定荷重の2/3倍（腕金類については1倍）の荷重

（4）架空電線路の支持物における支線の施設〈解釈第62条〉

高圧又は特別高圧の架空電線路の支持物として使用する**木柱，A種鉄筋コンクリート柱又はA種鉄柱**には，次の各号により支線を施設する必要がある．なお解釈第61条によると，このときに施設する**支線の安全率は1.5以上**とする必要がある．

- 電線路の**水平角度が5度以下**の箇所に施設される柱であって，当該柱の**両側の径間の差が大きい場合**は，その径間の差により生じる不平均張力による水平力に耐える支線を，**電線路に平行な方向の両側**に設けること（図2・20（a））
- 電線路の**水平角度が5度を超える**箇所に施設される柱は，全架渉線につき各架渉線の想定最大張力により生じる**水平横分力に耐える支線**を設けること（図2・20（b））
- 電線路の全架渉線を**引き留める箇所**に使用される柱は，全架渉線につき各架渉線の**想定最大張力**に等しい不平均張力による**水平力に耐える支線**を，電線路の方向に設けること（図2・20（c））

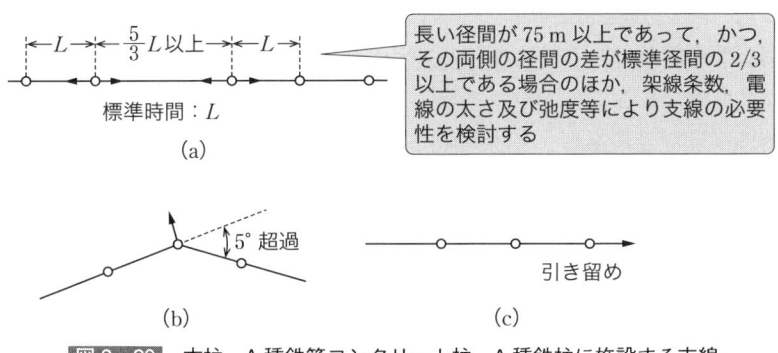

長い径間が75m以上であって，かつ，その両側の径間の差が標準径間の2/3以上である場合のほか，架線条数，電線の太さ及び弛度等により支線の必要性を検討する

標準時間：L

(a)

5°超過

引き留め

(b)　　　　(c)

図2・20 木柱，A種鉄筋コンクリート柱，A種鉄柱に施設する支線

（5）架空電線路の径間の制限〈解釈第63条〉

①径間の制限

高圧又は特別高圧の架空電線路の径間は，表 2・63 のようにする必要がある．

表 2・63　高圧又は特別高圧の架空電線路の径間

支持物の種類	使用電圧の区分	径間	
		長径間工事以外の箇所	長径間工事箇所
木柱，A 種鉄筋コンクリート柱又は A 種鉄柱	—	150 m 以下	300 m 以下
B 種鉄筋コンクリート柱又は B 種鉄柱	—	250 m 以下	500 m 以下
鉄塔	170 000 V 未満	600 m 以下	制限無し
	170 000 V 以上	800 m 以下	

②施設方法

（ア）高圧架空電線路の径間が 100 m を超える箇所

高圧架空電線路の径間が 100 m を超える箇所は，次の要件を満たす必要がある．

- **高圧架空電線は，引張強さ 8.01 kN 以上のもの又は直径 5 mm 以上の硬銅線**であること．
- 木柱の風圧荷重に対する安全率は，2.0 以上であること．

（イ）長径間工事箇所

表 2・63 にある**長径間工事**は，以下の各号に適合する必要がある．

- **高圧架空電線は，引張強さ 8.71 kN 以上のもの又は断面積 22 mm² 以上の硬銅より線**であること．
- **特別高圧架空電線は，引張強さ 21.67 kN 以上のより線又は断面積 55 mm²以上の硬銅より線**であること．
- このほか，表 2・64 の要件に適合すること．

表2・64　長径間工事箇所の要件

支持物の種類		要件
木柱，鉄柱又は鉄筋コンクリート柱	木柱，A種鉄筋コンクリート柱又はA種鉄柱	全架渉線につき各架渉線の**想定最大張力**の1/3に等しい**不平均張力による水平力に耐える支線**※を，電線路に平行な方向の**両側に設けること**.
	B種鉄筋コンクリート柱又はB種鉄柱	次のいずれかを満たすこと. ・**耐張型の柱**を使用すること. ・**A種柱の規定に適合する支線**※を施設すること
	土地の状況により，上記の規定により難い場合は，長径間工事箇所から**1径間又は2径間離れた場所に施設する支持物**が，それぞれ**上記の規定に適合する**ものであること．（図2・21の（b），（c））	
鉄塔	**長径間工事区間の両端の鉄塔**は，**耐張型**であること．なお，長径間工事箇所が連続する場合はその連続する区間をいい，長径間工事箇所の間に長径間工事以外の箇所が1径間のみ存在する場合は，当該箇所及びその前後の長径間工事箇所は連続した1の長径間工事区間とみなす．（図2・21の（d），（e））	
	土地の状況により上記の規定により難い場合は，長径間工事区間から長径間工事区間の外側に**1径間又は2径間離れた場所に施設する鉄塔**が，**耐張型**であること．（図2・21の（b），（c），（d），（e））	

※支線の安全率は，2.5以上（解釈第61条）

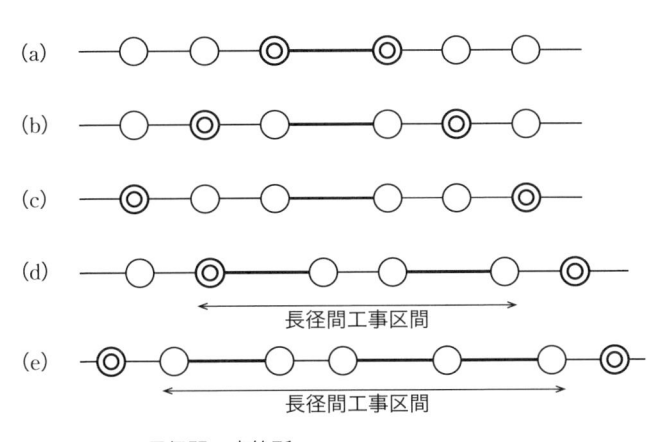

図2・21　長径間工事箇所の説明図

4 危険な施設の禁止

電技では，架空電線路において危険な設備の施設を禁止する条項がいくつか規定されている．以下に主なものを示す．

（1）油入開閉器の施設制限〈電技第 36 条〉

絶縁油を使用した開閉器類については，下記のように規定されている．

絶縁油を使用する開閉器，断路器及び遮断器は，**架空電線路の支持物に施設してはならない**．

本規定は，柱上に設置した油入開閉器が内部短絡事故により噴油し，下にいた一般公衆が死傷する事故の発生をきっかけに，定められたものとなる．

（2）屋内電線路等の施設の禁止〈電技第 37 条〉

屋内や屋側，屋上等に施設する電線路については，本来好ましくない施設方法であり，下記のとおり原則禁止されている．

屋内を貫通して施設する電線路，屋側に施設する電線路，屋上に施設する電線路又は地上に施設する電線路は，当該電線路より**電気の供給を受ける者以外の者の構内に施設してはならない**．ただし，特別の事情があり，かつ，当該電線路を施設する造営物（地上に施設する電線路にあっては，その土地．）の所有者又は占有者の承諾を得た場合は，この限りでない．

（3）連接引込線の禁止〈電技第 38 条〉

高圧又は特別高圧の連接引込線について，以下のとおり規定されている．

高圧又は特別高圧の連接引込線は，**施設してはならない**．ただし，特別の事情があり，かつ，当該電線路を施設する造営物の所有者又は占有者の承諾を得た場合は，この限りでない．

連接引込線とは，電技第 1 条にて，「一需要場所の引込線から分岐して，支持物を経ないで他の需要場所の引込口に至る部分の電線」と定義される（2-1 節 1 項参照）．

図 2·22 のように，他の需要場所を経由して引込口に接続するため，高圧や特別高圧の場合には危険性が高く，特別の事情がある場合を除き原則として禁止されている．

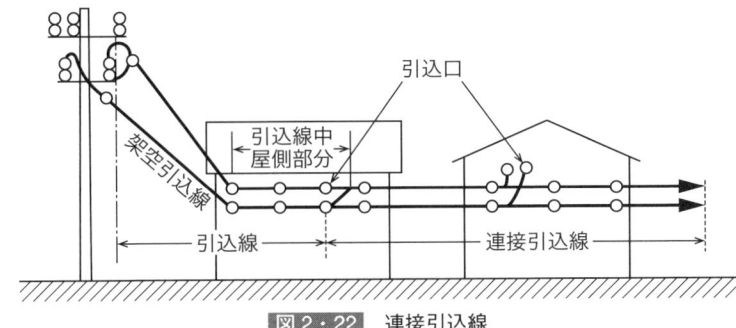

図 2・22 連接引込線

（4）電線路のがけへの施設の禁止〈電技第 39 条〉

電線路のがけへの施設については，下記のように原則禁止されている．

　電線路は，がけに施設してはならない． ただし，その電線が**建造物の上に施設する場合**，道路，鉄道，軌道，索道，架空弱電流電線等，**架空電線又は電車線と交さして施設する場合**及び水平距離でこれらのもの（道路を除く．）と**接近して施設する場合以外の場合**であって，**特別の事情がある場合**は，この限りでない．

電線路をがけに施設することは，がけ崩れなどにより支持物が倒壊し，電線が接近状態にある建造物や道路等に接触して感電や火災の危険があるため原則として禁止されている．

なお，関連する解釈第 131 条では，やむを得ず低圧又は高圧の電線路をがけに施設する場合の施設方法を以下のとおり定めている．

- 電線の**支持点間の距離は，15 m 以下**であること．
- 電線は，ケーブルである場合を除き，がけに堅ろうに取り付けた金属製腕金類に**絶縁性，難燃性及び耐水性のあるがいしを用いて支持**すること．
- 電線には，**接触防護措置**を施すこと．
- 損傷を受けるおそれがある場所に電線を施設する場合は，適当な**防護装置**を設けること．
- 低圧電線路と高圧電線路とを同一のがけに施設する場合は，**高圧電線路を低圧電線路の上**とし，かつ，高圧電線と低圧電線との**離隔距離は，0.5 m 以上**であること．

5 ▶ 電気的，磁気的障害の防止

電線路からの静電誘導や電磁誘導は，感電災害や通信障害を発生させるおそれがある．この防止のため，以下のような技術要件が定められている．

（1）架空電線路からの静電誘導作用又は電磁誘導作用による感電の防止〈電技第27条〉

1 **特別高圧の架空電線路**は，通常の使用状態において，**静電誘導作用**により人による感知のおそれがないよう，**地表上 1 m における電界強度が 3 kV/m 以下**になるように施設しなければならない．ただし，田畑，山林その他の人の往来が少ない場所において，人体に危害を及ぼすおそれがないように施設する場合は，この限りでない．

2 **特別高圧の架空電線路**は，**電磁誘導作用**により**弱電流電線路**（電力保安通信設備を除く.）**を通じて人体に危害を及ぼすおそれがないように施設**しなければならない．

3 **電力保安通信設備**は，架空電線路からの**静電誘導作用又は電磁誘導作用により人体に危害を及ぼすおそれがないように施設**しなければならない．

（2）通信障害の防止〈電技第42条〉

1 **電線路又は電車線路**は，**無線設備の機能に継続的かつ重大な障害を及ぼす電波を発生するおそれがないように施設**しなければならない．

2 **電線路又は電車線路**は，**弱電流電線路に対し，誘導作用により通信上の障害を及ぼさないように施設**しなければならない．ただし，弱電流電線路の管理者の承諾を得た場合は，この限りでない．

（3）地球磁気観測所に対する障害の防止〈電技第43条〉

直流の電線路，電車線路及び帰線は，**地球磁気観測所又は地球電気観測所に対して観測上の障害を及ぼさないように施設**しなければならない．

（4）電波障害の防止〈解釈第51条〉

1 **架空電線路**は，**無線設備の機能に継続的かつ重大な障害を及ぼす電波を発生**するおそれがある場合には，これを**防止するように施設**すること．

2 前項の場合において，**低圧又は高圧の架空電線路から発生する電波の許容限度**は，次の各号により測定したとき，各回の測定値の**最大値の平均値が，526.5 kHz から 1 606.5 kHz までの周波数帯**において**準せん頭値で 36.5 dB 以**

下であること．

- 測定は，架空電線の直下から**架空電線路と直角の方向に 10 m 離れた地点に**おいて行うこと．
- 妨害波測定器のわく型空中線の中心を**地表上 1 m に保ち**，かつ，雑音電波の電界強度が最大となる方向に空中線を調整して測定すること．
- 測定回数は，**数時間の間隔をおいて 2 回以上**とすること．
- 1 回の測定は，**連続して 10 分間以上**行うこと．

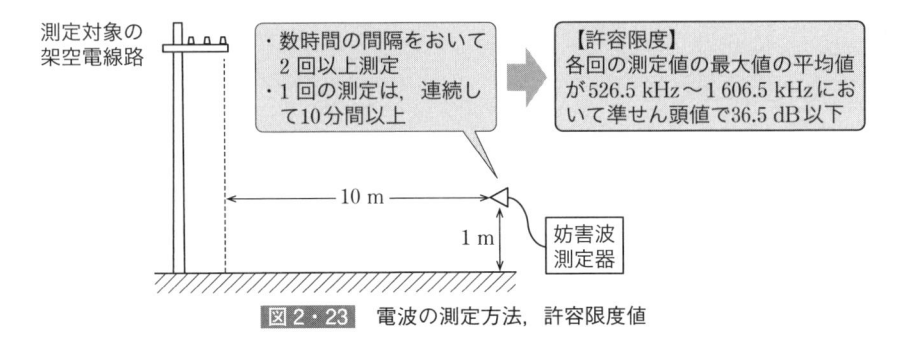

図 2・23 電波の測定方法，許容限度値

（5）架空弱電流電線路への誘導作用による通信障害の防止〈解釈第 52 条〉

①低圧又は高圧の架空電線路の場合

低圧又は高圧の架空電線路（き電線路（解釈第 201 条第 5 号に規定するものをいう．）を除く．）**と架空弱電流電線路とが並行する場合**は，誘導作用により通信上の障害を及ぼさないように，次の各号により施設すること．

- 架空電線と架空弱電流電線との**離隔距離は，2 m 以上**とすること．
- 上記の規定により施設してもなお架空弱電流電線路に対して誘導作用により通信上の障害を及ぼすおそれがあるときは，更に次に掲げるものその他の対策のうち 1 つ以上を施すこと．
  - ➤架空電線と架空弱電流電線との離隔距離を増加すること．
  - ➤架空電線路が交流架空電線路である場合は，**架空電線を適当な距離でねん架**すること．
  - ➤架空電線と架空弱電流電線との間に，**引張強さ 5.26 kN 以上の金属線又は直径 4 mm 以上の硬銅線を 2 条以上施設**し，これに **D 種接地工事**を施すこと．
  - ➤架空電線路が中性点接地式高圧架空電線路である場合は，地絡電流を制限す

るか，又は2以上の設置箇所がある場合において，その設置箇所を変更する等の方法を講じること．

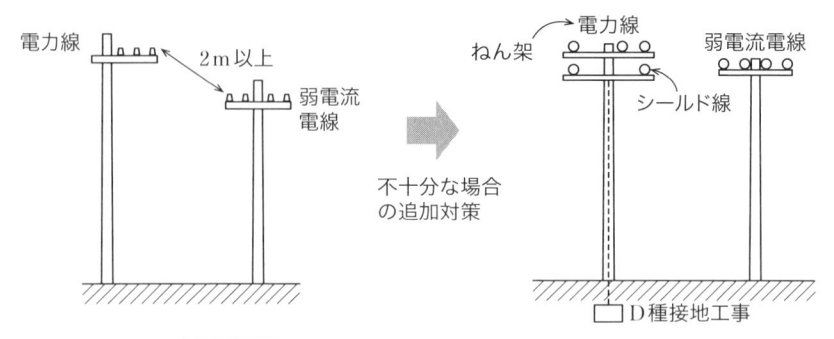

図 2・24 低圧・高圧架空電線の通信障害防止策

なお，次の各号のいずれかに該当する場合は，電磁誘導作用による通信上の障害はほとんどないと考えられるため，上記の対策は不要となる．

- 低圧又は高圧の**架空電線が，ケーブル**である場合
- 架空弱電流電線が，**通信用ケーブル**である場合
- 架空弱電流電線路の**管理者の承諾**を得た場合

②**特別高圧架空電線路の場合**

特別高圧架空電線路は，次の各号によるとともに，架空電話線路に対して，通常の使用状態において，静電誘導作用により通信上の障害を及ぼさないように施設すること．ただし，架空電話線が**通信用ケーブルである場合**，又は架空電話線路の**管理者の承諾を得た場合は，**この限りでない．

- **使用電圧が 60 000 V 以下**の場合は，**電話線路のこう長 12 km ごとに，誘導電流が 2 μA を超えない**ようにすること．
- **使用電圧が 60 000 V を超える**場合は，**電話線路のこう長 40 km ごとに，誘導電流が 3 μA を超えない**ようにすること．

例題 23 ‥‥‥‥‥‥‥‥‥‥‥‥‥‥‥‥‥‥‥‥‥‥‥ R1　問4

次の文章は，「電気設備技術基準」及び「電気設備技術基準の解釈」における，架空電線路の支持物の昇塔防止に関する記述である．文中の　　　に当てはまる最も適切なものを解答群の中から選びなさい．

a)　架空電線路の支持物には，　(1)　のおそれがないよう，　(2)　以外の者が容易に昇塔できないように適切な措置を講じなければならない．

b)　架空電線路の支持物に　(2)　が昇降に使用する足場金具等を施設する場合は，地表上　(3)　〔m〕以上に施設すること．ただし，次のいずれかに該当する場合はこの限りでない．

①足場金具等が　(4)　できる構造である場合

②支持物に昇塔防止のための装置を施設する場合

③支持物の周囲に　(2)　以外の者が立ち入らないように，さく，へい等を施設する場合

④支持物を　(5)　等であって人が容易に立ち入るおそれがない場所に施設する場合

【解答群】
(イ) 傷害　　(ロ) 2.0　　(ハ) 河川敷　　(ニ) 取扱者　　(ホ) 着脱
(ヘ) 技術員　(ト) 位置を変更　(チ) 農地　　(リ) 感電　　(ヌ) 管理者
(ル) 1.8　　(ヲ) 2.5　　(ワ) 墜落　　(カ) 山地　　(ヨ) 内部に格納

解説　(1)は電技第24条，(2)〜(5)は解釈第53条からの出題．2-9節2項を参照のこと．

【解答】(1) リ　(2) ニ　(3) ル　(4) ヨ　(5) カ

例題 24 ‥‥‥‥‥‥‥‥‥‥‥‥‥‥‥‥‥‥‥‥‥‥ H28　問7

次の文章は，特別高圧架空電線の想定荷重の計算方法に関する記述である．文中の　　　に当てはまる最も適切なものを解答群の中から選びなさい．

a)　電線の張力計算に用いる想定荷重は，電線が　(1)　である場合を除き，水平荷重 W_W〔N/m〕と垂直荷重 W_V〔N/m〕の合成荷重 W_S〔N/m〕を用いる．合成荷重 W_S〔N/m〕は，次式で示される．

$$W_S = \boxed{(2)}$$

b)　水平荷重 W_W〔N/m〕としては風圧荷重をとる．甲種，乙種及び丙種の3種の風

圧荷重があり，甲種風圧荷重を適用する場合，電線の垂直投影面に加わる風圧は，多導体では $\boxed{(3)}$ による低減を考慮し単導体の 90 ％として $\boxed{(4)}$ 〔Pa〕をとる．ただし，多導体とは，構成する電線が 2 条ごとに水平に配列され，かつ，当該電線相互間の距離が電線の外径の 20 倍以下のものに限る．

c) 垂直荷重 W_V〔N/m〕としては電線重量 W_C〔N/m〕をとる．ただし，乙種風圧荷重を適用する場合は，外径 d〔mm〕の電線の周囲に厚さ 6 mm，比重 0.9 の氷雪が付着した時の被氷重量も見込むものとし，この場合の垂直荷重 W_V〔N/m〕は，次式で示される．

$$W_V = \boxed{(5)}$$

【解答群】

(イ) $W_C + 0.9 \times \pi \times 6 \times (d + 2 \times 6) \times 10^{-3} \times 9.8$ 　(ロ) 980 　(ハ) ケーブル

(ニ) 電線相互の干渉 　(ホ) $W_V + W_W$ 　(ヘ) $0.9 \times \pi \times 6 \times (d^2 + 6) \times 10^{-3} \times 9.8$

(ト) 銅線 　(チ) 構造規模の効果 　(リ) $(W_V + W_W)/2$ 　(ヌ) $\sqrt{W_V^2 + W_W^2}$

(ル) 880 　(ヲ) 風の収束 　(ワ) 鋼線 　(カ) 1080

(ヨ) $W_C + 0.9 \times \pi \times 6 \times (d + 6) \times 10^{-3} \times 9.8$

解 説　解釈第 58 条からの出題．

(2) 水平荷重 W_W〔N/m〕と垂直荷重 W_V〔N/m〕の合成荷重 W_S〔N/m〕は，解説図1のベクトル図から，次の式にて求めることができる．

$$W_S = \sqrt{W_V^2 + W_W^2}$$

解説図 1

(3)(4) 多導体で構成する電線が 2 条ごとに水平に配列される場合の風圧は，風洞実験の結果から電線相互の干渉による低減を考慮して，その全線について単導体の 90％としており，880 Pa となっている．

(5) 外径 d〔mm〕の電線の周囲に厚さ 6 mm，比重 0.9 の氷雪が付着した時の氷雪の重量を求める．

単位長さ当たりの氷雪の体積 V〔m^3〕は

$$V = \pi \left(\frac{d + 6 \times 2}{2} \times 10^{-3} \right)^2 - \pi \left(\frac{d}{2} \times 10^{-3} \right)^2$$

$$= \pi \left\{ \left(\frac{d + 6 \times 2}{2} \right) - \left(\frac{d}{2} \right) \right\} \cdot \left\{ \left(\frac{d + 6 \times 2}{2} \right) + \left(\frac{d}{2} \right) \right\} \times 10^{-6} = \pi 6 \cdot (d + 6) \times 10^{-6}$$

氷雪の体積 V〔m^3〕比重 0.9 及び重力加速度 9.8 m/s^2 を乗じれば，氷雪による垂直荷重

が求められる．垂直荷重 W_V は，これに電線重量 W_C を加算すれば求められる．

なお，比重 0.9 とは，同体積の $4℃$ の水に対する質量比であり，$0.9\,\mathrm{g/cm^3}$ に等しいため，単位をそろえると

$$0.9\,\mathrm{g/cm^3}=0.9\times10^{-3}\,\mathrm{kg}/(10^{-2}\,\mathrm{m})^3=0.9\times10^{-3}\,\mathrm{kg}/10^{-6}\,\mathrm{m^3}$$
$$=0.9\times10^3/\mathrm{m^3}$$

であるため，垂直荷重 W_V は以下のとおり．

$$W_V=W_C+V\times0.9\times10^3\times9.8=W_C+\pi\times6\times(d+6)\times10^{-6}\times0.9\times10^3\times9.8$$
$$=W_C+0.9\times\pi\times6\times(d+6)\times10^{-3}\times9.8$$

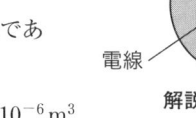

氷雪 ／ 6 mm
電線
解説図 2

【解答】（1）ハ　（2）ヌ　（3）ニ　（4）ル　（5）ヨ

例題 25 .... H11　問 6

次の文章は，「電気設備技術基準」に基づく電線路又は電車線路からの無線設備等への障害防止に関する記述である．文中の　　　　に当てはまる語句を解答群の中から選びなさい．

a)　電線路又は電車線路は，無線設備の機能に　(1)　かつ重大な障害を及ぼす　(2)　を発生するおそれがないように施設しなければならない．

b)　電線路又は電車線路は，弱電流電線路に対し，　(3)　により　(4)　の障害を及ぼさないように施設しなければならない．ただし，弱電流電線路の管理者の承諾を得た場合は，この限りでない．

c)　直流の電線路，電車線路及び帰線は，地球磁気観測所又は地球電気観測所に対して　(5)　の障害を及ぼさないように施設しなければならない．

【解答群】

（イ）コロナ　（ロ）瞬時的　（ハ）誘導作用　（ニ）電波　　　（ホ）通信上
（ヘ）磁界　　（ト）測定上　（チ）高調波　（リ）継続的　（ヌ）地絡電流
（ル）危険　　（ヲ）観測上　（ワ）研究上　（カ）電線接触　（ヨ）倒壊

解　説　(1) ～ (4) は電技第 42 条，(5) は電技第 43 条からの出題．2-9 節 5 項を参照のこと．

【解答】（1）リ　（2）ニ　（3）ハ　（4）ホ　（5）ヲ

例題 26 ‥‥‥‥‥‥‥‥‥‥‥‥‥‥‥‥‥‥‥‥‥‥‥‥‥‥‥‥‥ H29　問2

　次の文章は「電気設備技術基準の解釈」における架空電線路の支持物における支線の施設についての記述である．文中の $\boxed{}$ に当てはまる最も適切なものを解答群の中から選びなさい．

　高圧又は $\boxed{(1)}$ の架空電線路の支持物として使用する木柱，$\boxed{(2)}$ 鉄筋コンクリート柱又は $\boxed{(2)}$ 鉄柱には，次により支線を施設すること．

a) 電線路の水平角度が $\boxed{(3)}$ 以下の箇所に施設される柱であって，当該柱の両側の径間の差が $\boxed{(4)}$ 場合は，その径間の差により生じる不平均張力による水平力に耐える支線を，電線路に平行な方向の両側に設けること．

b) 電線路の水平角度が $\boxed{(3)}$ を超える箇所に施設される柱は，全架渉線につき各架渉線の $\boxed{(5)}$ により生じる水平横分力に耐える支線を設けること．

c) 電線路の全架渉線を引き留める箇所に使用される柱は，全架渉線につき各架渉線の $\boxed{(5)}$ に等しい不平均張力による水平力に耐える支線を，電線路に平行な方向に設けること．

【解答群】

(イ) B種	(ロ) 10度	(ハ) 許容最大張力	(ニ) 15度	(ホ) 3度
(ヘ) 低圧	(ト) 小さい	(チ) A種	(リ) 大きい	(ヌ) 想定最大張力
(ル) C種	(ヲ) 5度	(ワ) 特別高圧	(カ) 無い	(ヨ) 許容最大応力

解　説　解釈第62条からの出題．2-9節3項（4）を参照のこと．

【解答】(1) ワ　(2) チ　(3) ヲ　(4) リ　(5) ヌ

例題 27 ·· H10 問1

　次の文章は，電線路における危険な施設の禁止に関する記述である．文中の □□□ に当てはまる語句を解答群の中から選びなさい．ただし，「電気設備に関する技術基準を定める省令」に準拠するものとする．

a)　絶縁油を使用する開閉器，断路器及び遮断器は，□(1)□ の支持物に施設してはならない．

b)　屋内を貫通して施設する電線路，屋側に施設する電線路，屋上に施設する電線路又は □(2)□ に施設する電線路は，当該電線路より電気の供給を受ける者以外の者の □(3)□ に施設してはならない．

c)　電線路は，□(4)□ に施設してはならない．ただし，その電線が □(5)□ の上に施設する場合，道路，鉄道，軌道，索道，架空弱電流電線等，架空電線又は電車線と交さして施設する場合及び水平距離でこれらのもの（道路を除く．）と接近して施設する場合以外の場合であって，特別の事情がある場合は，この限りでない．

【解答群】

(イ) 構内	(ロ) 河川敷	(ハ) 橋梁	(ニ) 弱電流電線路
(ホ) 施設	(ヘ) 支持物	(ト) 高圧配電線路	(チ) 構造物
(リ) 水上	(ヌ) 架空電線路	(ル) 地中	(ヲ) 建造物
(ワ) がけ	(カ) 建屋上	(ヨ) 地上	

解　説　(1) は電技第36条，(2)(3) は電技第37条，(4)(5) は電技第39条からの出題．2-9節4項を参照のこと．

【解答】(1) ヌ　(2) ヨ　(3) イ　(4) ワ　(5) ヲ

2-10 低圧及び高圧の架空電線路

攻略の
ポイント　低圧及び高圧の架空電線路については，これまで試験での出題頻度はそこ
まで高くない．このため，本節では最低限理解しておくべき内容についてポ
イントを絞って解説する．

1 低圧及び高圧の架空電線路の機械的性能要件

(1) 電技における規定 (再確認)

電線が満たすべき技術的要件は，2-2節1項に記載のとおり，電技第6条（電
線等の断線防止）及び第21条（架空電線及び地中電線の感電防止）に定められ
ている．以下，再確認しておこう．

①電線等の断線防止〈電技第6条〉

電線，支線，架空地線，弱電流電線等（弱電流電線及び光ファイバケーブルを
いう．）その他の電気設備の保安のために施設する線は，**通常の使用状態におい
て断線のおそれがないように施設**しなければならない．

②架空電線及び地中電線の感電防止〈電技第21条〉

低圧又は高圧の架空電線には，感電のおそれがないよう，**使用電圧に応じた絶
縁性能を有する絶縁電線又はケーブルを使用**しなければならない．ただし，通常
予見される使用形態を考慮し，感電のおそれがない場合は，この限りでない．
（以下略）

これらを満たすべく，低圧及び高圧の架空電線路における取扱いが解釈に定め
られており，以下に主なものをまとめている．

(2) 低高圧架空電線路に使用する電線〈解釈第65条〉

低高圧架空電線路に使用する電線の種類は，**使用電圧に応じて表2·65に規定**
するものであること．ただし，次のいずれかに該当する場合は，**裸電線を使用**す
ることができる．

- **低圧架空電線**を，**B種接地工事の施された中性線**又は**接地側電線**として施設
  する場合
- **高圧架空電線**を，海峡横断箇所，河川横断箇所，山岳地の傾斜が急な箇所又
  は谷越え箇所であって，**人が容易に立ち入るおそれがない場所**に施設する場
  合

表2・65　低高圧架空電線路に使用できる電線の種類

使用電圧の区分		電線の種類
低圧	300 V 以下	**絶縁電線，多心型電線又はケーブル**
	300 V 超過	**絶縁電線**（引込用ビニル絶縁電線及び引込用ポリエチレン絶縁電線を除く．）**又はケーブル**
高圧		**高圧絶縁電線，特別高圧絶縁電線又はケーブル**

　なお，電線の太さ又は引張強さは，ケーブルである場合を除き，表2・66に適合する必要がある．

表2・66　低高圧電線路に使用する電線の太さ又は引張強さ

使用電圧の区分	施設場所の区分	電線の種類		電線の太さ又は引張強さ
300 V 以下	すべて	絶縁電線	硬銅線	直径 2.6 mm
			その他	引張強さ 2.3 kN
		絶縁電線以外	硬銅線	直径 3.2 mm
			その他	引張強さ 3.44 kN
300 V 超過	市街地	硬銅線		直径 5 mm
		その他		引張強さ 8.01 kN
	市街地外	硬銅線		直径 4 mm
		その他		引張強さ 5.26 kN

（3）低高圧架空電線の引張強さに対する安全率〈解釈第66条〉

　高圧架空電線の場合や，低圧架空電線で多心型電線を使用する場合，使用電圧が300 Vを超過する場合は，ケーブルである場合を除き，次の各号に規定する荷重が加わる場合における引張強さに対する**安全率が，表2・67に規定する値以上となるような弛度**により施設すること．
- 荷重は，電線を施設する地方の平均温度及び最低温度において計算すること．
- 荷重は，次に掲げるものの合成荷重であること．
  - ➤電線の重量
  - ➤次により計算した風圧荷重

✓ 電線路に直角な方向に加わるものとすること.

✓ 平均温度において計算する場合は高温季の風圧荷重とし, 最低温度において計算する場合は低温季の風圧荷重とすること.

- 乙種風圧荷重を適用する場合にあっては, 被氷荷重

表2・67 低高圧架空電線の安全率

電線の種類	安全率
硬銅線又は耐熱銅合金線	2.2
その他	2.5

（4）低圧保安工事，高圧保安工事及び連鎖倒壊防止〈解釈第70条〉

①適用箇所

低圧保安工事, 高圧保安工事は, 電線の断線や支持物の倒壊等による危険を防止するため, 低高圧架空電線路の一般的に示されている施設方法よりも強化すべき点をまとめて示したものであり, 表2・68のような場所に施設する場合に適用される.

表2・68 低圧保安工事，高圧保安工事の適用箇所

種類	適用場所		対応する解釈条項
低圧保安工事	低圧架空電線が高圧架空電線若しくは高圧電車線の上方で接近・交差する場合		第74条第3項，第4項
	特別高圧の電車線等の上方で接近する場合		第75条第6項
高圧保安工事	高圧架空電線が以下の工作物と接近又は交差する場合		
		建造物	第71条
		道路，横断歩道橋，鉄道，軌道	第72条
		索道	第73条
		低圧架空電線，他の高圧架空電線	第74条
		電車線等	第75条
		架空弱電流電線等	第76条
		アンテナ	第77条
		他の工作物	第78条

以下，具体的な工事の方法について，確認していこう．

②工事の方法

低圧保安工事，高圧保安工事は，表 2·69 に則って工事する必要がある．

表 2·69 低圧保安工事，高圧保安工事の方法

	低圧保安工事	高圧保安工事
電線	次のいずれかによること． • ケーブルを使用すること． • 引張強さ 8.01 kN 以上のもの又は直径 5 mm 以上の硬銅線（使用電圧が 300 V 以下の場合は，引張強さ 5.26 kN 以上のもの又は直径 4 mm 以上の硬銅線）を使用し，解釈第 66 条の規定に準じた弛度とすること．	次のいずれかによること． • ケーブルを使用すること． • 引張強さ 8.01 kN 以上のもの又は直径 5 mm 以上の硬銅線であること．
木柱	風圧荷重に対する安全率は 2.0 以上であり，かつ，木柱の太さは末口で直径 12 cm 以上であること．	風圧荷重に対する安全率は 2.0 以上であること．
径間	表 2·70 によること．	表 2·70 によること． ただし，電線に引張強さ 14.51 kN 以上のもの又は断面積 38 mm² 以上の硬銅より線を使用し，支持物に B 種鉄筋コンクリート柱，B 種鉄柱又は鉄塔を使用するときは，この限りでない．

表 2·70 低圧保安工事，高圧保安工事の径間

支持物の種類	低圧			高圧
	高圧架空電線路における長径間工事に準じて施設する場合（解釈第 63 条第 3 項（2-9 節 3 項（5）参照））	電線に引張強さ 8.71 kN 以上のもの又は断面積 22 mm² 以上の硬銅より線を使用する場合	その他	
木柱，A 種鉄筋コンクリート柱又は A 種鉄柱	300 m 以下	150 m 以下	100 m 以下	
B 種鉄筋コンクリート柱又は B 種鉄柱	500 m 以下	250 m 以下	150 m 以下	
鉄塔	制限なし	600 m 以下	400 m 以下	

支持物の種類	低圧			高圧
	高圧架空電線路における長径間工事に準じて施設する場合（解釈第63条第3項（2-9-3節(5) 参照））	電線に引張強さ 8.71 kN 以上のもの又は断面積 22 mm² 以上の硬銅より線を使用する場合	その他	
支線	**支持物が直線路で連続している箇所**において，**連鎖的に倒壊す るおそれがある場合**は，必要に応じ，**支持物 16 基以下ごとに，** 支線を電線路に平行な方向にその両側に設け，また，**5 基以下ご とに支線を電線路と直角の方向にその両側に設けること**．ただ し，技術上困難であるときは，この限りでない．			

2 低高圧架空電線と他物との離隔

　架空電線が人や造営物に対して危険や交通上の障害を及ぼさないよう，地上高や他物との離隔を適切に確保して施設することが必要となる．以下では，これに関する各規定を見ていこう．

（1）低高圧架空電線の高さに関する規定

①架空電線等の高さ〈電技第 25 条〉

1　架空電線，架空電力保安通信線及び架空電車線は，**接触又は誘導作用による感電のおそれがなく，**かつ，**交通に支障を及ぼすおそれがない高さに施設しな**ければならない．

2　支線は，交通に支障を及ぼすおそれがない高さに施設しなければならない．

②低高圧架空電線の高さ〈解釈第 68 条〉

　電技第 25 条を踏まえた低圧架空電線又は高圧架空電線の高さは，表 2・71 に規定する値以上となる．

表 2・71　低高圧架空電線の地上高

区分		高さ	
		低圧	高圧
道路（車両の往来がまれであるもの及び歩行の用にのみ供される部分を除く.）を横断する場合		路面上 6 m	
鉄道又は軌道を横断する場合		レール面上 5.5 m	
横断歩道橋の上に施設する場合		横断歩道橋の路面上 3 m	横断歩道橋の路面上 3.5 m
上記以外	屋外照明用であって，絶縁電線又はケーブルを使用した対地電圧 150 V 以下のものを交通に支障のないように施設する場合	地表上 4 m	―
	低圧架空電線を道路以外の場所に施設する場合	地表上 4 m	―
	その他の場合	地表上 5 m	
水面上に施設する場合		電線の水面上の高さを船舶の航行等に危険を及ぼさないように保持すること	
氷雪の多い地方に施設する場合		電線の積雪上の高さを人又は車両の通行等に危険を及ぼさないように保持すること	

（2）低高圧架空電線と建造物との接近〈解釈第 71 条〉

　低圧架空電線又は高圧架空電線が，**建造物と接近状態に施設される場合**は，次の各号によること.

POINT

建造物（解釈第 1 条（2-1 節 1 項参照））とは，造営物のうち，人が居住若しくは勤務し，又は頻繁に出入り若しくは来集するもの
接近状態（解釈第 49 条（2-9 節 1 項参照））とは，第 1 次近接状態及び第 2 次近接状態のこと.

- 高圧架空電線路は，**高圧保安工事**
  により施設すること.
- 低圧架空電線又は高圧架空電線と
  建造物との離隔距離は，表 2・72 に規定する値以上であること.

表2・72 低高圧架空電線と建造物との離隔距離

使用電圧の区分	架空電線の種類	区分	離隔距離
高圧	ケーブル	上部造営材の上方	1 m
		建造物の下方	0.4 m
		その他の造営材	
	その他	上部造営材の上方	2 m
		人が建造物の外へ手を伸ばす又は身を乗り出すことなどができない部分	0.8 m
		建造物の下方	
		その他の造営材	1.2 m
低圧	ケーブル	上部造営材の上方	1 m
		建造物の下方	0.3 m
		その他の造営材	0.4 m
	高圧絶縁電線又は特別高圧絶縁電線	上部造営材の上方	1 m
		建造物の下方	0.3 m
		その他の造営材	0.4 m
	その他	上部造営材の上方	2 m
		人が建造物の外へ手を伸ばす又は身を乗り出すことなどができない部分	0.8 m
		建造物の下方	0.6 m
		その他の造営材	1.2 m

なお，低圧架空電線又は高圧架空電線が，**建造物に施設される簡易な突き出し看板その他の人が上部に乗るおそれがない造営材と接近する場合**において，次の各号のいずれかに該当するときは，上記の離隔距離によらないことができる．

- 絶縁電線を使用する低圧架空電線において，当該造営材との**離隔距離が 0.4 m 以上**である場合
- **電線を防護具により防護した架空電線**を，当該造営材に**接触しないように施設**する場合

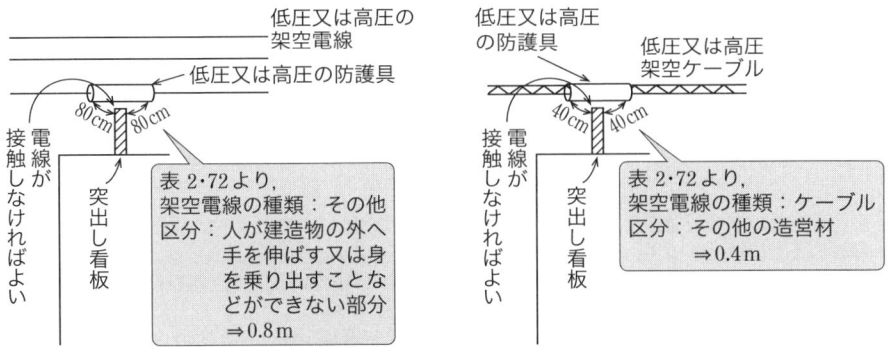

図 2・25 突出し看板との離隔距離

（3）低高圧架空電線と他の低高圧架空電線路との接近又は交差〈解釈第74条〉

①離隔距離

　低圧架空電線又は高圧架空電線が，他の低圧架空電線路又は高圧架空電線路と接近又は交差する場合における，相互の離隔距離は，表2・73に規定する値以上である必要がある．

表 2・73　低高圧架空電線と他の低高圧架空電線路との離隔距離

架空電線の種類		他の低圧架空電線		他の高圧架空電線		他の低圧架空電線路又は高圧架空電線路の支持物
		高圧絶縁電線,特別高圧絶縁電線又はケーブル	その他	ケーブル	その他	
低圧架空電線	高圧絶縁電線,特別高圧絶縁電線又はケーブル	0.3 m		0.4 m	0.8 m	0.3 m
	その他	0.3 m	0.6 m			
高圧架空電線	ケーブル	0.4 m		0.4 m		0.3 m
	その他	0.8 m		0.4 m	0.8 m	0.6 m

②工事方法

　架空電線を接近状態で施設する場合は，表2・74に示す方法で施設する必要がある．

表2・74 他の低高圧架空電線と近接する架空電線路の施設方法

接近状態	施設方法（抜粋）
高圧架空電線が低圧架空電線と接近状態の場合	高圧架空電線を，**高圧保安工事により施設**すること． ただし，低圧架空電線が，解釈第24条第1項の規定により電路の一部に接地工事を施したものである場合は，この限りでない（2-5節2項（1）参照）．
高圧架空電線が低圧架空電線の下方に接近する場合	高圧架空電線と低圧架空電線との**水平距離は，低圧架空電線路の支持物の地表上の高さに相当する距離以上**であること． ただし，技術上やむを得ない場合において，次の各号のいずれかに該当するときはこの限りでない． • 高圧架空電線と低圧架空電線との**水平距離が** 2.5 m 以上であり，かつ，低圧架空電線路の電線の切断，支持物の倒壊等の際に，低圧架空電線が高圧架空電線に**接触するおそれがない範囲に高圧架空電線を施設**する場合 • 低圧架空電線路を**低圧保安工事により施設**する場合 • 低圧架空電線が，解釈第24条第1項の規定により電路の一部に接地工事を施したものである場合（2-5節2項（1）参照）
高圧架空電線と低圧架空電線とが交差する場合	高圧架空電線を，高圧保安工事により，低圧架空電線の上に施設すること． ただし，技術上やむを得ない場合において，次のいずれかに該当するときは，高圧架空電線を低圧架空電線の下に施設することができる． • 低圧架空電線路を低圧保安工事により施設する場合 • 低圧架空電線が，解釈第24条第1項の規定により電路の一部に接地工事を施したものである場合（2-5節2項（1）参照）
高圧架空電線が他の高圧架空電線と接近又は交差する場合	上方又は側方に施設する高圧架空電線路を，**高圧保安工事により施設**すること．

例題 28 ...... H8 問3(改)

　次の文章は，高圧保安工事についての記述である．次の　　　　　の中に当てはまる数値を解答群から選びなさい．ただし，「電気設備に関する技術基準を定める省令」に準拠するものとする．

　高圧保安工事は，次の各号によらなければならない．

a) 　電線は，ケーブルである場合を除き，引張強さ　(1)　〔kN〕以上のもの又は直径　(2)　〔mm〕の硬銅線若しくはこれと同等以上の強さ及び太さのものであること．

b) 　木柱の風圧荷重に対する安全率は，　(3)　以上であること．

c) 　径間は，次の表の左側に掲げる支持物の種類に応じ，それぞれ同表の右に掲げる値以下であること．ただし，電線に断面積　(4)　〔mm²〕の硬銅より線を使用する場合であって，支持物にB種鉄柱，B種鉄筋コンクリート柱又は鉄塔を使用するときは，この限りでない．

支持物の種類	径間
木柱，A種鉄柱又はA種コンクリート柱	100 m
B種鉄柱又はB種コンクリート柱	150 m
鉄塔	(5) 〔m〕

【解答群】

(イ) 5.26　　(ロ) 1.5　　(ハ) 2.0　　(ニ) 2.5　　(ホ) 14.51　　(ヘ) 8.01

(ト) 4.0　　(チ) 4.5　　(リ) 5.0　　(ヌ) 28　　(ル) 38　　(ヲ) 48　　(ワ) 200

(カ) 300　　(ヨ) 400

解　説　解釈第70条からの出題．2-10節1項（4）を参照のこと．

【解答】(1) ヘ　(2) リ　(3) ハ　(4) ル　(5) ヨ

2-11 特別高圧架空電線路

攻略の
ポイント

本節では架空電線路のうち使用電圧が特別高圧のものについて解説する．特別高圧の架空電線路は試験での出題頻度が高いものの，出題範囲は他の分野に比べて限定される傾向にあるため，本節で解説する内容についてはしっかりと押さえておきたい．低圧及び高圧の架空電線路と類似する部分もあるため，前節と見比べながら学んでいこう．

1 特別高圧架空電線路の機械的性能要件

　前節でも再確認したとおり，電線路が満たすべき技術的要件は電技第6条（電線等の断線防止）及び第21条（架空電線及び地中電線の感電防止）に定められている．

　特別高圧電線路についてもこれらを満たすための機械的性能要件が以下のとおり定められている．

（1）特別高圧電線路に使用する電線〈解釈第84条〉

　特別高圧架空電線路に使用する電線は，ケーブルである場合を除き，**引張強さ8.71 kN以上のより線又は断面積が22 mm² 以上の硬銅より線**であること．

（2）特別高圧電線の引張強さに対する安全率〈解釈第85条〉

　特別高圧架空電線は，解釈第66条第1項に定める低高圧架空電線の規定に準じて施設すること．具体的には，以下のとおり．（2-10節1項（3）再掲）

　ケーブルである場合を除き，次の各号に規定する荷重が加わる場合における引張強さに対する**安全率が，表2・75に規定する値以上となるような弛度**により施設すること．

- 荷重は，電線を施設する地方の平均温度及び最低温度において計算すること．
- 荷重は，次に掲げるものの合成荷重であること．
  - ➤電線の重量
  - ➤次により計算した風圧荷重
    - ✓電線路に直角な方向に加わるものとすること．
    - ✓平均温度において計算する場合は高温季の風圧荷重とし，最低温度において計算する場合は低温季の風圧荷重とすること．
- 乙種風圧荷重を適用する場合にあっては，被氷荷重

表2・75 特別高圧架空電線の安全率（表2・67再掲）

電線の種類	安全率
硬銅線又は耐熱銅合金線	2.2
その他	2.5

（3）特別高圧架空電線路における耐張型等の支持物の施設〈解釈第92条〉

①支持物が木柱，A種鉄筋コンクリート柱又はA種鉄柱の場合

　木柱，A種鉄筋コンクリート柱又はA種鉄柱を**連続して5基以上**使用する場合において，それぞれの支持物の施設箇所における電線路の**水平角度が5度以下**であるときは，次の各号によること．

- 5基以下ごとに，**支線を電線路と直角の方向**にその両側に設けた支持物を施設すること．ただし，使用電圧が 35 000 V 以下の特別高圧架空電線路にあっては，この限りでない．
- 支持物を**連続して15基以上**使用する場合は，**15基以下ごとに，支線を電線路に平行な方向**にその両側に設けた支持物を施設すること．

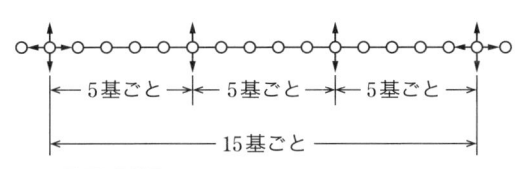

　5基ごと　5基ごと　5基ごと

　15基ごと

図2・26 A種柱の施設方法（特別高圧）

②支持物がB種鉄筋コンクリート柱又はB種鉄柱の場合

　B種鉄筋コンクリート柱又はB種鉄柱を**10基以上**使用する部分は，次の各号のいずれかによること．

- **10基以下ごとに，耐張型**の鉄筋コンクリート柱又は鉄柱を**1基**施設すること．
- **5基以下ごとに，補強型**の鉄筋コンクリート柱又は鉄柱を**1基**施設すること．

③支持物が懸垂がいし装置を使用する鉄塔の場合

　懸垂がいし装置を使用する鉄塔を連続して使用する部分は，**10基以下ごとに，**異常時想定荷重の不平均張力を想定最大張力とした**懸垂がいし装置を使用する鉄塔を1基**施設すること．

（4）特別高圧保安工事〈解釈第95条〉

　特別高圧保安工事には，危険性の高い箇所に施設する場合の第1種から，段階的に緩和された第2種，第3種まである．

①第1種特別高圧保安工事

（ア）電線及びがいし

　電線はケーブルである場合を除き，**表2・76に示すもの**とし，径間の途中において**電線を接続する場合は圧縮接続**とすること．加えて，風，雪又はその組合せによる揺動により**短絡するおそれがないように施設**すること．

表2・76　第1種特別高圧保安工事の電線

使用電圧の区分	電線
100 000 V 未満	引張強さ 21.67 kN 以上のより線又は**断面積 55 mm² 以上の硬銅より線**
100 000 V 以上 130 000 V 未満	引張強さ 38.05 kN 以上のより線又は**断面積 100 mm² 以上の硬銅より線**
130 000 V 以上 300 000 V 未満	引張強さ 58.84 kN 以上のより線又は**断面積 150 mm² 以上の硬銅より線**
300 000 V 以上	引張強さ 77.47 kN 以上のより線又は**断面積 200 mm² 以上の硬銅より線**

　電線が他の工作物と接近又は交差する場合は，その電線を支持するがいし装置は，次のいずれかのものであること．また，**支持線を使用するときは，本線と同一の強さ及び太さのものを使用**し，かつ，本線との接続は，堅ろうにして電気が安全に伝わるようにすること．

- **懸垂がいし又は長幹がいしを使用するもの**であって，**50% 衝撃せん絡電圧の値**が，当該電線の近接する他の部分を支持するがいし装置の値の**110%**（**使用電圧が130 000 V を超える場合は105%**）**以上のもの**
- **アークホーンを取り付けた懸垂がいし，長幹がいし又はラインポストがいし**を使用するもの（図2・27（a））
- **2連以上の懸垂がいし又は長幹がいし**を使用するもの（図2・27（b））

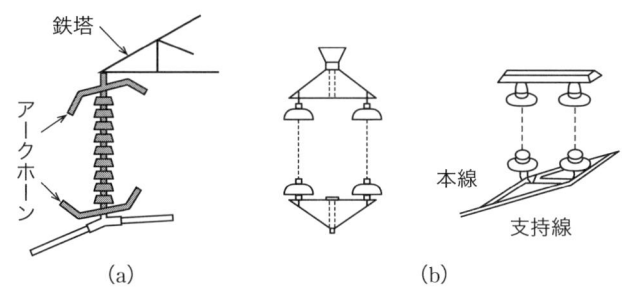

図 2・27 第 1 種特別高圧保安工事のがいし

（イ）支持物

　支持物は**B 種鉄筋コンクリート柱，B 種鉄柱又は鉄塔**であること．

（ウ）径間

　径間は表 2・77 に示す値以下であること．

表 2・77 第 1 種特別高圧保安工事の径間制限

支持物の種類	電線の種類	径間
B 種鉄筋コンクリート柱又は B 種鉄柱	引張強さ 58.84 kN 以上のより線又は**断面積 150 mm² 以上の硬銅より線**	**制限無し**
	その他	150 m 以下
鉄塔	引張強さ 58.84 kN 以上のより線又は**断面積 150 mm² 以上の硬銅より線**	**制限無し**
	その他	400 m 以下

（エ）保護装置

- 電線路には，**架空地線を施設**すること．ただし，使用電圧が 100 000 V 未満の場合において，がいしにアークホーンを取り付けるとき又は電線の把持部にアーマロッドを取り付けるときは，この限りでない．

- 電線路には，地絡又は短絡した場合に，**3 秒（使用電圧が 100 000 V 以上の場合は 2 秒）以内**に，自動的にこれを電路から遮断できる装置を設けること．

②第 2 種特別高圧保安工事

（ア）電線及びがいし

　電線は風，雪又はその組合せによる揺動により**短絡するおそれがないように施**

設すること．また，電線が他の工作物と接近又は交差する場合は，その電線を支持するがいし装置は，次のいずれかのものであること．**支持線**を使用するときは，**本線と同一の強さ及び太さのものを使用**し，かつ，本線との接続は，堅ろうにして電気が安全に伝わるようにすること．

- **50% 衝撃せん絡電圧の値**が，当該電線の近接する他の部分を支持するがいし装置の値の 110%（**使用電圧が 130 000 V を超える場合は 105%**）**以上の**もの
- **アークホーン**を取り付けた懸垂がいし，長幹がいし又はラインポストがいしを使用するもの
- **2 連以上の懸垂がいし又は長幹がいし**を使用するもの
- **2 個以上のラインポストがいし**を使用するもの

（イ）支持物

支持物に木柱を使用する場合は，風圧荷重に対する安全率を 2 以上とすること．

（ウ）径間

径間は表 2·78 に示す値以下であること．

表 2·78　第 2 種特別高圧保安工事の径間制限

支持物の種類	電線の種類	径間
木柱，A 種鉄筋コンクリート柱又は A 種鉄柱	全て	100 m 以下
B 種鉄筋コンクリート柱又は B 種鉄柱	引張強さ 38.05 kN 以上のより線又は**断面積 100 mm² 以上の硬銅より線**	**制限無し**
	その他	200 m 以下
鉄塔	引張強さ 38.05 kN 以上のより線又は**断面積 100 mm² 以上の硬銅より線**	**制限無し**
	その他	400 m 以下

③第 3 種特別高圧保安工事

電線は，風，雪又はその組合せによる揺動により**短絡するおそれがないように**施設するとともに，径間は表 2·79 に示す値以下であること．

表2・79 第3種特別高圧保安工事の径間制限

支持物の種類	電線の種類	径間
木柱，A 種鉄筋コンクリート柱又は A 種鉄柱	引張強さ 14.51 kN 以上のより線又は断面積 38 mm² 以上の硬銅より線	150 m 以下
	その他	100 m 以下
B 種鉄筋コンクリート柱又は B 種鉄柱	引張強さ 38.05 kN 以上のより線又は断面積 100 mm² 以上の硬銅より線	制限無し
	引張強さ 21.67 kN 以上のより線又は断面積 55 mm² 以上の硬銅より線	250 m 以下
	その他	200 m 以下
鉄塔	引張強さ 38.05 kN 以上のより線又は断面積 100 mm² 以上の硬銅より線	制限無し
	引張強さ 21.67 kN 以上のより線又は断面積 55 mm² 以上の硬銅より線	600 m 以下
	その他	400 m 以下

2 特別高圧架空電線路の市街地等への施設制限

　特別高圧架空電線路は，電圧が高く危険であることや火災等により電線路が損傷することを回避するため，原則として市街地のような人家の密集する土地に施設することを禁止している．

（1）特別高圧架空電線路の市街地等における施設の禁止〈電技第 40 条〉

　特別高圧の架空電線路は，その電線がケーブルである場合を除き，**市街地その他人家の密集する地域に施設してはならない**．ただし，断線又は倒壊による当該地域への**危険のおそれがないように施設**するとともに，その他の絶縁性，電線の強度等に係る**保安上十分な措置を講ずる場合**は，この限りでない．

（2）特別高圧架空電線路の供給支障の防止〈電技第 48 条第 1 項〉

　使用電圧が 170 000 V 以上の**特別高圧架空電線路**は，**市街地その他人家の密集する地域に施設してはならない**．ただし，当該地域からの**火災による当該電線路の損壊**によって一般送配電事業又は配電事業に係る**電気の供給に著しい支障を及ぼすおそれがないように施設**する場合は，この限りでない．

（以下略）

（3）特別高圧架空電線路の市街地等における施設制限〈解釈第88条〉

（1）（2）のとおり，特別高圧架空電線路は原則として市街地その他人家の密集する地域に施設しないこととされるが，次の場合には認められている．これは，特別高圧架空電線路の建設当初に野原であったものが，都市の急激な膨張に伴い，周辺が市街地化した場合に必要な改修基準を示したものとなる．

①市街地の定義

「市街地その他人家の密集する地域」とは，特別高圧架空電線路の両側にそれぞれ 50 m，線路方向に 500 m とった，面積が 50 000 m^2 の長方形の区域（道路部分を除く．）内において，**建ぺい率が 25〜30% 以上**である地域となる．

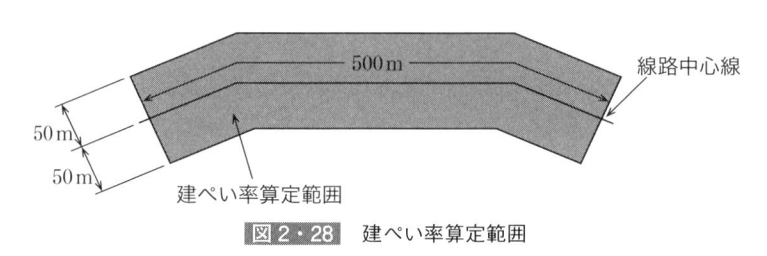

図 2・28　建ぺい率算定範囲

②使用電圧が 170 000 V 未満の場合

市街地その他人家の密集する地域に施設する場合には，以下の要件に適合する必要がある．

（ア）電線及びがいし

電線は，ケーブル又は表 2・80 に示すものであること．

表 2・80　市街地で使用できる電線

使用電圧の区分	電線
100 000 V 未満	引張強さ 21.67 kN 以上のより線又は**断面積 55 mm^2 以上の硬銅より線**
100 000 V 以上 130 000 V 未満	引張強さ 38.05 kN 以上のより線又は**断面積 100 mm^2 以上の硬銅より線**
130 000 V 以上 170 000 V 未満	引張強さ 58.84 kN 以上のより線又は**断面積 150 mm^2 以上の硬銅より線**

また，がいし装置は，次のいずれかのものであること．

・**50% 衝撃せん絡電圧の値**が，当該電線の近接する他の部分を支持するがい

し装置の値の **110%**（**使用電圧が 130 000 V を超える場合は 105%**）以上の
もの

- **アークホーン**を取り付けた懸垂がいし，長幹がいし又はラインポストがいし
  を使用するもの
- **2 連以上の懸垂がいし**又は**長幹がいし**を使用するもの
- **2 個以上のラインポスト**がいしを使用するもの

（イ）支持物

支持物は，鉄柱（鋼板組立柱を除く.），鉄筋コンクリート柱又は鉄塔であること．また，**危険である旨の表示**を見やすい箇所に設けること．ただし，使用電圧が 35 000 V 以下の特別高圧架空電線路の電線に特別高圧絶縁電線を使用する場合は，この限りでない.

（ウ）径間

径間は表 2・81 に規定する値以下であること.

表 2・81 市街地における特別高圧架空電線路の径間

支持物の種類	区分	径間
A 種鉄筋コンクリート柱又は A 種鉄柱	全て	75 m
B 種鉄筋コンクリート柱又は B 種鉄柱	全て	150 m
鉄塔	電線に断面積 160 mm^2 以上の鋼心アルミより線又はこれと同等以上の引張強さ及び耐アーク性能を有するより線を使用し，かつ，電線が風又は雪による揺動により短絡のおそれのないように施設する場合	600 m
	電線が水平に 2 以上ある場合において，電線相互の間隔が 4 m 未満のとき	250 m
	上記以外の場合	400 m

（エ）保護装置

使用電圧が 100 000 V を超える特別高圧架空電線路には，地絡を生じた場合又は短絡した場合に **1 秒以内**に自動的にこれを電路から遮断する装置を施設すること.

③使用電圧が 170 000 V 以上の場合

使用電圧が 170 000 V 以上の特別高圧架空電線路は，以下のとおり施設する必要がある．

（ア）電線及びがいし

- 電線路は**回線数が 2 以上**のもの，又は当該電線路の損壊により著しい供給支障を生じないものであること．
- 電線は**断面積 240 mm² 以上の鋼心アルミより線**又はこれと同等以上の引張強さ及び耐アーク性能を有するより線であること．また，圧縮接続による場合を除き，径間の途中において接続点を設けないこと．
- 電線を支持するがいし装置は，**アークホーンを取り付けた懸垂がいし又は長幹がいし**であること．
- 電線を引留める場合には，**圧縮型クランプ又はクサビ型クランプ**若しくはこれと同等以上の性能を有するクランプを使用すること．また，懸垂がいし装置により電線を支持する部分には**アーマロッド**を取り付けること．

（イ）支持物

支持物は**鉄塔**であること．また，危険である旨の表示を見やすい箇所に設けること．

（ウ）径間

径間は **600 m 以下**であること．

（エ）保護装置

- 電線路には**架空地線を施設**すること．
- 電線路には，地絡又は短絡した場合に，**1 秒以内**に，かつ，電線がアーク電流により溶断するおそれのないよう，自動的にこれを電路から遮断できる装置を設けること．

3 ▶ 特別高圧電線と他物との離隔

（1）特別高圧架空電線の高さ〈解釈第 87 条〉

架空電線の高さに関する技術要件である電技第 25 条（2-10 節 2 項（1）①参照）に適合させるため，特別高圧架空電線が保持すべき高さが解釈第 87 条等にて表 2·82 のとおり定められている．

表2・82　特別高圧架空電線の地上高

区分	高さ			
	160 kV 超過	35 kV を超え 160 kV 以下	35 kV 以下	高圧 (参考)
道路（車両の往来がまれであるもの及び歩行の用にのみ供される部分を除く.）を横断する場合			路面上 6 m	
鉄道又は軌道を横断する場合			レール面上 5.5 m	
横断歩道橋の上に施設する場合		横断歩道橋の路面上 5 m（電線にケーブルを使用）	横断歩道橋の路面上 4 m（電線に特別高圧絶縁電線又はケーブルを使用）	横断歩道橋の路面上 3.5 m
山地等であって人が容易に立ち入らない場所に施設する場合	地表上 $(5+c)$ m ※1	地表上 5 m		
市街地その他人家の密集する地域（解釈第 88 条）	$(10+d)$ m ※2		特別高圧絶縁電線：8 m その他：10 m	
その他の場合	地表上 $(6+c)$ m ※1	地表上 6 m	地表上 5 m	
水面上に施設する場合	電線の水面上の高さを船舶の航行等に危険を及ぼさないように保持すること			
氷雪の多い地方に施設する場合	電線の積雪上の高さを人又は車両の通行等に危険を及ぼさないように保持すること			

※1：c は，使用電圧と 160 000 V の差を 10 000 V で除した値（小数点以下を切り上げる.）に 0.12 を乗じたもの

※2：d は使用電圧と 35 000 V の差を 10 000 V で除した値（小数点以下を切り上げる.）に 0.12 を乗じたもの

（2）特別高圧架空電線路の供給支障の防止〈電技第 48 条第 2 項・第 3 項〉

　使用電圧 170 000 V 以上の特別高圧架空電線と他物との離隔について，電技第 48 条第 2 項及び第 3 項では，以下のとおり離隔距離が定められている．

　2　使用電圧が 170 000 V 以上の特別高圧架空電線と**建造物との水平距離**は，当該建造物からの火災による当該電線の損壊等によって一般送配電事業又は

配電事業に係る電気の供給に著しい支障を及ぼすおそれがないよう，3 m 以上としなければならない．

3　使用電圧が 170 000 V 以上の特別高圧架空電線が，建造物，道路，歩道橋その他の工作物の下方に施設されるときの相互の水平離隔距離は，当該工作物の倒壊等による当該電線の損壊によって一般送配電事業又は配電事業に係る電気の供給に著しい支障を及ぼすおそれがないよう，3 m 以上としなければならない．

このほか，詳細な離隔距離等については，解釈の以下の条項にて定められている．

（3）35 000V を超える特別高圧架空電線と建造物との接近〈解釈第 97 条〉，道路等との接近又は交差〈解釈第 98 条〉

①離隔距離

使用電圧が 35 000 V を超え 170 000 V 以下の特別高圧架空電線が，建造物や道路（車両及び人の往来がまれであるものを除く．），横断歩道橋，鉄道又は軌道（以下，道路等）と接近して施設される場合，特別高圧架空電線との離隔距離は表 2・83 に規定する値以上であること．

表 2・83 35 000V を超え 170 000V 以下の特別高圧架空電線との離隔距離

架空電線の種類	区分		離隔距離
ケーブル	建造物	上部造営材の上方	$(1.2+c)$ m
		建造物の下方（使用電圧 100 000 V 以上のみ）	水平離隔距離 3 m
		その他	$(0.5+c)$ m
	道路等	使用電圧 100 000 V 未満	水平離隔距離 2 m
		上記以外	$(3+c)$ m
特別高圧絶縁電線	建造物	上部造営材の上方	$(2.5+c)$ m
		人が建造物の外へ手を伸ばす又は身を乗り出すことなどができない部分	$(1+c)$ m
		建造物の下方	水平離隔距離 3 m
		その他	$(1.5+c)$ m
	道路等		$(3+c)$ m

架空電線の種類	区分	離隔距離
その他	建造物全て	$(3+c)$ m
	道路等	$(3+c)$ m

※表 2・83 内の c は，特別高圧架空電線の使用電圧と 35 000 V の差を 10 000 V で除した値（小数点以下を切り上げる.）に 0.15 を乗じたもの

②工事方法等

　建造物及び道路等との接近状態に応じて，表 2・84 のとおり工事する必要がある.

表 2・84　特別高圧電線と建造物との接近状態に応じた工事方法等

建造物・道路等との接近状態	工事方法等
第1次接近状態	第3種特別高圧保安工事により施設すること.
建造物と第2次接近状態（使用電圧が 170 000 V 未満の場合）	建造物は，以下のものでないこと. • 解釈第 175 条第 1 項第 1 号又は第 2 号に規定する粉じんの多い場所を含むもの • 解釈第 176 条第 1 項に規定する可燃性ガス等の存在する場所を含むもの • 解釈第 177 条第 1 項又は第 2 項に規定する危険物等の存在する場所を含むもの • 解釈第 178 条第 1 項に規定する火薬庫
	建造物の屋根等の，上空から見て大きな面積を占める主要な造営材であって，特別高圧架空電線と第 2 次接近状態にある部分は，次に適合するものであること. • 不燃性又は自消性のある難燃性の建築材料により造られたものであること. • 金属製の部分に，D 種接地工事が施されたものであること.
	第1種特別高圧保安工事により施設するとともに，次のいずれかにより施設すること. • 特別高圧架空電線にアーマロッドを取り付け，かつ，がいしにアークホーンを取り付けること. • 特別高圧架空電線路に架空地線を施設し，かつ，特別高圧架空電線にアーマロッドを取り付けること. • 特別高圧架空電線路に架空地線を施設し，かつ，がいしにアークホーンを取り付けること. • がいしにアークホーンを取り付け，かつ，圧縮型クランプ又はクサビ型クランプを使用して電線を引き留めること.

建造物・道路等との接近状態	工事方法等
道路等と第2次接近状態	**第2種特別高圧保安工事**により施設すること（道路の場合は，がいし装置に係る部分を除く.）
	道路等との水平距離が3m未満に施設される部分は次のいずれかとすること. ・当該部分の長さは，**連続して100m以下**であり，かつ，1径間内における当該部分の長さの合計は，100m以下であること.（図2・30（a）） ・使用電圧が600 000V未満に限り，第1種特別高圧保安工事により施設すること.
道路等の上と交差	**第2種特別高圧保安工事**により施設すること. ただし，次のいずれかに該当する場合は，がいし装置に係る第2種特別高圧保安工事を施さないことができる. ・道路との交差の場合 ・道路等との間に保護網を施設する場合
	道路等との水平距離が3m未満に施設される部分は次のいずれかとすること. ・当該部分の長さは，**連続して100m以下**であり，かつ，1径間内における当該部分の長さの合計は，100m以下であること.（図2・30（b）） ・使用電圧が600 000V未満に限り，第1種特別高圧保安工事により施設すること.

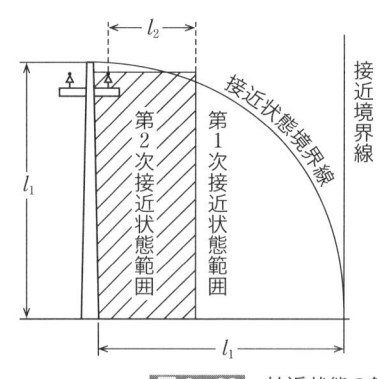

l_1：支持物の地表上の高さ
l_2：3m未満
接近状態：
第1次接近状態＋第2次接近状態

図2・29 接近状態の解説図（図2・19再掲）

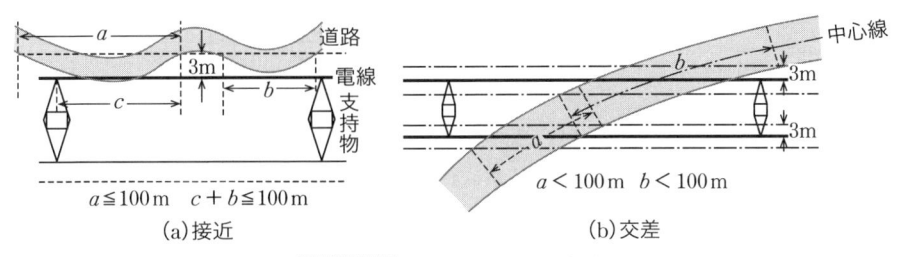

$a \leqq 100\,\text{m} \quad c + b \leqq 100\,\text{m}$

(a)接近

$a < 100\,\text{m} \quad b < 100\,\text{m}$

(b)交差

図2・30　道路との接近・交差

（4）35 000Vを超える特別高圧架空電線と低高圧架空電線等との接近又は交差〈解釈第100条〉

①離隔距離

使用電圧が 35 000 V を超え 170 000 V 以下の特別高圧架空電線が，低圧若しくは高圧の架空電線又は架空弱電流電線等と接近又は交差して施設される場合，特別高圧架空電線との離隔距離は表 2・85 に規定する値以上であること．

表2・85　特別高圧架空電線と低高圧架空電線の離隔距離

特別高圧架空電線の使用電圧の区分	特別高圧架空電線がケーブル，低圧又は高圧の架空電線が絶縁電線又はケーブルの場合※	その他の場合※
35 000 V を超え 60 000 V 以下	1 m	2 m
60 000 V を超え 170 000 V 以下	$(1+c)$ m	$(2+c)$ m

※ c は，特別高圧架空電線の使用電圧と 60 000 V の差を 10 000 V で除した値（小数点以下を切り上げる．）に 0.12 を乗じたもの

②工事方法等

低高圧架空電線との接近状態に応じて，表 2・86 のとおり工事する必要がある．

表2・86　低高圧架空電線との接近状態に応じた工事方法等

低高圧架空電線との接近状態	工事方法等
第1次接近状態	第3種特別高圧保安工事により施設すること.
第2次接近状態	第2種特別高圧保安工事により施設すること.
	水平離隔距離を2m以上とすること. ただし, 次のいずれかに該当する場合は, この限りでない. ・低高圧架空電線等が, 引張強さ8.01 kN以上のもの又は直径5mm以上の硬銅線若しくはケーブルである場合 ・架空弱電流電線等を引張強さ3.70 kN以上のものでちょう架して施設する場合, 又は架空弱電流電線等が径間15m以下の引込線である場合 ・特別高圧架空電線と低高圧架空電線等との垂直距離が6m以上である場合 ・低高圧架空電線等の上方に保護網を施設する場合 ・特別高圧架空電線がケーブルであり, その使用電圧が100 000 V未満である場合
	低高圧架空電線等との水平距離が3m未満に施設される部分は次のいずれかとすること. ・当該部分の長さは, 連続して50m以下であり, かつ, 1径間内における当該部分の長さの合計は, 50m以下であること. ・第1種特別高圧保安工事により施設すること.
交差	特別高圧架空電線を低高圧架空電線等の上に施設すること. ただし, 次の場合は, 特別高圧架空電線を低高圧架空電線等の下に交差して施設することができる. ・架空弱電流電線等が, 架空地線を利用して施設する光ファイバケーブル又は特別高圧架空ケーブルに複合された光ファイバケーブルである場合 ・特別高圧架空電線がケーブルであり, その使用電圧が100 000 V未満である場合
	第2種特別高圧保安工事により施設すること. ただし, 特別高圧架空電線と低高圧架空電線等との間に保護網を施設する場合は, がいし装置に係る第2種特別高圧保安工事を施さないことができる.
	特別高圧架空電線の両外線の直下部に, D種接地工事を施した引張強さ8.01 kN以上の金属線又は直径5mm以上の硬銅線を低高圧架空電線等と0.6m以上の離隔距離を保持して施設すること. (図2・31) ただし, 次のいずれかに該当する場合は, この限りでない. ・低高圧架空電線等が, 引張強さ8.01 kN以上のもの又は直径5mm以上の硬銅線若しくはケーブルである場合 ・架空弱電流電線等を引張強さ3.70 kN以上のものでちょう架して施設する場合, 又は架空弱電流電線等が径間15m以下の引込線である場合 ・特別高圧架空電線と低高圧架空電線等との垂直距離が6m以上である場合 ・低高圧架空電線等の上方に保護網を施設する場合 ・特別高圧架空電線がケーブルであり, その使用電圧が100 000 V未満である場合

低高圧架空電線等との水平距離が 3 m 未満に施設される部分は次のいずれかとすること.
- 当該部分の長さは 50 m **以下**であること.（図 2・32）
- 第 1 種特別高圧保安工事により施設すること.

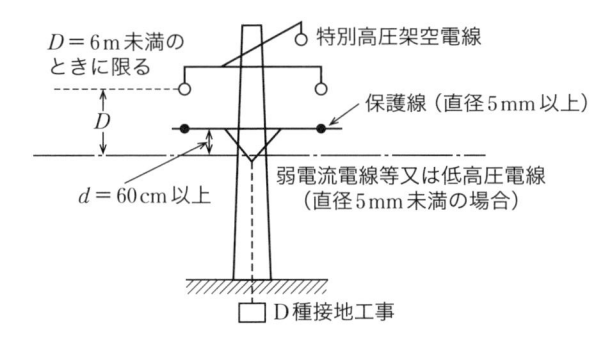

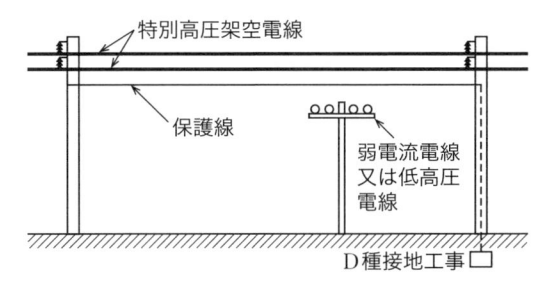

図 2・31 保護線の施設方法

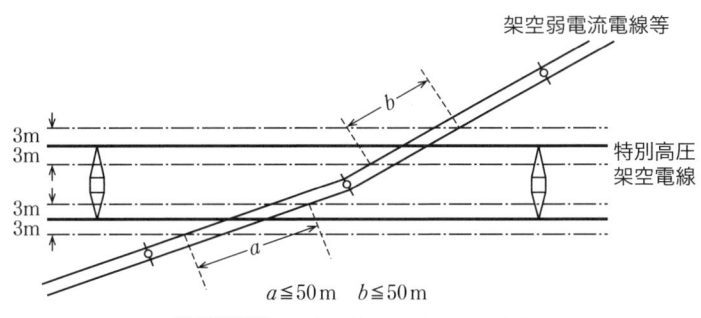

図 2・32 低高圧架空電線路との交差

③保護網

②に定められた特別高圧架空電線と低高圧架空電線等との間の保護網は，以下のとおり施設する必要がある．

- 保護網は A 種接地工事を施した金属製の網状装置とし，堅ろうに支持すること．
- 保護網の外周及び特別高圧架空電線の直下に施設する金属線には，引張強さ 8.01 kN 以上のもの又は直径 5 mm 以上の硬銅線を使用し，その他の部分に施設する金属線には，引張強さ 5.26 kN 以上のもの又は直径 4 mm 以上の硬銅線を使用すること．
- 保護網を構成する金属線相互の間隔は，縦横各 1.5 m 以下であること．ただし，特別高圧架空電線が低高圧架空電線等と 45 度を超える水平角度で交差する場合における，特別高圧架空電線と同一方向の金属線については，その外周に施設する金属線及び特別高圧架空電線の両外線の直下に施設する金属線（外周に施設する金属線との間隔が 1.5 m を超えるものに限る．）以外のものは，施設することを要しない．
- 保護網と低高圧架空電線等との垂直離隔距離は，0.6 m 以上であること．
- 保護網が低高圧架空電線等の外部に張り出す幅は，低高圧架空電線等と保護網との垂直距離の 1/2 以上であること．
- 保護網が特別高圧架空電線の外部に張り出す幅は，特別高圧架空電線と保護網との垂直距離の 1/2 以上であること．ただし，6 m を超えることを要しない．

これらを図示すると，図 2·33 のようになる．

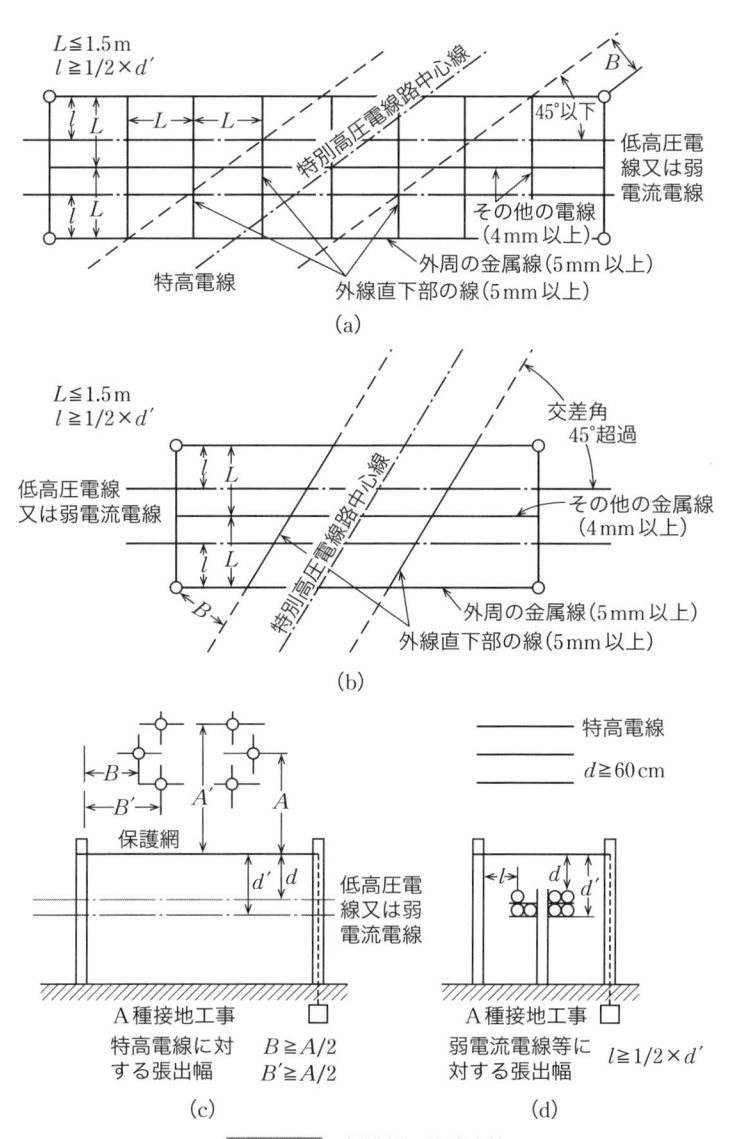

図2・33 保護網の施設方法

例題 29 ··· H19　問 2

　次の文章は，「電気設備技術基準」及び「電気設備技術基準の解釈」に基づく，架空電線等の高さに関する記述である．文中の _____ に当てはまる語句又は数値を解答群の中から選びなさい．

a)　架空電線，架空電力保安通信線及び架空電車線は，接触又は ___(1)___ による感電のおそれがなく，かつ，交通に支障を及ぼすおそれがない高さに施設しなければならない．

b)　特別高圧架空電線の地表上（鉄道又は軌道を横断する場合はレール面上，横断歩道橋を横断する場合はその路面上）の高さは，下表の左欄に掲げる使用電圧の区分に応じ，それぞれ同表の右欄に掲げる値以上であること．

使用電圧の区分	地表上の高さ
35 000 V 以下	___(2)___ 〔m〕（鉄道又は軌道を横断する場合は 5.5 m，道路を横断する場合は ___(3)___ 〔m〕，横断歩道橋の上に施設する場合であって電線が特別高圧絶縁電線又はケーブルであるときは 4 m）
35 000 V を超え 160 000 V 以下	___(3)___ 〔m〕（山地等であって人が容易に立ち入らない場所に施設する場合は ___(2)___ 〔m〕，横断歩道橋の上に施設する場合であって電線かケーブルであるときは ___(2)___ 〔m〕）
160 000 V を超えるもの	___(3)___ 〔m〕（山地等であって人が容易に立ち入らない場所に施設する場合は ___(2)___ 〔m〕）に 160 000 V を超える 10 000 V 又はその端数ごとに 12 cm を加えた値

c)　特別高圧架空電線を水面上に施設する場合は，電線の水面上の高さを ___(4)___ 等に危険を及ぼさないように保持すること．

d)　特別高圧架空電線路を氷雪の多い地方に施設する場合は，電線の ___(5)___ の高さを人又は車両の通行等に危険を及ぼさないように保持すること．

【解答群】
（イ）4.5　（ロ）5　（ハ）5.5　（ニ）6　（ホ）6.5　（ヘ）7　（ト）積雪上
（チ）ギャロッピング時　（リ）着雪時　（ヌ）高調波　（ル）断線
（ヲ）橋上の通行　（ワ）誘導作用　（カ）水面上における作業
（ヨ）船舶の航行

解　説　(1) は電技第 25 条，(2) 〜 (5) は解釈第 87 条からの出題．それぞれ 2-10 節 2 項（1）①，2-11 節 3 項（1）を参照のこと．

【解答】(1) ワ　(2) ロ　(3) ニ　(4) ヨ　(5) ト

例題 30 ··· R4 問6

次の文章は，「電気設備技術基準の解釈」に基づく，電線にケーブルを使用しない場合における，使用電圧が 170 000 V 未満の特別高圧架空電線路の市街地その他人家の密集する地域における施設制限に関する記述である．文中の □□□ に当てはまる最も適切なものを解答群の中から選びなさい．

a) 電線の地表上の高さは，下表に規定する値以上であること．ただし，発電所，蓄電所又は変電所若しくはこれに準ずる場所の構内と構外とを結ぶ 1 径間の架空電線にあっては，この限りではない．

使用電圧の区分	電線の種類	高さ
35 000 V 以下	(1)	(2) m
	その他	10 m
35 000 V 超過	全て	$(10+c)$ m

（備考）c は，使用電圧と 35 000 V の差を 10 000 V で除した値（小数点以下を切り上げる．）に 0.12 を乗じたもの

b) 支持物は，□(3)□（鋼板組立柱を除く．），鉄筋コンクリート柱又は鉄塔であること．

c) 支持物には，危険である旨の表示を見やすい箇所に設けること．ただし，使用電圧が，35 000 V 以下の特別高圧架空電線路の電線に □(1)□ を使用する場合は，この限りでない．

d) 電線を支持するがいし装置は，次のいずれかのものであること．

① □(4)□ の値が，当該電線の近接する他の部分を支持するがいし装置の値の 110 %（使用電圧が 130 000 V を超える場合は，105 %）以上のもの

②アークホーンを取り付けた懸垂がいし，長幹がいし又はラインポストがいしを使用するもの

③2 連以上の懸垂がいし又は長幹がいしを使用するもの

④2 個以上のラインポストがいしを使用するもの

e) 使用電圧が 100 000 V を超える特別高圧架空電線路には，地絡を生じた場合又は短絡した場合に □(5)□ 秒以内に自動的にこれを電路から遮断する装置を施設すること．

【解答群】

(イ) 6　　(ロ) 50 %衝撃せん絡電圧　　(ハ) 8　　(ニ) 鋼管柱　　(ホ) 1

(ヘ) 逆せん絡電圧　　(ト) 特別高圧絶縁電線　　(チ) 木柱　　(リ) 4

(ヌ) アルミ線　　(ル) 鉄柱　　(ヲ) 1.5　　(ワ) 異常電圧　　(カ) 2

(ヨ) 裸線

解　説　解釈第88条からの出題．(1)(2) は 2-11 節 3 項の表 2·82，(3) ～ (5) は 2-11 節 2 項 (3) を参照のこと．

【解答】(1) ト　(2) ハ　(3) ル　(4) ロ　(5) ホ

例題31 ⸱⸱⸱ H23　問 1

　次の文章は，「電気設備技術基準の解釈」に基づく，特別高圧架空電線と道路等との接近又は交さに関する記述の一部である．文中の　　　　　に当てはまる最も適切なものを解答群の中から選びなさい．

　特別高圧架空電線が道路，横断歩道橋，鉄道又は軌道（以下「道路等」という．）と第 2 次接近状態に施設される場合は，次の各号によること．

一　特別高圧架空電線路は，　(1)　特別高圧保安工事の規定（特別高圧架空電線が道路と第 2 次接近状態に施設される場合は，がいし装置に係る部分を除く．）に準じて施設すること．

二　特別高圧架空電線と道路等との離隔距離（路面上又はレール面上の離隔距離を除く．）は次表に掲げる使用電圧の区分に応じ，表示された離隔距離以上であること．

使用電圧の区分	離隔距離
35 000 V 以下のもの	(2)　 m
35 000 V を超えるもの	(2)　 〔m〕に，使用電圧が 35 000 V を超える 10 000 V 又はその端数ごと 15 cm を加えた値

ただし，次のいずれかに該当する場合はこの限りではない．

① 特別高圧絶縁電線を使用する使用電圧が 35 000 V 以下の特別高圧架空電線と道路等との水平離隔距離が　(3)　〔m〕以上の場合

② 　(4)　 を使用する使用電圧が 35 000 V 以下の特別高圧架空電線と道路等との水平離隔距離が 1.2 m 以上の場合

③ 　(4)　 を使用する使用電圧が 35 000 V を超える 100 000 V 未満の特別高圧架空電線と道路等との水平離隔距離が　(5)　〔m〕以上の場合

【解答群】
(イ) 4　　　　(ロ) 第2種　　(ハ) 1.8　　(ニ) 2.4　　(ホ) 第1種　　(ヘ) 1
(ト) 絶縁銅帯　(チ) 2.8　　　(リ) 5　　(ヌ) ケーブル　(ル) 2　　(ヲ) 1.5
(ワ) 第3種　　(カ) 3　　　　(ヨ) 裸電線

2章

電気設備の技術基準とその解釈

解 説　(1) (2) (5) は解釈第98条，(3) (4) は解釈第106条（35 000 V 以下の特別高圧架空電線と工作物等との接近又は交差）からの出題．

(1) 2-11節3項 (3) の表2·84 より道路等と第2次近接状態に施設する特別高圧架空電線は，第2種特別高圧保安工事による必要がある．

(2) 2-11節3項 (3) の表2·83 より，使用電圧 35 000 V を超える架空電線と道路等との離隔距離は，$(3+c)$ m（c は特別高圧架空電線の使用電圧と 35 000 V の差を 10 000 V で除した値（小数点以下を切り上げる．）に 0.15 を乗じたもの）であるため，3 m が正解．

(3) (4) 解釈第106条第2項第2号ロには，

　ロ　特別高圧架空電線と道路等との離隔距離は，3 m 以上であること．ただし，次のいずれかに該当する場合はこの限りでない．

　　(イ) 特別高圧架空電線が特別高圧絶縁電線である場合において，道路等との水平離隔距離が，1.5 m 以上であるとき

　　(ロ) 特別高圧架空電線がケーブルである場合において，道路等との水平離隔距離が，1.2 m 以上であるとき

　とあり，(3) は1.5，(4) はケーブルが正解となる．

(5) 2-11節3項 (3) の表2·83 より，ケーブルを使用する場合であって，35 000 V 以上 100 000 V 未満の架空電線路と道路等との水平離隔距離は 2 m 以上である．

【解答】(1) ロ　(2) カ　(3) ヲ　(4) ヌ　(5) ル

例題 32 ·· H23　問3

　次の文章は，「電気設備技術基準の解釈」に基づく，特別高圧架空電線路の第1種特別高圧保安工事に関する記述の一部である．文中の　　　　　に当てはまる最も適切なものを解答群の中から選びなさい．

a)　電線には，　(1)　による場合を除き，径間の途中において接続点を設けないこと．

b)　径間は，支持物が鉄塔の場合は　(2)　〔m〕以下であること．ただし，電線に引張強さ 58.84 kN 以上のより線又は断面積 150 mm² 以上の硬銅より線を使用する場合は，この限りでない．

c)　電線が他の工作物と接近し，又は交さする場合にあっては，その電線を支持するがいし装置は，次のいずれかに掲げるものであること．

　①懸垂がいし又は長幹がいしを使用するものであって，50％衝撃せん絡電圧の値が，当該電線の近接する他の部分を支持するがいし装置の値の 110％（使用電圧が 130 000 V を超える場合は 105％）以上のもの．

　②アークホーンを取り付けた懸垂がいし，長幹がいし又は　(3)　を使用するもの．

　③2連以上の懸垂がいし又は長幹がいしを使用するもの．

d)　電線路には，　(4)　を施設すること．ただし，使用電圧が 100 000 V 未満の場合において，がいしにアークホーンを取り付けるとき又は電線の把持部にアーマロッドを取り付けるときは，この限りでない．

e)　電線路には，電路に地絡を生じた場合又は短絡した場合に，使用電圧が 100 000 V 未満の場合においては，　(5)　秒以内に自動的に電路を遮断する装置を設けること．

【解答群】

(イ) S 形スリーブ　　　(ロ) 支持線　　　(ハ) 2　　　(ニ) 圧縮接続　　　(ホ) 避雷器

(ヘ) 600　　　(ト) 3　　　(チ) 800　　　(リ) 1　　　(ヌ) ピンがいし

(ル) ステーションポストがいし　　　(ヲ) 400　　　(ワ) 接続用コネクタ

(カ) ラインポストがいし　　　(ヨ) 架空地線

解　説　解釈第95条からの出題．2-11節1項（4）を参照のこと．

【解答】(1) ニ　(2) ヲ　(3) カ　(4) ヨ　(5) ト

例題 33 ·· R3 問 5

　次の文章は,「電気設備技術基準の解釈」に基づく,特別高圧架空電線路の第 2 種特別高圧保安工事に関する記述である. 文中の ［　　　］ に当てはまる最も適切なものを解答群の中から選びなさい.

a)　支持物に木柱を使用する場合は,当該木柱の風圧荷重に対する安全率は,
　　［　(1)　］ 以上であること.
b)　支持物に ［　(2)　］ を使用する場合の径間は,100 m 以下であること.
c)　電線が他の工作物と接近又は交差する場合は,その電線を支持するがいし装置は,次のいずれかのものであること.
　　① ［　(3)　］ の値が,当該電線の近接する他の部分を支持するがいし装置の値の
　　　110 %（使用電圧が 130 000 V を超える場合は,105%）以上のもの
　　② ［　(4)　］ を取り付けた懸垂がいし,長幹がいし又はラインポストがいしを使
　　　用するもの
　　③ 2 連以上の懸垂がいし又は長幹がいしを使用するもの
　　④ 2 個以上のラインポストがいしを使用するもの
d)　上記 c の場合において,支持線を使用するときは,その支持線には,本線
　　［　(5)　］ 強さ及び太さのものを使用し,かつ,本線との接続は,堅ろうにして電気が安全に伝わるようにすること.

【解答群】
（イ）A 種鉄筋コンクリート柱　　　（ロ）2　　（ハ）アークホーン　　（ニ）鉄塔
（ホ）50 %衝撃せん絡電圧　　（ヘ）5　　（ト）ヒューズ　　（チ）逆せん絡電圧
（リ）異常電圧　　（ヌ）の半分の　　（ル）アレスタ　　（ヲ）と同一の
（ワ）B 種鉄柱　　（ヨ）の 2 倍の　　（カ）1.5

解　説　解釈第 95 条からの出題. 2-11 節 1 項（4）を参照のこと.

【解答】(1) ロ　(2) イ　(3) ホ　(4) ハ　(5) ヲ

例題 34 ··· H7 問3

次の文は，特別高圧架空電線と低高圧架空電線等との接近又は交さの場合の記述である．次の _____ の中に当てはまる語句又は数値を解答群から選びなさい．ただし，「電気設備に関する技術基準を定める省令」に準拠するものとする．

特別高圧架空電線と低高圧架空電線等と第二次接近状態に施設される場合は，特別高圧架空電線のうち，低高圧架空電線等から ___(1)___ で3 m 未満に施設される部分の長さが，連続して ___(2)___ 〔m〕以下であり，かつ，1 径間内における当該部分の長さの合計が50 m 以下であること．ただし，使用電圧が ___(3)___ 〔V〕以下の特別高圧架空電線路を ___(4)___ により施設する場合又は使用電圧が ___(3)___ 〔V〕を超える特別高圧架空電線路を ___(5)___ により施設する場合は，この限りでない．

【解答群】

(イ) 離隔距離	(ロ) 200	(ハ) 35 000	(ニ) 30	(ホ) 10 000
(ヘ) 100	(ト) 水平距離	(チ) 50 000	(リ) 垂直距離	(ヌ) 15 000
(ル) 50	(ヲ) 特別高圧保安工事		(ワ) 第3種特別高圧保安工事	
(カ) 第1種特別高圧保安工事		(ヨ) 第2種特別高圧保安工事		

解 説 (1) (2) (5) は解釈第 100 条，(3) (4) は解釈第 106 条（35 000 V 以下の特別高圧架空電線と工作物等との接近又は交差）からの出題．

(1) (2) (5) は 2-11 節 3 項 (4) を参照のこと．

(3) (4) 解釈第 106 条第 4 項第 3 号ハには，35 000 V 以下の特別高圧架空電線と低高圧架空電線との第 2 次近接状態に関して，

特別高圧架空電線のうち，低高圧架空電線等との水平距離が 3 m 未満に施設される部分の長さは，連続して 50 m 以下であり，かつ，1 径間内における当該部分の長さの合計は，50 m 以下であること．ただし，特別高圧架空電線路を第2種特別高圧保安工事により施設する場合は，この限りでない．

との規定があり，(3) は 35 000，(4) は第 2 種特別高圧保安工事が正解となる．

【解答】 (1) ト (2) ル (3) ハ (4) ヨ (5) カ

2-12 地中電線路

前節までは架空電線路について学んできた．本節では地中電線路に関する
技術要件について解説していく．試験での出題頻度は高いが，繰り返し出題
されている分野であるため，ポイントを押さえて理解しておこう．

1 地中電線路に関する電技の規定

地中電線路の施設に関する電技上の主な規定については，以下のとおり．

（1）架空電線及び地中電線の感電防止〈電技第21条第2項〉

地中電線には，感電のおそれがないよう，**使用電圧に応じた絶縁性能を有する
ケーブルを使用**しなければならない．

（2）発電所等への取扱者以外の者の立入の防止〈電技第23条第2項〉

地中電線路に施設する**地中箱**は，**取扱者以外の者が容易に立ち入るおそれがな
いように施設**しなければならない．

（3）地中電線等による他の電線及び工作物への危険の防止〈電技第30条〉

地中電線，屋側電線及びトンネル内電線その他の工作物に固定して施設する電
線は，他の電線，弱電流電線等又は管（他の電線等という．）と接近し，又は交
さする場合には，**故障時のアーク放電**により**他の電線等を損傷するおそれがない
ように施設**しなければならない．ただし，感電又は火災のおそれがない場合で
あって，他の電線等の管理者の承諾を得た場合は，この限りでない．

（4）地中電線路の保護〈電技第47条〉

1　地中電線路は，**車両その他の重量物による圧力に耐え**，かつ，当該地中電線
　路を埋設している旨の**表示等により掘削工事からの影響を受けないように施設**
　しなければならない．

2　地中電線路のうちその内部で作業が可能なものには，**防火措置を講じなけれ
　ばならない**．

　上記の電技に適合するための具体的な技術要件を以下に示す．

2 地中電線路の施設〈解釈第120条〉

地中電線路は，電線にケーブルを使用し，かつ，管路式，暗きょ式又は直接埋
設式により施設する必要がある．

（1）管路式

　管路式とは，電線を管路に収めて埋設する方式であり，配電線等の地中化のために施設される電線共同溝（C.C.Box）も含まれる（図2・34）.

　電線を収める管は**車両その他の重量物の圧力に耐えるもの**である必要があり，掘削作業者の注意を喚起する措置として**高圧又は特別高圧の地中電線路**には，次により**表示を施す**ことが求められている.

　なお，**需要場所に施設する高圧地中電線路**であって，その長さが**15 m以下の**ものの**表示は不要**とされている.

- **物件の名称，管理者名及び電圧**（需要場所に施設する場合にあっては，物件の名称及び管理者名を除く．）を表示すること.
- 表示はおおむね**2 mの間隔**とすること．ただし，他人が立ち入らない場所又は当該電線路の位置が十分に認知できる場合は，この限りでない

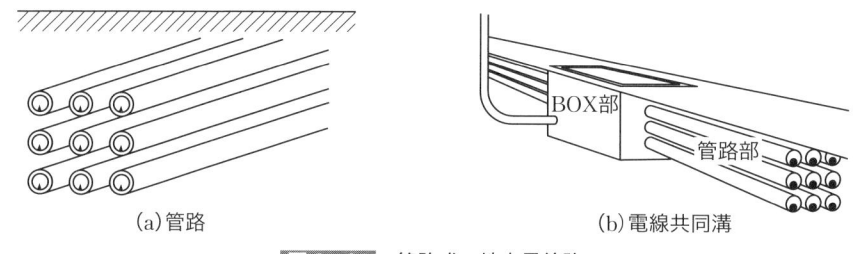

(a)管路　　　　　　　　　　　　　　　(b)電線共同溝

図2・34　管路式の地中電線路

（2）暗きょ式

　暗きょ式とは，内部に地中電線を施設できる空間を有する構造物による埋設方式であり，配電線等の地中化のために施設されているキャブ（CAB：Cable Boxの略称で，電力，通信等のケーブルを収納するために道路下に設けるふた掛け式のU字構造物）も含まれる（図2・35）.

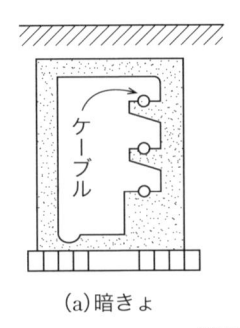

(a)暗きょ

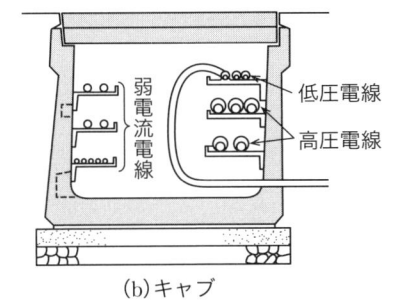

(b)キャブ

図2・35 暗きょ式の地中電線路

暗きょは**車両その他の重量物の圧力に耐えるもの**であるとともに，暗きょ内では人が作業することもあるため，表2・87のいずれかの方法により**防火措置**を施す必要がある．

表2・87 暗きょ式の防火措置

防火措置の方法

次のいずれかにより，**地中電線に耐燃措置**を施すこと．
• 地中電線が次のいずれかに適合する被覆を有するものであること．
  ➤建築基準法第2条第9号に規定される不燃材料で造られたもの又はこれと同等以上の性能を有するものであること．
  ➤電気用品の技術上の基準を定める省令の解釈別表第1附表第21に規定する耐燃性試験に適合すること又はこれと同等以上の性能を有すること．
• 地中電線を延焼防止テープ，延焼防止シート，延焼防止塗料その他これらに類するもので被覆すること．
• 地中電線を，次のいずれかに適合する管又はトラフに収めること．
  ➤建築基準法第2条第9号に規定される不燃材料で造られたもの又はこれと同等以上の性能を有するものであること．
  ➤電気用品の技術上の基準を定める省令の解釈別表第2附表第24に規定する耐燃性試験に適合すること又はこれと同等以上の性能を有すること．
  ➤民間規格評価機関として日本電気技術規格委員会が承認した規格である「地中電線を収める管又はトラフの「自消性のある難燃性」試験方法」の「適用」の欄に規定する要件に規定する試験に適合すること．

暗きょ内に**自動消火設備**を施設すること．

（3）直接埋設式

直接埋設式は，地中電線に**堅ろうなトラフ等の防護**を施し，一定の深さに埋設する方式をいう（図2・36）．

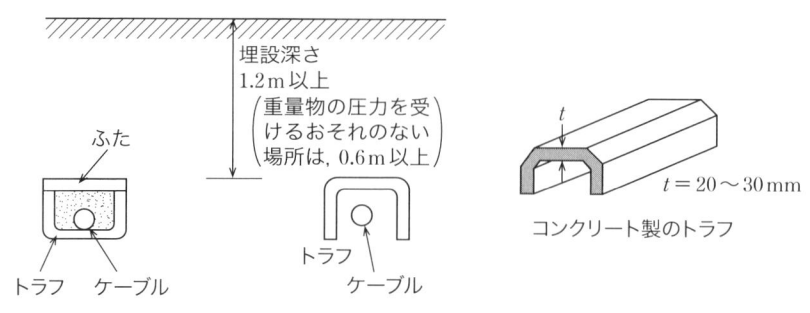

図2・36 直接埋設式の地中電線路

　地中電線の埋設深さは，原則として**車両その他の重量物の圧力を受けるおそれがある場所**においては **1.2 m 以上**，その他の場所においては **0.6 m 以上**であることが求められる．

　地中電線には，(1) に準じて**掘削作業者の注意喚起のための表示**を行うとともに，道路工事等に伴うつるはしや掘削機械等による衝撃から防護するため，以下のいずれかの施設方法とする必要がある．

- 図2·36 に示すような**堅ろうなトラフその他の防護物に地中電線を収める**こと．
- **低圧又は高圧の地中電線**を，車両その他の重量物の圧力を受けるおそれがない場所に施設する場合は，地中電線の**上部を堅ろうな板又はといで覆うこと**（図2·37 (a)）．
- 地中電線に**がい装を有するケーブル**を使用すること．さらに，地中電線の使用電圧が**特別高圧である場合**は，**堅ろうな板又はといで地中電線の上部及び側部を覆うこと**（図2·37 (b)）．
- 地中電線に**パイプ型圧力ケーブル**を使用し，かつ，地中電線の**上部を堅ろうな板又はといで覆うこと**（図2·37 (c)）．

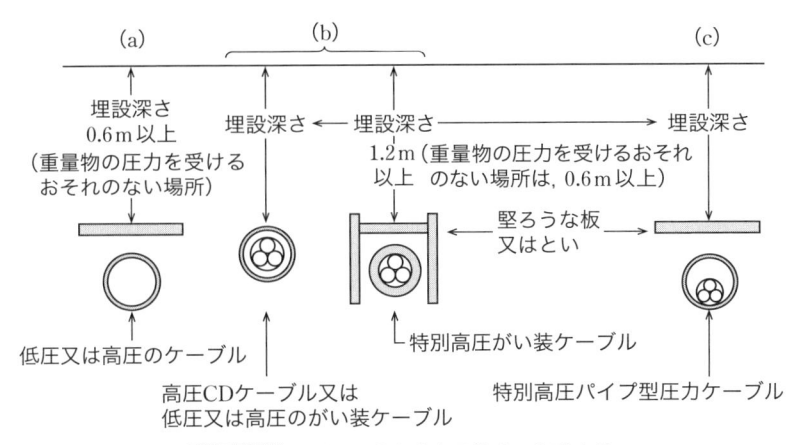

図 2・37 直接埋設式地中電線路の施設方法

2章
電気設備の技術基準とその解釈

3 ▶ 地中箱の施設 〈解釈第 121 条〉

地中箱（マンホール，ハンドホール等）は，地中電線路を管路式により施設する場合に，管路の途中又は末端に設けるもので，ケーブルの引入れや引抜き，ケーブルの接続などを行うための地表面下に設ける箱であり，以下のとおり施設方法が定められている．

- **車両その他の重量物の圧力に耐える構造**であること．
- 爆発性又は燃焼性のガスが侵入し，**爆発又は燃焼するおそれがある場所に設ける地中箱**で，その大きさが **1 m³ 以上**のものには**通風装置その他ガスを放散させるための適当な装置を設ける**こと．
- 地中箱のふたは，**取扱者以外の者が容易に開けることができないように**施設すること．

4 ▶ 地中電線の被覆金属体等の接地 〈解釈第 123 条〉

ケーブル故障時における金属体の誘起電圧を軽減するとともに，故障電流を大地に容易に放流するために，地中電線路の次の各号に掲げるものには，**D 種接地工事**を施す必要がある．

- **管，暗きょ**その他の地中電線を収める**防護装置の金属製部分**
- **金属製の電線接続箱**

- 地中電線の**被覆に使用する金属体**

なお，次に掲げるものについては，誘起電圧の危険がないことから，D種接地工事を施す必要はない．

- ケーブルを支持する金物類
- 前項各号に掲げるもののうち，防食措置を施した部分
- 地中電線を管路式により施設した部分における金属製の管路

5 地中電線と他の地中電線との接近・交差〈解釈第125条〉

地中電線と他の地中電線との接近・交差に関して，離隔距離や施設方法については以下のように定められている．

（1）地中電線間の接近又は交差

低圧地中電線と高圧地中電線とが接近又は交差する場合，又は低圧若しくは高圧の地中電線と特別高圧地中電線とが接近又は交差する場合は，地中電線の事故時の**アーク放電**によって他の地中電線に損傷を与えないよう，次の各号のいずれかにより施設する必要がある．

ただし，**地中箱内**については平常の点検が可能であるため**この限りでない**．

①離隔距離の保持

- 低圧地中電線と高圧地中電線との**離隔距離が0.15 m以上**であること．
- 低圧又は高圧の地中電線と特別高圧地中電線との**離隔距離が0.3 m以上**であること．
- 暗きょ内に施設し，地中電線相互の**離隔距離が0.1 m以上**であること（解釈第120条第3項第2号イ（表2・87）に規定する**耐燃措置**を施した使用電圧が**170 000 V未満の地中電線**の場合に限る．）．

②隔壁の設置

地中電線相互の間に**堅ろうな耐火性の隔壁**を設けること．

③難燃性の材料の使用

次のいずれかに該当するように難燃性の材料を使用する地中電線路の場合は，地中電線相互の**離隔距離は0 m以上**であればよい．（＝接触しても良い．）

- 近接又は交差する**いずれかの地中電線**が，次のいずれかに該当するものである場合
  - ➤**不燃性の被覆**を有すること．

➤**堅ろうな不燃性の管**に収められていること.

- 近接又は交差する**それぞれの地中電線**が，次のいずれかに該当するものである場合

➤**自消性のある難燃性の被覆**を有すること.

➤**堅ろうな自消性のある難燃性の管**に収められていること.

なお，「不燃性」「自消性のある難燃性」については，解釈第1条により，以下のとおり定義されている（表2·2参照）．

自消性のある難燃性	難燃性であって，炎を除くと自然に消える性質（例｜硬質塩化ビニル波板，ポリカーボネート等）
不燃性	難燃性のうち，炎を当てても燃えない性質（例｜コンクリート，れんが，瓦，鉄鋼，アルミニウム，ガラス，モルタル等）

（2）地中弱電流電線等との接近又は交差

地中電線と地中弱電流電線が接近又は交差する場合の施設方法には，表2·88に定める離隔距離の確保する方法，地中電線と地中弱電流電線等との間に**堅ろうな耐火性の隔壁**を設置する方法，地中電線を**堅ろうな不燃性の管**又は**自消性のある難燃性の管**に収めて地中弱電流電線等と**直接接触しないように施設**する方法がある．

表2·88 地中電線と地中弱電流電線との離隔距離

地中電線の使用電圧の区分	離隔距離
低圧又は高圧	0.3 m 以上
特別高圧	0.6 m 以上

このほか，以下のような施設方法もある．

①地中弱電流電線等の管理者の承諾を得た場合

地中弱電流電線等の管理者の承諾を得た場合は，次のいずれかにより施設することができる．

- 地中弱電流電線等が，有線電気通信設備令施行規則に適合した**難燃性の防護被覆**を使用したものである場合は，次のいずれかによること.

➤地中電線が地中弱電流電線等と**直接接触しないように施設**すること.

➤地中電線の電圧が222 V（使用電圧が200 V）以下である場合は，地中電

線と地中弱電流電線等との**離隔距離が 0 m 以上**であること.

- 地中弱電流電線等が,**光ファイバケーブル**である場合は,地中電線と地中弱電流電線等との**離隔距離が 0 m 以上**であること.
- 地中電線の使用電圧が **170 000 V 未満**である場合は,地中電線と地中弱電流電線等との**離隔距離が 0.1 m 以上**であること.

②**地中弱電流電線等が電力保安通信線である場合**

地中弱電流電線等が電力保安通信線である場合は,地中電線の使用電圧に応じて表 2・89 の方法で施設することができる.

表2・89 電力保安通信線と接近・交差する地中電線の施設方法

地中電線の使用電圧	施設方法
低圧	地中電線と電力保安通信線との**離隔距離が 0 m 以上**であること.
高圧又は特別高圧	次のいずれかによること. ・電力保安通信線が**不燃性の被覆**若しくは**自消性のある難燃性の被覆**を有する**光ファイバケーブル**,又は**不燃性の管**若しくは**自消性のある難燃性の管**に収めた**光ファイバケーブル**である場合は,地中電線と電力保安通信線との**離隔距離が 0 m 以上**であること. ・地中電線が電力保安通信線に**直接接触しないように施設**すること.

(3) ガス管,石油パイプその他の可燃性若しくは有毒性の流体を内包する管との接近又は交差

特別高圧地中電線が,ガス管,石油パイプその他の可燃性若しくは有毒性の流体を内包する管（以下,「ガス管等」という.）と接近又は交差して施設される場合は,次の各号のいずれかによること.

- 地中電線とガス管等との**離隔距離が 1 m 以上**であること.
- 地中電線とガス管等との間に**堅ろうな耐火性の隔壁**を設けること.
- 地中電線を**堅ろうな不燃性の管**又は**自消性のある難燃性の管**に収め,当該管がガス管等と**直接接触しないように施設**すること.

(4) 特別高圧地中電線と水道管その他のガス管等以外の管との接近又は交差

特別高圧地中電線が,水道管その他のガス管等以外の管（以下,「水道管等」という.）と接近又は交差して施設される場合は,次の各号のいずれかによること.

- 地中電線と水道管等との**離隔距離が 0.3 m 以上**であること.
- 地中電線と水道管等との間に**堅ろうな耐火性の隔壁**を設けること.

- 地中電線を**堅ろうな不燃性の管**又は**自消性のある難燃性の管**に収める場合は，当該管と水道管等との**離隔距離が0 m以上**であること．

- 水道管等が**不燃性の管**又は**不燃性の被覆を有する管**である場合は，特別高圧地中電線と水道管等との**離隔距離が0 m以上**であること．

例題 35 ·· H22 問6(改)

次の文章は，「電気設備技術基準」及び「電気設備技術基準の解釈」に基づく地中電線等の施設に関する記述の一部である．文中の　　　　　に当てはまる語句を解答群の中から選びなさい．

地中電線，屋側電線及びトンネル内電線その他の工作物に固定して施設する電線は，他の電線，弱電流電線等又は管（以下「他の電線等」という．）と接近し，又は交さする場合には，故障時の　(1)　により他の電線等を損傷するおそれがないように施設しなければならない．ただし，感電又は火災のおそれがない場合であって，他の電線等の管理者の承諾を得た場合は，この限りでない．

低圧地中電線が高圧地中電線と，又は低圧若しくは高圧の地中電線が　(2)　と接近し，又は交さする場合において，　(3)　以外の箇所で相互間の距離が30 cm（低圧地中電線と高圧地中電線にあっては15 cm）未満のときは，次の各号のいずれかに該当する場合に限り，施設することができる．

a)　それぞれの地中電線が次のいずれかに該当する場合

①　(4)　難燃性の被覆を有する場合
②堅ろうな　(4)　難燃性の管に収められる場合

b)　いずれかの地中電線が不燃性の被覆を有する場合

c)　いずれかの地中電線が堅ろうな不燃性の管に収められる場合

d)　地中電線相互の間に堅ろうな　(5)　の隔壁を設ける場合

【解答群】

(イ) トンネル内　　(ロ) トンネル内電線　　(ハ) 地中箱内　　　(ニ) 難燃性

(ホ) 耐火性　　　　(ヘ) アーク放電　　　　(ト) 特別高圧地中電線

(チ) 耐熱性のある　(リ) 屋側　　　　　　　(ヌ) 地絡電流

(ル) 絶縁性の高い　(ヲ) 地中弱電流電線　　(ワ) 自消性のある　(カ) 不燃性

(ヨ) 短絡電流

解 説　(1)は電技第30条，(2)～(5)は解釈第125条からの出題．それぞれ2-12節1項(3)及び2-12節5項を参照のこと．

【解答】(1) ヘ　(2) ト　(3) ハ　(4) ワ　(5) ホ

例題 36 ・・・ H13　問 7

次の文章は,「電気設備技術基準」及び「電気設備技術基準の解釈」に基づく,地中電線路の施設に関する記述の一部である.文中の ☐ に当てはまる語句を解答群の中から選びなさい.

a)　地中電線（地中電線路の電線をいう.以下同じ.）には, (1) のおそれがないよう,使用電圧に応じた (2) を有するケーブルを使用しなければならない.

b)　地中電線路は,車両その他の重量物による圧力に耐え,かつ,当該地中電線路を埋設している旨の表示等により (3) からの影響を受けないように施設しなければならない.

c)　地中電線路を暗きょ式により施設する場合は,暗きょにはこれに加わる車両その他の重量物の圧力に耐えるものを使用し,かつ,地中電線に (4) を施し,又は暗きょ内に (5) を施設すること.

【解答群】

(イ) 加熱　　　　(ロ) 自動排煙設備　　　(ハ) 自動消火設備　　　(ニ) 絶縁性能

(ホ) 強度　　　　(ヘ) 断線　　　(ト) 遮へい層　　　(チ) 掘削工事　　　(リ) 隔壁

(ヌ) 感電　　　　(ル) 被覆　　　(ヲ) 建設工事　　　(ワ) 道路工事

(カ) 自動警報設備　　　　(ヨ) 耐燃措置

解説　　(1) (2) は電技第 21 条第 2 項,(3) は電技第 47 条,(4) (5) は解釈第 120 条からの出題.それぞれ 2-12 節 1 項 (1),(4),2-12 節 2 項を参照のこと.

【解答】(1) ヌ　(2) ニ　(3) チ　(4) ヨ　(5) ハ

例題 37 ・・・ R2　問 2

次の文章は,「電気設備技術基準の解釈」に基づく,地中電線と他の地中電線等との接近又は交差に関する記述である.文中の ☐ に当てはまる最も適切なものを解答群の中から選びなさい.

特別高圧地中電線が,地中弱電流電線等（電力保安通信線を除く.）と接近又は交差して施設される場合は,次のいずれかによること.

a)　地中電線と地中弱電流電線等との離隔距離は, (1) 〔m〕以上であること.

b)　地中電線と地中弱電流電線等との間に堅ろうな耐火性の隔壁を設けること.

c)　地中電線を堅ろうな不燃性の管又は (2) のある難燃性の管に収め,当該管が地中弱電流電線等と (3) しないように施設すること.

d) 地中弱電流電線等の管理者の承諾を得た場合は，次のいずれかによること．

①地中弱電流電線等が，有線電気通信設備令施行規則（昭和46年郵政省令第2号）に適合した難燃性の防護被覆を使用したものである場合は，地中電線が地中弱電流電線等と ⎡ (3) ⎤ しないように施設すること．

②地中弱電流電線等が， ⎡ (4) ⎤ である場合は，地中電線と地中弱電流電線等との離隔距離が，0 m 以上であること．

③地中電線の使用電圧が ⎡ (5) ⎤ 〔V〕未満である場合は，地中電線と地中弱電流電線等との離隔距離が，0.1 m 以上であること．

【解答群】
（イ）複合ケーブル　（ロ）170 000　（ハ）防水性　（ニ）0.3　　（ホ）混同
（ヘ）低圧用キャブタイヤケーブル　（ト）光ファイバケーブル　（チ）0.6
（リ）耐震性　（ヌ）70 000　（ル）自消性　（ヲ）直接接触　（ワ）35 000
（カ）1.0　（ヨ）相互に干渉

解 説 解釈第125条からの出題．2-12節5項を参照のこと．

【解答】(1) チ　(2) ル　(3) ヲ　(4) ト　(5) ロ

例題38 ·· H20 問3(改)

　次の文章は，「電気設備技術基準の解釈」における，地中電線路に関する記述の一部である．文中の ⎡　　　⎤ に当てはまる語句又は数値を解答群の中から選びなさい．

a) 地中電線路は，電線に ⎡ (1) ⎤ を使用し，かつ，管路式，暗きょ式 [キャブ（CAB：電力，通信等の ⎡ (1) ⎤ を収納するために道路下に設けるふた掛け式のU字構造物）を含む．]，又は ⎡ (2) ⎤ により施設すること．

b) 地中電線路を暗きょ式により施設する場合は，暗きょにはこれに加わる車両その他の重量物の圧力に耐えるものを使用し，かつ，地中電線に耐燃措置を施し，又は暗きょ内に ⎡ (3) ⎤ を施設すること．

c) 管，暗きょその他の地中電線を収める防護装置の金属製部分（ケーブルを支持する金物類を除く．），金属製の電線接続箱及び地中電線被覆に使用する金属体には，⎡ (4) ⎤ を施すこと．（ただし書き以下を省略）

d) 地中電線が地中弱電流電線等と接近し，又は交差する場合において，相互の離隔距離が低圧又は高圧の地中電線にあっては 30 cm 以下，特別高圧地中電線にあっては ⎡ (5) ⎤ 〔cm〕以下のときは，地中電線と地中弱電流電線等との間に堅ろうな耐火性の隔壁を設ける場合を除き，地中電線を堅ろうな不燃性又は自消性のある

難燃性の管に収め，当該管が地中弱電流電線等と直接接触しないように施設すること．（ただし書き以下を省略）

【解答群】

（イ）C 種接地工事　（ロ）直接埋設式　　　（ハ）ケーブル　　　（ニ）60

（ホ）地中埋設式　　（ヘ）自動消火設備　　（ト）90　　　　（チ）絶縁電線

（リ）耐火電線　　　（ヌ）自動火災報知設備　（ル）D 種接地工事　（ヲ）75

（ワ）自動警報設備　（カ）間接埋設式　　　（ヨ）A 種接地工事

解　説　　(1) ～ (3) は解釈第 120 条，(4) は解釈第 123 条，(5) は解釈第 125 条からの出題．それぞれ 2-12 節 2 項，4 項，5 項を参照のこと．

【解答】(1) ハ　(2) ロ　(3) ヘ　(4) ル　(5) ニ

例題39 ··· H11　問 2

次の文章は，「電気設備技術基準の解釈」に基づく地中電線相互の接近又は交さに関する記述である．文中の　　　　　に当てはまる語句又は数値を解答群の中から選びなさい．

低圧地中電線が高圧地中電線と，又は低圧若しくは高圧の地中電線が特別高圧地中電線と接近し，又は交さする場合において，地中箱内以外の箇所で相互間の距離が　(1)　〔cm〕（低圧地中電線と高圧地中電線にあっては　(2)　〔cm〕）以下のときは，次の各号のいずれかに該当する場合に限り，施設することができる．

a)　それぞれの地中電線が次のいずれかに該当する場合

　①自消性のある難燃性の被覆を有する場合

　②堅ろうな自消性のある難燃性の管に収められる場合

b)　いずれかの地中電線が　(3)　の被覆を有する場合

c)　いずれかの地中電線が　(4)　な不燃性の管に収められる場合

d)　地中電線相互の間に堅ろうな耐火性の　(5)　を設ける場合

【解答群】

（イ）気密　　（ロ）離隔　　（ハ）30　　（ニ）木製壁　　（ホ）自消性　　（ヘ）15

（ト）隔壁　　（チ）難燃性　（リ）60　　（ヌ）丈夫　　（ル）10　　　（ヲ）堅ろう

（ワ）20　　　（カ）不燃性　（ヨ）5

解 説 解釈第125条からの出題. 2-12節5項を参照のこと.

【解答】(1) ハ (2) ヘ (3) カ (4) ヲ (5) ト

例題40 ·· **H18 問3**

次の文章は,「電気設備技術基準」及び「電気設備技術基準の解釈」に基づく,地中電線路の施設に関する記述の一部である. 文中の □□□□ に当てはまる語句又は数値を解答群の中から選びなさい.

a) 地中電線は,他の電線,弱電流電線等又は管(他の電線等という. 以下同じ.)と接近し,又は交さする場合には,故障時の (1) により他の電線等を損傷するおそれがないように施設しなければならない. ただし,感電又は火災のおそれがない場合であって,他の電線等の (2) の承諾を得た場合は,この限りでない.

b) 地中電線路を直接埋設式により施設する場合は,地中電線は車両その他の重量物の圧力を受けるおそれのある場所においては (3) 〔m〕以上,その他の場所においては (4) 〔cm〕以上の土冠で施設すること. ただし,使用するケーブルの種類,施設条件等を考慮し,これに加わる圧力に耐えるよう施設する場合はこの限りでない.

c) 圧縮ガスを使用してケーブルに圧力を加える装置を施設する場合は,当該装置のうち,圧力タンク及び圧力管は,溶接により (5) 応力が生じ,又はねじの締付けにより無理な荷重がかからないようにすること.

【解答群】

(イ) 75	(ロ) 地絡電流	(ハ) アーク放電	(ニ) ひずみ	(ホ) 1.2
(ヘ) 管理者	(ト) 部分	(チ) 漏えい電流	(リ) 60	(ヌ) 所有者
(ル) 90	(ヲ) 残留	(ワ) 施設者	(カ) 1.5	(ヨ) 1

解 説 (1)(2)は電技第30条,(3)(4)は解釈第120条,(5)は解釈第122条(地中線路の加圧装置の施設)からの出題.

(5) の出題範囲である解釈第122条は,特別高圧用地中電線に使用されるOFケーブル又はガス圧ケーブルに圧力を加えるための装置に関する要件を定めたものである. 同条第1項第2号には,「圧力タンク及び圧力管は,溶接により残留応力が生じないように,また,ねじの締付けにより無理な荷重がかからないようにすること.」とされており,「残留」が正答となる.

【解答】(1) ハ (2) ヘ (3) ホ (4) リ (5) ヲ

2-13 電力保安通信設備

攻略の
ポイント

発電所等の事業用電気工作物を安全かつ経済的に運転するためには，電力系統の運用者との緊密な連絡が必要となる．本節では，これを実現するための電力保安通信設備について解説するが，試験での出題頻度は低いため，必要最低限の内容となっている．

1 電力保安通信設備の施設

事故等で事業用電気工作物の発電，送電，蓄電，変電等の機能が停止した場合や，設備の点検，保守などの場合には，電力系統の運用に関する指令を行う給電所から，これら電力設備に対して適切な指示が与えられ，事故の復旧操作や電気工作物の使用，停止等が行われる．

これらの指令伝達には専用の通信設備が使用され，電力設備の保安上及び運用上欠かせない通信設備を電力保安通信設備と呼んでおり，これの施設に関して以下のとおり規定されている．

(1) 電力保安通信設備の施設〈電技第50条〉

1 発電所，蓄電所，変電所，開閉所，給電所（電力系統の運用に関する指令を行う所をいう.），技術員駐在所その他の箇所であって，一般送配電事業又は配電事業に係る電気の供給に対する著しい支障を防ぎ，かつ，保安を確保するために必要なものの相互間には，**電力保安通信用電話設備を施設**しなければならない．

2 電力保安通信線は，機械的衝撃，火災等により通信の機能を損なうおそれがないように施設しなければならない．

(2) 電力保安通信用電話設備の施設〈解釈第135条〉

電力保安通信設備のうち，電話設備の施設が必要な箇所については，解釈第135条で表2·90のとおり規定されている．

表2·90 電力保安通信用電話設備の施設が必要な箇所

次に掲げる場所と，これらの運用を行う**給電所**との間
• 遠隔監視制御されない発電所又は蓄電所（解釈第225条に規定する分散型電源に係るものを除く.）．ただし，次に適合するものを除く．
➤ 発電所又は蓄電所の出力が2 000 kW未満であること．
➤ 解釈第47条の2第1項第2号ロの規定に適合する，常時監視をしない発電所であること．（2-8節5項（3）参照）

➤給電所との間で保安上，緊急連絡の必要がないこと．
- **遠隔監視制御されない変電所**
- 遠隔監視制御されない変電所に準ずる場所であって，特別高圧の電気を変成するためのもの．ただし，次に適合するものを除く．
  ➤使用電圧が 35 000 V 以下であること．
  ➤機器をその操作等により電気の供給に支障を及ぼさないように施設したものであること．
  ➤電力保安通信用電話設備に代わる電話設備を有すること．
- **発電制御所**（発電所を遠隔監視制御する場所．）
- **蓄電制御所**（蓄電所を遠隔監視制御する場所．）
- **変電制御所**（変電所を遠隔監視制御する場所．）
- **開閉所**（技術員が現地へ赴いた際に給電所との間で連絡を確保できるものを除く．）
- 電線路の技術員駐在所

2箇所以上の給電所のそれぞれとこれらの**総合運用を行う給電所との間**．又，総合運用を行う給電所であって，互いに連系が異なる電力系統に属するもの相互の間．

次に掲げる場所と，**水力発電所との間**
- **水力設備中の必要な箇所**
- 水力設備の保安のために必要な**量水所及び降水量観測所**

同一水系に属し，保安上，緊急連絡の必要がある水力発電所相互の間

同一電力系統に属し，保安上，緊急連絡の必要がある発電所，蓄電所，変電所，変電所に準ずる場所であって特別高圧の電気を変成するためのもの，発電制御所，蓄電制御所，変電制御所及び開閉所相互の間

次に掲げるものと，これらの**技術員駐在所との間**
- **発電所又は蓄電所**．ただし，次に適合するものを除く．
  ➤発電所又は蓄電所の出力が 2 000 kW 未満であること．
  ➤解釈第47条の2第1項第2号ロの規定に適合する，常時監視をしない発電所であること．（2-8 節 5 項（3）参照）
  ➤携帯用又は移動用の電力保安通信用電話設備により，技術員駐在所との間の連絡が確保できること．
- **変電所**．ただし，次に適合するものを除く．
  ➤解釈第 48 条の規定により施設する常時監視しない変電所であること．（2-8 節 5 項（5）参照）
  ➤使用電圧が 35 000 V 以下であること．
  ➤変電所に接続される電線路が同一の技術員駐在所により運用されるものであること．
  ➤携帯用又は移動用の電力保安通信用電話設備により，技術員駐在所との間の連絡が確保できること．
- **発電制御所**
- **蓄電制御所**
- **変電制御所**
- **開閉所**

発電所，蓄電所，変電所，変電所に準ずる場所であって特別高圧の電気を変成するためのもの，発電制御所，蓄電制御所，変電制御所，開閉所，給電所及び技術員駐在所と電気設備の保安上，緊急連絡の必要がある**気象台，測候所，消防署及び放射線監視計測施設等との間**

2 特別高圧電線に添架する電力保安通信線との接続制限

特別高圧架空電線路に添架する通信線は，光ファイバケーブルを除き，高い誘導電圧を有する場合が多い．また，断線時等において特別高圧架空電線と混触するおそれもあることから，特別高圧架空電線路に添架する通信線との接続にあたっては以下のような制限が加えられている．

（1）市街地に施設する電力保安通信線の特別高圧電線に添架する電力保安通信線との接続の禁止〈電技第41条〉

市街地に施設する電力保安通信線は，**特別高圧の電線路の支持物に添架された電力保安通信線と接続してはならない**．ただし，誘導電圧による感電のおそれがないよう，保安装置の施設その他の適切な措置を講ずる場合は，この限りでない．

（2）特別高圧架空電線路添架通信線の市街地引込み制限〈解釈139条〉

特別高圧架空電線路添架通信線又はこれに直接接続する通信線は，市街地に施設する通信線に接続しないこと．ただし，次の各号のいずれかに該当する場合は，この限りでない．

- 特別高圧架空電線路添架通信線又はこれに直接接続する通信線と市街地に施設する通信線との**接続点に特別高圧用の保安装置**を設け，かつ，その中継線輪又は排流中継線輪の2次側に市街地に施設する通信線を接続する場合
- 市街地に施設する通信線が次のいずれかのものである場合
  - ➤ **添架通信用第1種ケーブル**又はこれと同等以上の絶縁効力を有するもの
  - ➤ **添架通信用第2種ケーブル**
  - ➤ **絶縁電線**
  - ➤ 次項ただし書の規定により施設する特別高圧架空電線路添架通信線

また，特別高圧架空電線路添架通信線は，市街地に施設しないこと．ただし，通信線が次の各号のいずれかのものである場合は，この限りでない．

- 引張強さ5.26 kN以上のもの又は**直径4 mm以上の硬銅線**であって，**絶縁電線以上の絶縁効力**を有するもの
- 添架通信用第1種ケーブル
- 添架通信用第2種ケーブル
- 光ファイバケーブル

以上を図示すると図2·38のようになる.

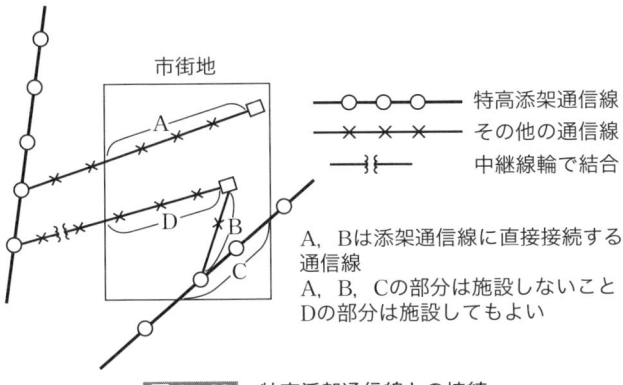

市街地

特高添架通信線
その他の通信線
中継線輪で結合

A，Bは添架通信線に直接接続する
通信線
A，B，Cの部分は施設しないこと
Dの部分は施設してもよい

図 2·38 特高添架通信線との接続

例題 41 ································· H12 問 5

次の文章は，「電気設備技術基準」に基づく，危険な施設の禁止等に関する記述である．文中の □ に当てはまる語句を解答群の中から選びなさい．

a) 電線路は，がけに施設してはならない．ただし，その電線が □(1)□ の上に施設する場合，道路，鉄道，軌道，索道，架空弱電流電線等，架空電線又は □(2)□ と交さして施設する場合及び □(3)□ でこれらのもの（道路を除く．）と接近して施設する場合以外の場合であって，特別の事情がある場合は，この限りでない．

b) 市街地に施設する電力保安通信線は，特別高圧の電線路の支持物に添架された電力保安通信線と接続してはならない．ただし，□(4)□ による感電のおそれがないよう，□(5)□ の施設その他の適切な措を講ずる場合は，この限りでない．

【解答群】
（イ）異常電圧　（ロ）垂直距離　（ハ）電車線　（ニ）分離装置
（ホ）保安装置　（ヘ）誘導電圧　（ト）至近距離　（チ）建造物
（リ）構築物　（ヌ）遮断装置　（ル）地絡電圧　（ヲ）支線　（ワ）水平距離
（カ）通信線　（ヨ）橋

解 説 (1) ～ (3) は，電技第39条（電線路のがけへの施設の禁止），(4)(5) は電技第41条からの出題からの出題．それぞれ 2-9 節4項 (4) 及び 2-13 節2項 (1) を参照のこと．

【解答】(1) チ　(2) ハ　(3) ワ　(4) ヘ　(5) ホ

例題 42 ⋯⋯⋯⋯⋯⋯⋯⋯⋯⋯⋯⋯⋯⋯⋯⋯⋯⋯⋯ H20　問 4

　次の文章は，「電気設備技術基準」における，危険な施設の禁止に関する記述の一部である．文中の　　　　　に当てはまる語句を解答群の中から選びなさい．

a)　絶縁油を使用する開閉器，断路器及び遮断器は，　(1)　の支持物に施設してはならない．

b)　屋内を貫通して施設する電線路，屋側に施設する電線路，屋上に施設する電線路又は　(2)　に施設する電線路は，当該電線路より電気の供給を受ける者以外の者の　(3)　に施設してはならない．ただし，特別の事情があり，かつ，当該電線路を施設する造営物（　(2)　に施設する電線路にあっては，その土地.）の所有者又は占有者の承諾を得た場合は，この限りでない．

c)　市街地に施設する電力保安通信線は，特別高圧の電線路の支持物に添架された電力保安通信線と接続してはならない．ただし，　(4)　による感電のおそれがないよう，　(5)　の施設その他の適切な措置を講ずる場合は，この限りでない．

【解答群】

(イ) 誘導電圧　　　(ロ) 建屋上　　　(ハ) 構内　　(ニ) 地上　　(ホ) 絶縁破壊

(ヘ) 工作物　　　　(ト) 遮断装置　　(チ) 高圧配電線路　　　(リ) 弱電流電線路

(ヌ) 保安装置　　　(ル) 地絡電流　　(ヲ) 地中　　　　　　　(ワ) 分離装置

(カ) 架空電線路　　(ヨ) 建造物

解 説　(1) は電技第 36 条，(2)(3) は電技第 37 条，(4)(5) は電技第 41 条からの出題．それぞれ 2-9 節 4 項 (1)，(2)，2-13 節 2 項 (1) を参照のこと．

【解答】(1) カ　(2) ニ　(3) ハ　(4) イ　(5) ヌ

2-14 電気使用場所の施設

攻略の
ポイント　電気使用場所の電気設備には，電気の取扱いに関する知識や技能を有していない一般公衆に危険が及ぶことの無いよう，細かな規制が定められている．覚える内容も多いことから，設備の種類や施設方法についてイメージをしながら，一つずつ理解しておきたい．

1 電気使用場所の施設に係る用語の定義〈解釈第142条〉

　電気使用場所における電線路の施設に関連した用語については，解釈第142条にて定義されている．主なものは表2・91のとおり．

表2・91 電気使用場所の施設に関する用語の定義

用語	定義
低圧幹線	解釈第147条（後述）の規定により施設した開閉器又は変電所に準ずる場所に施設した低圧開閉器を起点とする，電気使用場所に施設する低圧の電路であって，当該電路に，電気機械器具（配線器具を除く．）に至る低圧電路であって過電流遮断器を施設するものを接続するもの
配線器具	開閉器，遮断器，接続器その他これらに類する器具
低圧分岐回路	低圧幹線から分岐して電気機械器具に至る低圧電路
低圧配線	低圧の屋内配線，屋側配線及び屋外配線
屋内電線	屋内に施設する電線路の電線及び屋内配線
移動電線	電気使用場所に施設する電線のうち，造営物に固定しないものをいい，電球線及び電気機械器具内の電線を除く．
接触電線	電線に接触してしゅう動する集電装置を介して，移動起重機，オートクリーナ，その他移動して使用する電気機械器具に電気の供給を行うための電線
電気使用機械器具	電気を使用する電気機械器具をいい，発電機，変圧器，蓄電池その他これに類するものを除く．
家庭用電気機械器具	小型電動機，電熱器，ラジオ受信機，電気スタンド，電気用品安全法の適用を受ける装飾用電灯器具その他の電気機械器具であって，主として住宅その他これに類する場所で使用するものをいい，白熱電灯及び放電灯を除く．
白熱電灯	白熱電球を使用する電灯のうち，電気スタンド，携帯灯及び電気用品安全法の適用を受ける装飾用電灯器具以外のもの

2 ▶ 電気使用場所における電線路の基本的な要件

電気使用場所の電線路について，危険を防止するために電技にて定められている主な要件は以下のとおり．

（1）配線の感電又は火災の防止〈電技第56条〉

1　配線は，施設場所の状況及び電圧に応じ，感電又は火災のおそれがないように施設しなければならない．

2　**移動電線**を電気機械器具と接続する場合は，**接続不良による感電又は火災のおそれがないように施設**しなければならない．

3　**特別高圧の移動電線**は，第1項及び前項の規定にかかわらず，**施設してはならない**．ただし，充電部分に人が触れた場合に人体に危害を及ぼすおそれがなく，移動電線と接続することが必要不可欠な電気機械器具に接続するものは，この限りでない．

（2）電気使用場所に施設する電気機械器具の感電，火災等の防止〈電技第59条〉

1　**電気使用場所に施設する電気機械器具は，充電部の露出がなく**，かつ，人体に危害を及ぼし，又は火災が発生するおそれがある**発熱がないように施設**しなければならない．ただし，電気機械器具を使用するために充電部の露出又は発熱体の施設が必要不可欠である場合であって，感電その他人体に危害を及ぼし，又は火災が発生するおそれがないように施設する場合は，この限りでない．

2　燃料電池発電設備が一般用電気工作物である場合には，運転状態を表示する装置を施設しなければならない．

3 ▶ 電路の対地電圧の制限〈解釈第143条〉

電気使用場所の対地電圧については，住宅の屋内電路，住宅以外の屋内電路，白熱電灯に電気を供給する電路の3種類が規定されている．

（1）住宅の屋内電路

住宅の屋内電路（電気機械器具内の電路を除く．）の対地電圧は**150 V以下**とすること．ただし，次の各号のいずれかに該当する場合は，150 Vを超過できる．

①定格消費電力が 2 kW 以上の電気機械器具及びこれに電気を供給する屋内配線を次の方法で施設する場合

- 屋内配線は当該電気機械器具のみに電気を供給するものであること．
- 電気機械器具の使用電圧及びこれに電気を供給する屋内配線の対地電圧は，300 V 以下であること．
- 屋内配線には簡易接触防護措置を施すこと
- 電気機械器具には簡易接触防護措置を施すこと．ただし，次のいずれかに該当する場合は，この限りでない．
  - ➤電気機械器具のうち簡易接触防護措置を施さない部分が，絶縁性のある材料で堅ろうに作られたものである場合
  - ➤電気機械器具を，乾燥した木製の床その他これに類する絶縁性のものの上でのみ取り扱うように施設する場合
- 電気機械器具は，屋内配線と直接接続して施設すること．
- 電気機械器具に電気を供給する電路には，専用の開閉器及び過電流遮断器を施設すること．ただし，過電流遮断器が開閉機能を有するものである場合は，過電流遮断器のみとすることができる．
- 電気機械器具に電気を供給する電路には，電路に地絡が生じたときに自動的に電路を遮断する装置を施設すること．ただし，次に適合する場合は，この限りでない．
  - ➤電気機械器具に電気を供給する電路の電源側に，次に適合する変圧器を施設すること．
    - ✓定格容量は 3 kVA 以下の絶縁変圧器であること．
    - ✓ 1 次電圧は低圧であり，かつ，2 次電圧は 300 V 以下であること．
  - ➤上記の変圧器には簡易接触防護措置を施すとともに，変圧器の負荷側の電路は非接地であること．

②当該住宅以外の場所に電気を供給するための屋内配線を次により施設する場合

- 屋内配線の対地電圧は，300 V 以下であること．
- 人が触れるおそれがない隠ぺい場所に合成樹脂管工事，金属管工事又はケーブル工事により施設すること．

③太陽電池モジュールに接続する負荷側の屋内配線（複数の太陽電池モジュールを施設する場合にあっては，その集合体に接続する負荷側の配線）を次により施設する場合

- 屋内配線の対地電圧は，**直流 450 V 以下**であること．
- 電路に**地絡が生じたときに自動的に電路を遮断する装置**を施設すること．ただし，次に適合する場合は，この限りでない．
  - ➤**直流電路が非接地**であること．
  - ➤直流電路に接続する**逆変換装置の交流側に絶縁変圧器を施設**すること．
  - ➤太陽電池モジュールの合計出力が **20 kW 未満**であること．ただし，屋内電路の対地電圧が **300 V を超える場合**にあっては，太陽電池モジュールの合計出力は **10 kW 以下**とし，かつ，直流電路に機械器具（太陽電池モジュール，解釈第 200 条第 2 項第 1 号ロ及びハの器具，直流変換装置，逆変換装置並びに避雷器を除く．）を施設しないこと．
- 屋内配線は次のいずれかによること．
  - ➤人が触れるおそれのない隠ぺい場所に，合成樹脂管工事，金属管工事又はケーブル工事により施設すること．
  - ➤ケーブル工事により施設し，電線に接触防護措置を施すこと．

④**燃料電池発電設備又は常用電源として用いる蓄電池に接続する負荷側の屋内配線を次により施設する場合**

- 当該直流電路に接続される個々の**燃料電池発電設備の出力がそれぞれ10 kW 未満**であること．
- 当該直流電路に接続される個々の**蓄電池の出力がそれぞれ 10 kW 未満**であること．
- 屋内配線の対地電圧は**直流 450 V 以下**であること．
- 電路に**地絡が生じたときに自動的に電路を遮断する装置を施設**すること．
- 屋内配線は次のいずれかによること．
  - ➤人が触れるおそれのない隠ぺい場所に，合成樹脂管工事，金属管工事又はケーブル工事により施設すること．
  - ➤ケーブル工事により施設し，電線に接触防護措置を施すこと．

（2）住宅以外の屋内電路

住宅以外の場所の屋内に施設する**家庭用電気機械器具**に電気を供給する屋内電

路の対地電圧は **150 V 以下**とすること．ただし，家庭用電気機械器具並びにこれに電気を供給する屋内配線及びこれに施設する配線器具を，次により施設する場合は，**300 V 以下**とすることができる．

- **電気機械器具**の使用電圧及びこれに電気を供給する屋内配線の対地電圧は，**300 V 以下**であること．
- **屋内配線**には**簡易接触防護措置**を施すこと
- **電気機械器具**には**簡易接触防護措置**を施すこと．ただし，次のいずれかに該当する場合は，この限りでない．
  - ➤ 電気機械器具のうち簡易接触防護措置を施さない部分が，**絶縁性のある材料で堅ろうに作られたもの**である場合
  - ➤ 電気機械器具を，**乾燥した木製の床**その他これに類する**絶縁性のものの上でのみ取り扱うように施設**する場合
- 電気機械器具は，**屋内配線と直接接続**して施設すること．

（3）白熱電灯に電気を供給する電路

白熱電灯（解釈第 183 条に規定する特別低電圧照明回路の白熱電灯を除く．）に電気を供給する電路の対地電圧は，**150 V 以下**であること．ただし，**住宅以外の場所**において，次の各号により白熱電灯を施設する場合は，**300 V 以下**とすることができる．

- 白熱電灯及びこれに附属する電線には，**接触防護措置**を施すこと．
- 白熱電灯（機械装置に附属するものを除く．）は，**屋内配線と直接接続**して施設すること．
- 白熱電灯の電球受口は，キーその他の点滅機構のないものであること．

4　使用する電線及び配線方法

電気使用場所において使用できる電線及びその配線方法については，電技・解釈によって以下のとおり定められている．

（1）配線の使用電線〈電技第 57 条〉

1　**配線の使用電線**（裸電線及び特別高圧で使用する接触電線を除く．）には，感電又は火災のおそれがないよう，施設場所の状況及び電圧に応じ，使用上**十分な強度及び絶縁性能**を有するものでなければならない．

2　**配線には，裸電線を使用してはならない．**ただし，施設場所の状況及び電圧

に応じ，使用上十分な強度を有し，かつ，絶縁性がないことを考慮して，配線が感電又は火災のおそれがないように施設する場合は，この限りでない．

3　**特別高圧の配線**には，**接触電線を使用してはならない**．

（2）裸電線の使用制限 〈解釈第144条〉

電技57条第2項の規定に基づき，原則として電気使用場所に施設する電線には裸電線は使用できないが，表2·92のいずれかに該当する場合には，その使用が認められている．

表2·92　電気使用場所に裸電線が使用できる場合

裸電線を使用できる場合
がいし引き工事による低圧電線であって次に掲げるものを，解釈第157条の規定により展開した場所に施設する場合 • 電気炉用電線 • 電線の被覆絶縁物が腐食する場所に施設するもの • 取扱者以外の者が出入りできないように措置した場所に施設するもの
バスダクト工事による低圧電線を，解釈第163条の規定により施設する場合
ライティングダクト工事による低圧電線を，解釈第165条第3項の規定により施設する場合
接触電線を解釈第173条，第174条又は第189条の規定により施設する場合
特別低電圧照明回路を解釈第183条の規定により施設する場合
電気さくの電線を解釈第192条の規定により施設する場合

（3）低圧屋内配線の施設場所による工事の種類 〈解釈第156条〉

低圧屋内配線は，特殊な配線を除き，施設場所や使用電圧の区分に応じて，表2·93に規定する工事のいずれかにより施設する必要がある．

それぞれの工事方法については，解釈第157条から165条に定められている．

表2・93 低圧屋内配線の工事の種類と適用区分

施設場所の区分		使用電圧の区分	工事の種類											
			がいし引き工事	合成樹脂管工事	金属管工事	金属可とう電線管工事	金属線ぴ工事	金属ダクト工事	バスダクト工事	ケーブル工事	フロアダクト工事	セルラダクト工事	ライティングダクト工事	平形保護層工事
展開した場所	乾燥した場所	300 V 以下	○	○	○	○	○	○	○	○			○	
		300 V 超過	○	○	○	○		○	○	○				
	湿気の多い場所又は水気のある場所	300 V 以下	○	○	○	○				○				
		300 V 超過	○	○	○	○				○				
点検できる隠ぺい場所	乾燥した場所	300 V 以下	○	○	○	○	○	○	○	○		○	○	○
		300 V 超過	○	○	○	○		○	○	○				
	湿気の多い場所又は水気のある場所	—	○	○	○	○				○				
隠ぺいできない場所	乾燥した場所	300 V 以下		○	○	○				○		○	○	
		300 V 超過		○	○	○				○				
	湿気の多い場所又は水気のある場所	—		○	○	○				○				

※ 「○」は使用できることを示す.

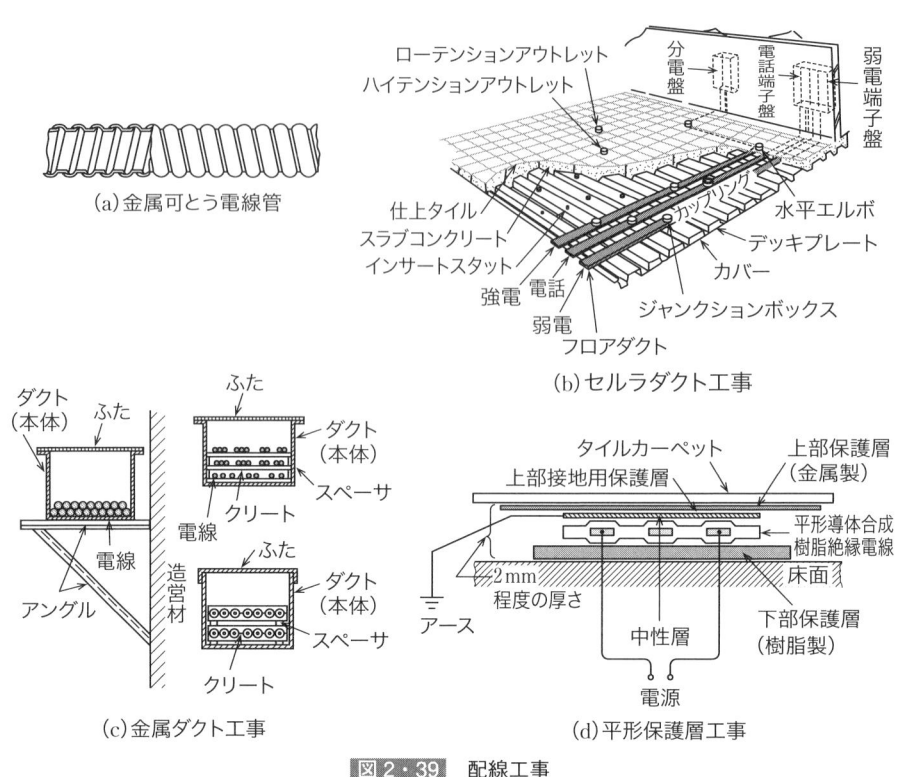

(a)金属可とう電線管

(b)セルラダクト工事

(c)金属ダクト工事

(d)平形保護層工事

図 2・39　配線工事

5　低圧幹線，分岐回路の保護

　2-14 節 4 項では，電気使用場所の配線方法について学んだ．以下では，これら配線の保護方法を見ていこう．

（1）過電流からの低圧幹線等の保護措置〈電技第 63 条〉

1　低圧の幹線，低圧の幹線から分岐して電気機械器具に至る低圧の電路及び引込口から低圧の幹線を経ないで電気機械器具に至る低圧の電路（以下この条において「幹線等」という．）には，**適切な箇所に開閉器を施設**するとともに，過電流が生じた場合に当該幹線等を保護できるよう，**過電流遮断器**を施設しなければならない．ただし，当該幹線等における短絡事故により過電流が生じるおそれがない場合は，この限りでない．

2　交通信号灯，出退表示灯その他のその損傷により公共の安全の確保に支障を

及ぼすおそれがあるものに電気を供給する電路には，過電流による過熱焼損からそれらの電線及び電気機械器具を保護できるよう，過電流遮断器を施設しなければならない．

（2）低圧屋内電路の引込口における開閉器の施設〈解釈第147条〉

低圧屋内電路（解釈第178条に規定する火薬庫に施設するものを除く．）には，**引込口に近い箇所であって，容易に開閉することができる箇所に開閉器を施設**すること．ただし，次の各号のいずれかに該当する場合は，この限りでない．

- 低圧屋内電路の使用電圧が**300 V 以下**であって，他の屋内電路（定格電流が**15A 以下の過電流遮断器**又は**定格電流が 15A を超え 20A 以下の配線用遮断器**で保護されているものに限る．）に接続する長さ**15 m 以下**の電路から電気の供給を受ける場合（図 2・40（a））
- 低圧屋内電路に接続する電源側の電路（当該電路に架空部分又は屋上部分がある場合は，その架空部分又は屋上部分より負荷側にある部分に限る．）に，当該低圧屋内電路に専用の開閉器を，これと同一の構内であって容易に開閉することができる箇所に施設する場合（図 2・40（b））

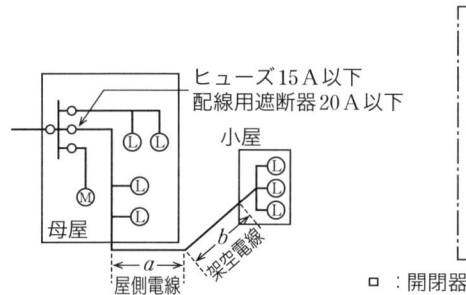

ヒューズ15 A 以下
配線用遮断器20 A 以下

$a+b \leqq 15m$であれば，
小屋に引込口開閉器は不要

(a)母屋に遮断器を設ける場合の例

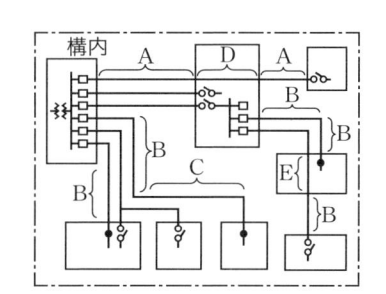

□：開閉器
●：省略できる引込口開閉器
○○：省略できない引込口開閉器
Aの部分：架空電線
Bの部分：パイプスタンドに
　　　　　施設する電線路
Cの部分：地中電線路
Dの部分：屋内に施設する
　　　　　電線路
Eの部分：屋上電線路

(b)工場等の例

図 2・40　引込口開閉器が省略できる場合

（3）低圧幹線の施設〈解釈第148条〉

低圧幹線とは，解釈第142条の用語の定義により，「解釈第147条の規定により施設した開閉器又は変電所に準ずる場所に施設した低圧開閉器を起点とする，

電気使用場所に施設する低圧の電路であって，当該電路に，電気機械器具（配線器具を除く．）に至る低圧電路であって過電流遮断器を施設するものを接続するもの」とされており，これを図示すると図2・41のようになる．

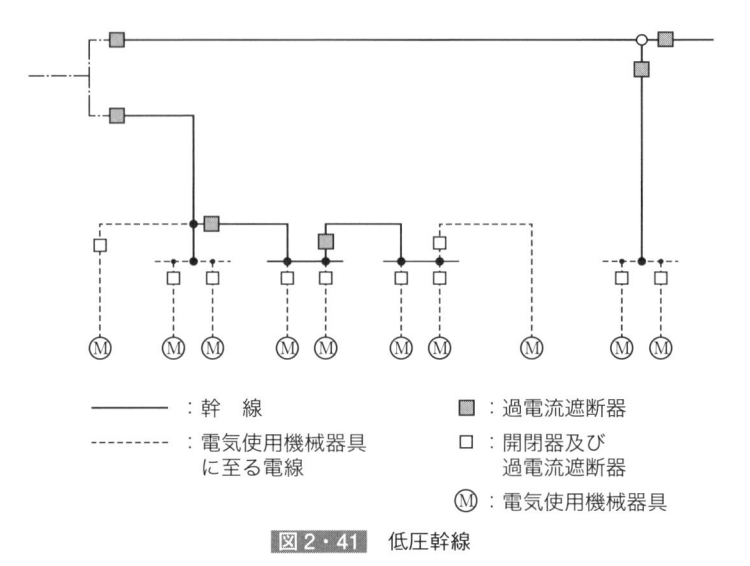

——— ：幹　線	■ ：過電流遮断器
-------- ：電気使用機械器具 　　　に至る電線	□ ：開閉器及び 　　　過電流遮断器
	Ⓜ ：電気使用機械器具

図2・41　低圧幹線

　低圧幹線の施設については，以下のとおり定められている．

①幹線に使用する電線の許容電流

　電線の許容電流は，**低圧幹線の各部分ごとに，その部分を通じて供給される電気使用機械器具の定格電流の合計値以上**であること．

　ただし，当該低圧幹線に接続する負荷のうち，**電動機又はこれに類する起動電流が大きい電気機械器具**（以下「電動機等」という．）**の定格電流の合計が，他の電気使用機械器具の定格電流の合計より大きい場合**は，他の電気使用機械器具の定格電流の合計に次の値を加えた値以上であること．

- 電動機等の定格電流の合計が**50A 以下**の場合は，その定格電流の**合計の1.25倍**

- 電動機等の定格電流の合計が**50A を超える**場合は，その定格電流の**合計の1.1倍**

なお，上記の電流値の算出にあたっては，需要率や力率等が明らかな場合には，これらによって適当に修正した値とすることができる．

②低圧幹線保護用の過電流遮断器の施設

低圧幹線の電源側電路には，当該低圧幹線を保護する**過電流遮断器**を施設すること．ただし，次のいずれかに該当する場合はこの限りでない．

（イ）低圧幹線の許容電流が，当該低圧幹線の電源側に接続する他の低圧幹線を保護する過電流遮断器の定格電流の **55% 以上**である場合

（ロ）過電流遮断器に直接接続する低圧幹線又は（イ）に掲げる低圧幹線に接続する長さ **8 m 以下**の低圧幹線であって，当該低圧幹線の許容電流が，当該低圧幹線の電源側に接続する他の低圧幹線を保護する過電流遮断器の定格電流の **35% 以上**である場合

2章

電気設備の技術基準とその解釈

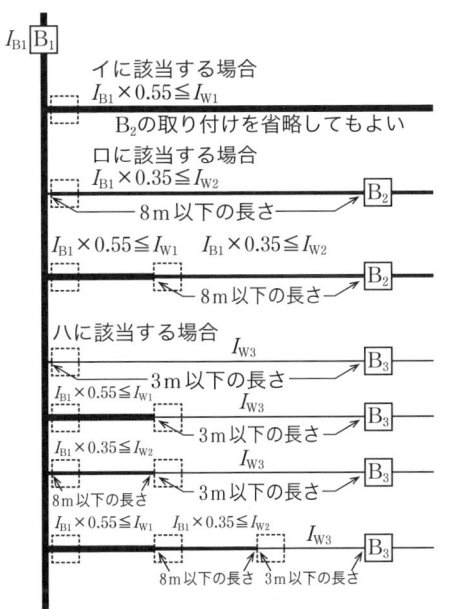

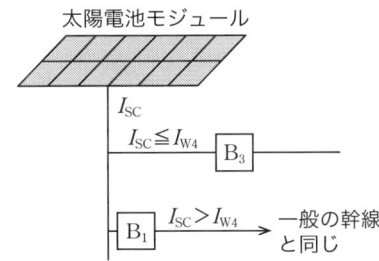

I_{SC} は，太陽電池発電所最大短絡電流
I_{W4} は，ニに規定する低圧屋内幹線の許容電流
B_1 は，幹線を保護する過電流遮断器
B_3 は，分岐回路の過電流遮断器

I_{W1} は，イに規定する低圧屋内幹線の許容電流
I_{W2} は，ロに規定する低圧屋内幹線の許容電流
I_{W3} は，ハに規定する低圧屋内幹線の許容電流
B_1 は，幹線を保護する過電流遮断器
B_2 は，分岐幹線の過電流遮断器又は分岐回路の過電流遮断器
B_3 は，分岐回路の過電流遮断器
I_{B1} は，B_1 の定格電流

┊ ┊ は，省略できる過電流遮断器

図 2・42 過電流遮断器の省略

（ハ）過電流遮断器に直接接続する低圧幹線又は（イ）若しくは（ロ）に掲げる低圧幹線に接続する長さ **3 m 以下**の低圧幹線であって，当該低圧幹線の負荷側に他の低圧幹線を接続しない場合

（ニ）低圧幹線に電気を供給する電源が**太陽電池のみ**であって，当該低圧幹線の許容電流が，当該低圧幹線を通過する**最大短絡電流以上**である場合

これらを図示すると，図 2·42 となる．

③過電流遮断器の定格電流

②の規定により施設する過電流遮断器は，その定格電流が，当該**低圧幹線の許容電流以下**のものであること．

ただし，低圧幹線に**電動機等**が接続される場合の定格電流は，次のいずれかによることができる．

（イ）電動機等の定格電流の合計の **3 倍**に，他の電気使用機械器具の定格電流の合計を加えた値以下であること．

（ロ）（イ）の規定による値が当該低圧幹線の許容電流を 2.5 倍した値を超える場合は，その許容電流を **2.5 倍**した値以下であること．

（ハ）当該低圧幹線の許容電流が**100A を超える**場合であって，（イ）又は（ロ）の規定による値が過電流遮断器の標準定格に該当しないときは，（イ）又は（ロ）の規定による値の**直近上位**の標準定格であること．

（4）低圧分岐回路等の施設〈解釈第 149 条〉

低圧幹線から分岐して電気機械器具に至る低圧電路については，以下に適合する**過電流遮断器及び開閉器を施設**する必要がある．

- 低圧幹線との分岐点から電線の長さが **3 m 以下**の箇所に，過電流遮断器を施設すること（図 2·43 の A）．ただし，分岐点から過電流遮断器までの電線が，次のいずれかに該当する場合は，分岐点から 3 m を超える箇所に施設することができる．

  ➤ 電線の許容電流が，その電線に接続する低圧幹線を保護する過電流遮断器の定格電流の **55% 以上**である場合（図 2·43 の B）

  ➤ 電線の長さが **8 m 以下**であり，かつ，電線の許容電流がその電線に接続する低圧幹線を保護する過電流遮断器の定格電流の **35% 以上**である場合（図 2·43 の C）

- 前号に規定する場所には，開閉器を各極に施設すること．

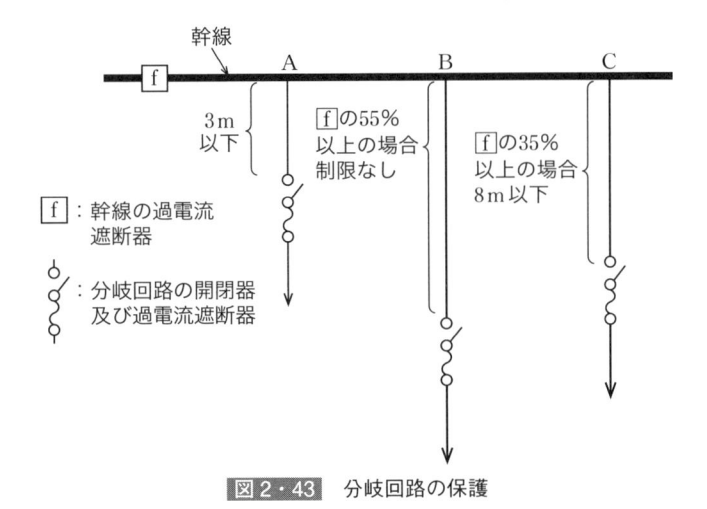

図2・43 分岐回路の保護

6 ▶ 高圧配線の施設〈解釈第168条〉

　高圧屋内配線は，**がいし引き工事**（**乾燥した場所であって展開した場所**に限る．）又は**ケーブル工事**にて施設する必要がある．それぞれの施設方法について，以下に示す．

（1）がいし引き工事による高圧屋内配線

　がいし引き工事による高圧屋内配線は，以下に適合するように施設する必要がある．

- **接触防護措置**を施すこと．
- 電線は，**直径2.6 mmの軟銅線と同等以上**の強さ及び太さの，**高圧絶縁電線，特別高圧絶縁電線又は引下げ用高圧絶縁電線**であること．
- 電線の支持点間の距離は**6 m以下**であること．ただし，電線を造営材の面に沿って取り付ける場合は**2 m以下**とすること．
- 電線相互の間隔は**8 cm以上**，電線と造営材との離隔距離は**5 cm以上**であること．
- がいしは，絶縁性，難燃性及び耐水性のあるものであること．
- 高圧屋内配線は，低圧屋内配線と容易に区別できるように施設すること．
- 電線が造営材を貫通する場合は，その貫通する部分の電線を電線ごとにそれ

それ別個の難燃性及び耐水性のある堅ろうな物で絶縁すること．

（2）ケーブル工事による高圧屋内配線

ケーブル工事による高圧屋内配線は，以下に適合するように施設する必要がある．

- 重量物の圧力又は著しい機械的衝撃を受けるおそれがある箇所に施設する場合には適当な防護措置を設けるとともに，電線を造営材の下面又は側面に沿って取り付ける場合は**支持点間の距離を 2 m（接触防護措置**を施した場所において**垂直に取り付ける場合は 6 m）以下**として被覆を損傷しないように取り付ける等，解釈第 164 条第 1 項第 2 号及び第 3 号の規定に準じること．
- 電線を建造物の電気配線用のパイプシャフト内に垂直につり下げて施設する場合は，電線及びその支持部分の**安全率は 4 以上**とし，充電部分が露出しないように施設するなど，解釈第 164 条第 3 項の規定に準じること．
- 管その他のケーブルを収める防護装置の金属製部分，金属製の電線接続箱及びケーブルの被覆に使用する金属体には，**A 種接地工事**を施すこと．ただし，**接触防護措置**（金属製のものであって，防護措置を施す設備と電気的に接続するおそれがあるもので防護する方法を除く．）を施す場合は，**D 種接地工事**によることができる．

（3）他の屋内電線等との接近又は交差

高圧屋内配線が他の高圧屋内配線，低圧屋内電線，管灯回路の配線，弱電流電線等又は水管，ガス管若しくはこれらに類するもの（以下「他の屋内電線等」という．）と接近又は交差する場合は，次のいずれか適合するように施設する必要がある．

- 高圧屋内配線と他の屋内電線等との**離隔距離は 15 cm**（がいし引き工事により施設する低圧屋内電線が**裸電線である場合は 30 cm）**以上であること．
- 高圧屋内配線をケーブル工事により施設する場合においては，次のいずれかによること．
  - ➤ケーブルと他の屋内電線等との間に**耐火性のある堅ろうな隔壁**を設けること．
  - ➤ケーブルを**耐火性のある堅ろうな管**に収めること．
  - ➤他の高圧屋内配線の電線がケーブルであること．

7 特別高圧配線の施設〈解釈第169条〉

　特別高圧屋内配線は，電気集じん装置を解釈第191条の規定により施設する場合を除き，**ケーブルを使用**して次に適合するように施設する必要がある．

(1) 使用電圧や工事方法

- 使用電圧は **100 000 V 以下**であること．
- ケーブルは，鉄製又は鉄筋コンクリート製の管，ダクトその他の堅ろうな防護装置に収めて施設すること．
- 管その他のケーブルを収める防護装置の金属製部分，金属製の電線接続箱及びケーブルの被覆に使用する金属体には，**A 種接地工事**を施すこと．ただし，**接触防護措置**（金属製のものであって，防護措置を施す設備と電気的に接続するおそれがあるもので防護する方法を除く．）を施す場合は，**D 種接地工事**によることができる．
- 危険のおそれがないように施設すること．

(2) 他の屋内電線等との接近又は交差

　特別高圧屋内配線が，低圧屋内電線，管灯回路の配線，高圧屋内電線，弱電流電線等又は水管，ガス管若しくはこれらに類するものと接近又は交差する場合は，次の各号によること．

- 特別高圧屋内配線と低圧屋内電線，管灯回路の配線又は高圧屋内電線との**離隔距離**は，**60 cm 以上**であること．ただし，相互の間に**堅ろうな耐火性の隔壁**を設ける場合は，この限りでない．
- 特別高圧屋内配線と弱電流電線等又は水管，ガス管若しくはこれらに類するものとは，**接触しないように施設**すること．

8 特殊場所，特殊機器の施設

　ここまでは一般的な電気使用場所における配線の施設方法をみてきた．ここからは，特殊な場所や機器の配線について確認していこう．

(1) 火薬庫

　火薬庫は，多量の火薬が貯蔵されており，事故の場合はその被害が甚大であるため，照明に必要な必要最小限なものを除き，電気設備の施設禁止が規定されている．

①火薬庫内における電気設備の施設の禁止〈電技第 71 条〉

照明のための電気設備（開閉器及び過電流遮断器を除く.）**以外**の電気設備は，電技第 69 条の規定にかかわらず，火薬庫内には，**施設してはならない**. ただし，容易に着火しないような措置が講じられている火薬類を保管する場所にあって，特別の事情がある場合は，この限りでない.

②火薬庫の電気設備の施設〈解釈第 178 条〉

（ア）火薬庫内の電気設備

火薬庫内には，**次の各号により施設する照明器具**及びこれに電気を供給するための電気設備を除き，電気設備を施設しないこと.

- 電路の対地電圧は 150 V **以下**であること.
- 屋内配線及び管灯回路の配線は，次のいずれかによること.
  - ➤ **金属管工事**により，薄鋼電線管又はこれと同等以上の強度を有する金属管を使用して施設すること.
  - ➤ **ケーブル工事**により，次に適合するように施設すること.
    - ✓ 電線はキャブタイヤケーブル以外のケーブルであること.
    - ✓ 電線は，解釈第 120 条第 6 項に規定する性能を満足するがい装を有するケーブル又は MI ケーブルを使用する場合を除き，管その他の防護装置に収めて施設すること.
- 電気機械器具は，**全閉型**のものであること.
- ケーブルを電気機械器具に引き込むときは，引込口でケーブルが損傷するおそれがないように施設すること.
- ケーブルと電気機械器具とは，震動によりゆるまないように堅ろうに，かつ，電気的に完全に接続すること.
- 白熱電灯及び放電灯用電灯器具は，造営材に直接堅ろうに取り付ける又は電灯つり管，電灯腕管等により造営材に堅ろうに取り付けること.

（イ）開閉器等の施設

火薬庫内の電気設備に電気を供給する電路は，次の各号によること.

- **火薬庫以外の場所**において，**専用の開閉器及び過電流遮断器**を各極（過電流遮断器にあっては，多線式電路の中性極を除く.）に，取扱者以外の者が容易に操作できないように施設すること. ただし，過電流遮断器が開閉機能を有するものである場合は，過電流遮断器のみとすることができる.

- 電路に地絡を生じたときに自動的に電路を遮断し，又は警報する装置を設けること．
- 開閉器又は過電流遮断器から火薬庫に至る配線には**ケーブル**を使用し，かつ，これを**地中に施設**すること．

（2）トンネル〈解釈第 179 条〉

人が常時通行するトンネル内の配線（電気機械器具内の配線，管灯回路の配線，解釈第 181 条第 1 項に規定する小勢力回路の電線及び第 182 条に規定する出退表示灯回路の電線を除く．）は，次の各号によること．

- 使用電圧は**低圧**であること．
- 電線は，次のいずれかによること．
  - ➤**がいし引き工事**により，次に適合するように施設すること．
    - ✓ 電線は，**直径 1.6 mm の軟銅線**と同等以上の強さ及び太さの**絶縁電線**（屋外用ビニル絶縁電線，引込用ビニル絶縁電線及び引込用ポリエチレン絶縁電線を除く．）であること．
    - ✓ 電線の高さは，**路面上 2.5 m 以上**であること．
    - ✓ **電線相互の間隔は 6 cm 以上**とすること等，解釈第 157 条第 1 項第 2 号から第 7 号まで及び第 9 号の規定に準じて施設すること．
  - ➤**合成樹脂管工事**により，解釈第 158 条の規定に準じて施設すること．
  - ➤**金属管工事**により，解釈第 159 条の規定に準じて施設すること．
  - ➤**金属可とう電線管工事**により，解釈第 160 条の規定に準じて施設すること．
  - ➤**ケーブル工事**により，解釈第 164 条（第 3 項を除く．）の規定に準じて施設すること．
- 電路には，トンネルの引込口に近い箇所に**専用の開閉器**を施設すること．

（3）遊戯用電車〈解釈第 189 条〉

遊戯用電車（遊園地の構内等において遊戯用のために施設するものであって，人や物を別の場所へ運送することを主な目的としないものをいう．）内の電路及びこれに電気を供給するために使用する電気設備は，次の各号によること．

- 遊戯用電車内の電路は，次によること．
  - ➤取扱者以外の者が容易に触れるおそれがないように施設すること．
  - ➤遊戯用電車内に昇圧用変圧器を施設する場合は，次によること．

  ✓変圧器は，**絶縁変圧器**であること．

  ✓変圧器の2次側の使用電圧は，**150 V 以下**であること．

➤ 遊戯用電車内の電路と大地との間の絶縁抵抗は，使用電圧に対する漏えい電流が，当該電路に接続される**機器の定格電流の合計値の1/5 000 を超えない**ように保つこと．

- 遊戯用電車に電気を供給する電路は，次によること．

➤ 使用電圧は，直流にあっては**60 V 以下**，交流にあっては**40 V 以下**であること．

➤ 上記の使用電圧に電気を変成するために使用する変圧器は，次によること．

  ✓変圧器は，**絶縁変圧器**であること．

  ✓変圧器の1次側の使用電圧は，**300 V 以下**であること．

➤ 電路には，**専用の開閉器**を施設すること．

➤ 遊戯用電車に電気を供給するために使用する接触電線は，次によること．

  ✓**サードレール式**により施設すること．

  ✓接触電線と大地との間の絶縁抵抗は，使用電圧に対する漏えい電流が**レールの延長1 km につき 100 mA を超えない**ように保つこと．

- 接触電線及びレールは，人が容易に立ち入らないように措置した場所に施設すること．

- 電路の一部として使用するレールは，溶接（継目板の溶接を含む．）による場合を除き，適当なボンドで電気的に接続すること．

- 変圧器，整流器等とレール及び接触電線とを接続する電線並びに接触電線相互を接続する電線には，ケーブル工事により施設する場合を除き，**簡易接触防護措置**を施すこと．

(4) アーク溶接装置〈解釈第190条〉

電気溶接には，抵抗溶接とアーク溶接があるが，解釈第190条では建築現場や造船所に多く，使用状態も乱雑となりがちな可搬型のアーク溶接装置について規定している．このため，自動車工場等に多い点溶接機は対象外となる．

具体的には，可搬型の溶接電極を使用するアーク溶接装置は，次の各号によること．

- 溶接変圧器は，**絶縁変圧器**であること．

- 溶接変圧器の1次側電路の対地電圧は，**300 V 以下**であること．
- 溶接変圧器の1次側電路には，溶接変圧器に近い箇所であって，容易に開閉することができる箇所に**開閉器**を施設すること．
- 溶接変圧器の2次側電路のうち，溶接変圧器から溶接電極に至る部分及び溶接変圧器から被溶接材に至る部分（電気機械器具内の電路を除く．）は，次によること．
  - ➤溶接変圧器から溶接電極に至る部分の電路は，次のいずれかのものであること．
    - ✓電気用品の技術上の基準を定める省令の解釈別表第八の規定に適合する**溶接用ケーブル**
    - ✓**1種キャブタイヤケーブル**，ビニルキャブタイヤケーブル及び耐燃性ポリオレフィンキャブタイヤケーブル以外のキャブタイヤケーブル
  - ➤溶接変圧器から被溶接材に至る部分の電路は，次のいずれかのものであること．
    - ✓電気用品の技術上の基準を定める省令の解釈別表第八の規定に適合する**溶接用ケーブル**
    - ✓**キャブタイヤケーブル**
    - ✓**電気的に完全に，かつ，堅ろうに接続された鉄骨**等
  - ➤電路は，溶接の際に流れる電流を安全に通じることのできるものであること．
  - ➤重量物の圧力又は著しい機械的衝撃を受けるおそれがある箇所に施設する電線には，適当な防護装置を設けること．

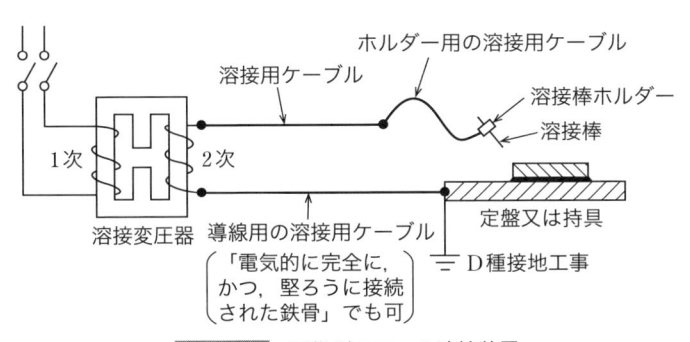

図2・44 可搬型のアーク溶接装置

- 被溶接材又はこれと電気的に接続される治具，定盤等の金属体には，**D 種接地工事**を施すこと．

（5）電気さく

電気さくは，充電された裸電線をさくに固定して施設するものであり，感電・火災のおそれが大きいため，原則として施設することが禁止されている．

ただし，野獣の侵入又は家畜の脱走を防止することを目的とし，十分な安全対策を施した場合のみ施設できることを規定している．

①電気さくの施設の禁止〈電技第 74 条〉

電気さく（屋外において裸電線を固定して施設したさくであって，その裸電線に充電して使用するものをいう．）は，施設してはならない．ただし，田畑，牧場，その他これに類する場所において**野獣の侵入又は家畜の脱出を防止**するために施設する場合であって，**絶縁性がないことを考慮**し，感電又は火災のおそれがないように施設するときは，この限りでない．

②電気さくの施設〈解釈第 192 条〉

電気さくは，次の各号に適合するものを除き施設しないこと．

- 田畑，牧場，その他これに類する場所において野獣の侵入又は家畜の脱出を防止するために施設するものであること．

- 電気さくを施設した場所には，**人が見やすいように適当な間隔で危険である旨の表示**をすること．

- 電気さくは，次のいずれかに適合する**電気さく用電源装置**から電気の供給を受けるものであること．

  ➤ **電気用品安全法の適用**を受ける電気さく用電源装置

  ➤ 感電により人に危険を及ぼすおそれのないように**出力電流が制限**される電気さく用電源装置であって，次のいずれかから電気の供給を受けるもの

    ✓ 電気用品安全法の適用を受ける**直流電源装置**

    ✓ 蓄電池，太陽電池その他これらに類する直流の電源

- 電気さく用電源装置が**使用電圧 30 V 以上**の電源から電気の供給を受けるものである場合において，人が容易に立ち入る場所に電気さくを施設するときは，当該電気さくに電気を供給する電路には次に適合する**漏電遮断器**を施設すること．

  ➤ **電流動作型**のものであること．

・　➤定格感度電流が **15 mA 以下**，動作時間が **0.1 秒以下**のものであること．

・電気さくに電気を供給する電路には，容易に開閉できる箇所に専用の開閉器を施設すること．

・電気さく用電源装置のうち，衝撃電流を繰り返して発生するものは，その装置及びこれに接続する電路において発生する電波又は高周波電流が無線設備の機能に継続的かつ重大な障害を与えるおそれがある場所には，施設しないこと．

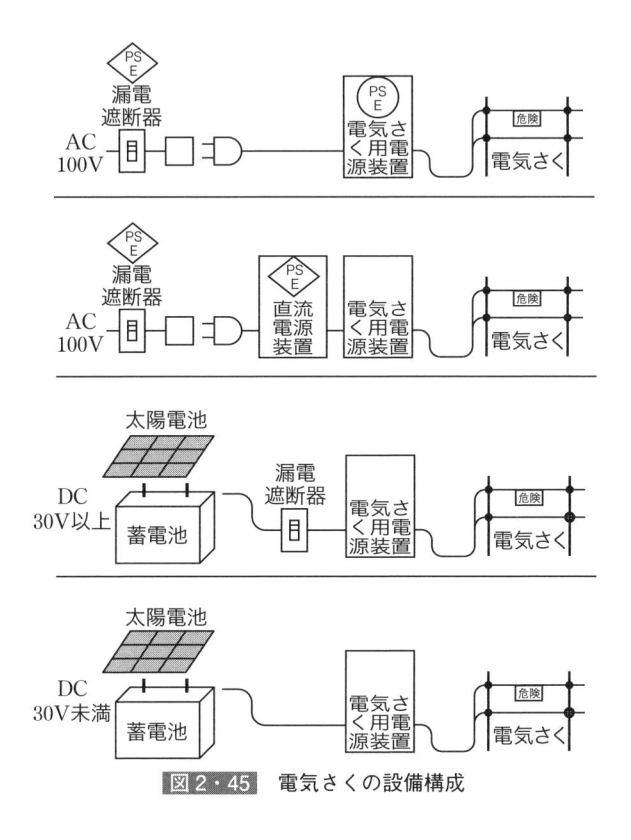

図 2・45　電気さくの設備構成

（6）電撃殺虫器〈解釈第 193 条〉

　電撃殺虫器は食品工場，ゴルフ場，果樹園など薬剤散布により害虫を防除できない場所に使用されるもので，その機能上高電圧の露出した充電部分があることから，解釈第 193 条では，人や家畜に対してその施設が危険なものとならないよ

うに制限するとともに，火災等に対しても十分危険のおそれがないように以下のように施設すべきことが規定されている．

①施設方法

- 電撃殺虫器を施設した場所には，危険である旨の表示をすること．
- 電撃殺虫器は，**電気用品安全法の適用**を受けるものであること．
- 電撃殺虫器の電撃格子は，**地表上又は床面上 3.5 m 以上の高さに施設する**こと．ただし，2 次側開放電圧が 7 000 V 以下の絶縁変圧器を使用し，かつ，保護格子の内部に人が手を入れたとき，又は保護格子に人が触れたときに絶縁変圧器の 1 次側電路を自動的に遮断する保護装置を設ける場合は，**地表上又は床面上 1.8 m 以上の高さ**に施設することができる（図 2·46）．
- 電撃殺虫器の電撃格子と他の工作物（架空電線を除く．）又は植物との離隔距離は，**0.3 m 以上**であること．
- 電撃殺虫器に電気を供給する電路には，**専用の開閉器**を電撃殺虫器に近い箇所において容易に開閉することができるように施設すること．

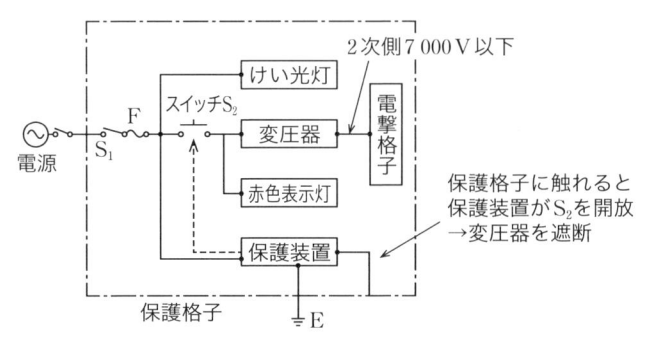

図 2・46 電撃殺虫器の配線の一例（床面上 1.8m 以上の高さに施設する場合）

②施設禁止の場所

電撃殺虫器は，次の各号に掲げる場所には施設しないこと．

- 電撃殺虫器及びこれに接続する電路において発生する**電波**又は**高周波電流**が**無線設備の機能に継続的かつ重大な障害を与えるおそれがある場所**
- 電技第 70 条で規定する腐食性のガス又は溶液の発散する場所，及び解釈第 175 条から第 178 条までに規定する粉じんの多い場所，危険物等の存在する場所，火薬庫など

例題 43 · H16　問 6

　次の文章は，「電気設備技術基準」及び「電気設備技術基準の解釈」に基づく，電気使用場所の配線に関する記述の一部である．文中の □□□ に当てはまる語句を解答群の中から選びなさい．

a)　配線には，裸電線を使用してはならない．ただし，施設場所の状況及び　(1)　に応じ，使用上十分な強度を有し，かつ，　(2)　がないことを考慮して，配線が感電又は火災のおそれがないように施設する場合は，この限りでない．

b)　電気設備技術基準の解釈では，上記 a のただし書きの規定を受けて，次のいずれかに該当する場合は，屋内に施設する低圧電線に裸電線を使用することを認めている．

①がいし引き工事により展開した場所に次に掲げる電線を施設する場合

　i　　(3)　用電線

　ii　　電線の被絶縁物が　(4)　する場所に施設する電線

　iii　　取扱者以外の者が出入りできないように設備した場所に施設する電線

②バスダクト工事により施設する場合

③ライティングダクト工事により施設する場合

④移動起重機，オートクリーナその他の移動して使用する低圧の電気機械器具又は遊戯用電車に電気を供給するために使用する　(5)　を施設する場合

【解答群】

(イ) 電圧　　　(ロ) 環境　　　(ハ) 絶縁性　　　(ニ) 腐食　　　(ホ) 劣化
(ヘ) 保安状況　(ト) 耐じん性　(チ) 電気炉　　　(リ) 供給線　　(ヌ) 安全性
(ル) 金属線　　(ヲ) 汚染　　　(ワ) 避雷針　　　(カ) ネオン　　(ヨ) 接触電線

解　説　(1) (2) は電技第 57 条第 2 項，(3) 〜 (5) は解釈第 144 条からの出題．2-14 節 4 項を参照のこと．　　　**【解答】**(1) イ　(2) ハ　(3) チ　(4) ニ　(5) ヨ

例題 44 · R3　問 3

　次の文章は，「電気設備技術基準の解釈」に基づく低圧屋内配線の工事に関する記述である．文中の □□□ に当てはまる最も適切なものを解答群の中から選びなさい．ただし，ショウウィンドー又はショウケース内，粉じんの多い場所，可燃性ガス等の存在する場所，危険物等の存在する場所及び火薬庫内に施設するものを除く．

a)　　(1)　工事に使用できる　(1)　には，CD 管，PF 管などがある．　(1)　は著しい機械的衝撃や重量物の圧力等に対する保護効果等の点で金属管よりも劣る

ため，こうした損傷のおそれがないように施設しなければならない．

b) ＿(2)＿工事は，主に工場内，事務所ビル等の変電室からの引出口等における多数の配線を収める部分の工事に採用されている．＿(2)＿に収める電線の断面積の総和に関する規定がある．また，点検できない隠ぺい場所では使用できない．

c) ＿(3)＿工事は，屋内ではあらゆる場所に利用できる工事方法であるが，施設場所や使用電圧によっては使用できる電線の種類が限定される．電線を金属管に収めることは必ずしも必要でない．

d) ＿(4)＿工事は，大形の鉄骨造建造物の床コンクリートの仮枠又は床構造材として使用される波形デッキプレートの溝を閉鎖して使用する方式である．乾燥した場所でのみ使用できる．また，使用電圧が 300 V 以下でのみ使用できる．

e) ＿(5)＿工事は，＿(5)＿内に電線を入れ，床面に粘着テープで固定し，タイルカーペット等の下に施設する工事である．＿(5)＿の厚さは 2 mm 程度と非常に薄く，床面の任意の位置からコンセントを取り出すことができる．使用電圧は 300 V 以下で，点検できる乾燥した場所でのみ使用できる．

【解答群】

(イ) 合成樹脂管　　(ロ) ケーブル　　(ハ) ライティングダクト　　(ニ) 裸電線
(ホ) がいし引き　　(ヘ) バスダクト　(ト) 金属ダクト　　(チ) フロアダクト
(リ) 金属可とう電線管　　　　　　　(ヌ) 金属線ぴ　　(ル) 金属管
(ヲ) 平形保護層　　(ワ) コード　　　(カ) 絶縁電線　　(ヨ) セルラダクト

解 説　解釈第 156 条からの出題．2-14 節 4 項を参照のこと．

【解答】(1) イ　(2) ト　(3) ロ　(4) ヨ　(5) ヲ

例題 45　‥‥‥‥‥‥‥‥‥‥‥‥‥‥‥‥‥‥‥‥‥‥‥‥‥‥　H30　問 3

　次の文章は，「電気設備技術基準」及び「電気設備技術基準の解釈」に基づく配線に関する記述である．文中の＿＿＿＿に当てはまる最も適切なものを解答群の中から選びなさい．

a) 配線とは，＿(1)＿において施設する電線をいう．ただし，電気機械器具内の電線及び＿(2)＿の電線を除く．

b) 高圧屋内配線は，がいし引き工事又は＿(3)＿のいずれかにより施設しなければならない．ただし，がいし引き工事は，乾燥した場所であって展開した場所に限る．

c) 高圧屋内配線をがいし引き工事で行う場合，電線相互の間隔は，＿(4)＿以上

でなければならない.

d) 電気集じん装置等に施設する場合を除き, 特別高圧屋内配線の使用電圧は, [(5)] 以下でなければならない.

【解答群】

(イ) 15 cm	(ロ) 35 000 V	(ハ) ケーブル工事	(ニ) 引込線
(ホ) 合成樹脂管工事	(ヘ) 100 000 V	(ト) 8 cm	(チ) 170 000 V
(リ) 5 cm	(ヌ) 造営物	(ル) 電気使用場所	(ヲ) 電線路
(ワ) 特殊場所	(カ) 需要場所	(ヨ) バスダクト工事	

解 説 ▶ (1) (2) は電技第 1 条の用語の定義から, (3) (4) は解釈第 168 条, (5) は解釈第 169 条からの出題. それぞれ 2-1 節 1 項, 2-14 節 6 項, 7 項を参照のこと.

【解答】(1) ル (2) ヲ (3) ハ (4) ト (5) ヘ

例題 46 ·· H28 問4

次の文章は, 「電気設備技術基準の解釈」に基づくケーブル工事による高圧屋内配線の施設に関する記述である. 文中の [   ] に当てはまる最も適切なものを解答群の中から選びなさい.

a) ケーブル工事による高圧屋内配線は, ケーブルを建造物の電気配線用のパイプシャフト内に垂直につり下げて施設する場合を除き, 次によること.

  ①重量物の圧力又は著しい機械的衝撃を受けるおそれがある箇所に施設するケーブルには, 適当な防護装置を設けること.

  ②ケーブルを造営材の下面又は側面に沿って取り付ける場合は, ケーブルの支持点間の距離を [(1)] m(接触防護措置を施した場所において垂直に取り付ける場合は [(2)] m)以下とし, かつ, その被覆を損傷しないように取り付けること.

  ③管その他のケーブルを収める防護装置の金属製部分, 金属製の電線接続箱及びケーブルの被覆に使用する金属体には, A 種接地工事を施すこと. ただし, 接触防護措置(金属製のものであって, 防護措置を施す設備と電気的に接続するおそれがあるもので防護する方法を除く.)を施す場合は, [(3)] 接地工事によることができる.

b) ケーブル工事による高圧屋内配線が, 他の高圧屋内配線, 低圧屋内配線, 管灯回路の配線, 弱電流電線等又は水管, ガス管若しくはこれらに類するもの(以下「他の屋内電線等」という.)と接近又は交差する場合は, 次のいずれかによること.

  ①ケーブルと他の屋内電線等との離隔距離は, がいし引き工事により施設する

　　　　　(4)　が裸電線である場合には 30 cm 以上，その他の場合は 15 cm 以上であること.

②ケーブルと他の屋内電線等との間に　(5)　のある堅ろうな隔壁を設けること.

③ケーブルを　(5)　のある堅ろうな管に収めること.

④他の高圧屋内配線の電線がケーブルであること.

【解答群】

（イ）6　　　　　（ロ）3　　　　（ハ）管灯回路の配線　　（ニ）耐火性　（ホ）10

（ヘ）耐水性　　　（ト）2　　　　（チ）D 種　　　　　　　（リ）C 種　　（ヌ）低圧屋内配線

（ル）B 種　　　　（ヲ）12　　　（ワ）難燃性　　　　　　　（カ）1　　　（ヨ）弱電流電線

解 説　解釈第 168 条からの出題. 2-14 節 6 項を参照のこと.

【解答】(1) ト　(2) イ　(3) チ　(4) ヌ　(5) ニ

例題 47 ……………………………………………… H17　問 2（改）

　次の文章は，「電気設備技術基準の解釈」に基づく，低圧屋内幹線の施設に関する記述の一部である. 文中の　　　　　に当てはまる語句又は数値を解答群の中から選びなさい.

　低圧屋内幹線の電源側電路には，当該低圧屋内幹線を保護する過電流遮断器を施設すること. ただし，次のいずれかに該当する場合は，この限りでない.

a)　低圧屋内幹線の　(1)　が当該低圧屋内幹線の電源側に接続する他の低圧屋内幹線を保護する過電流遮断器の定格電流の　(2)　〔%〕以上である場合.

b)　過電流遮断器に直接接続する低圧屋内幹線又は上記 a に掲げる低圧屋内幹線に接続する長さ　(3)　〔m〕以下の低圧屋内幹線であって，当該低圧屋内幹線の　(1)　が当該低圧屋内幹線の電源側に接続する他の低圧屋内幹線を保護する過電流遮断器の定格電流の 35% 以上である場合.

c)　過電流遮断器に直接接続する低圧屋内幹線又は上記 a 若しくは b に掲げる低圧屋内幹線に接続する長さ 3 m 以下の低圧屋内幹線であって，当該低圧屋内幹線の　(4)　に他の低圧屋内幹線を接続しない場合.

d)　低圧幹線に電気を供給する電源が　(5)　のみであって，当該低圧幹線の　(1)　が当該幹線を通過する最大短絡電流以上である場合.

【解答群】

（イ）末端　　　　（ロ）負荷側　　　（ハ）5　　（ニ）電源側　　（ホ）8　　（ヘ）10

（ト）許容電流　　（チ）55　　　　（リ）75　　（ヌ）最大使用電流　　　　（ル）120
（ヲ）負荷電流　　（ワ）燃料電池　　（カ）風力発電　　　（ヨ）太陽電池

解　説　解釈第 148 条からの出題．2-14 節 5 項を参照のこと．

【解答】(1) ト　(2) チ　(3) ホ　(4) ロ　(5) ヨ

例題48 ·· H24　問 1

　次の文章のうち，a は「電気設備技術基準」，b〜d は「電気設備技術基準の解釈」に基づく，電気さくの施設に関する記述の一部である．文中の ☐ に当てはまる最も適切なものを解答群の中から選びなさい．

a）　電気さく（屋外において裸電線を固定して施設したさくであって，その裸電線に充電して使用するものをいう．）は，施設してはならない．ただし，田畑，牧場，その他これに類する場所において野獣の侵入又は家畜の脱出を防止するために施設する場合であって，　(1)　がないことを考慮し，感電又は火災のおそれがないように施設するときは，この限りではない．

b）　電気さく用電源装置（直流電源装置を介して電気の供給を受けるものにあっては，直流電源装置）が使用電圧　(2)　〔V〕以上の電源から電気の供給を受けるものである場合において，人が容易に立ち入る場所に電気さくを施設するときは，当該電気さくに電気を供給する電路には次に適合する漏電遮断器を施設すること．
①電流動作型のものであること．
②定格感度電流が　(3)　〔mA〕以下，動作時間が 0.1 秒以下のものであること．

c）　電気さくに電気を供給する電路には，容易に開閉できる箇所に　(4)　の開閉器を施設すること．

d）　電気さく用電源装置のうち　(5)　を繰り返して発生するものは，その装置及びこれに接続する電路において発生する電波又は高調波電流が無線設備の機能に継続的かつ重大な障害を与えるおそれがある場所には，施設しないこと．

【解答群】
（イ）難燃性　　　（ロ）30　　　（ハ）漏えい電流　　（ニ）防食　　　（ホ）60
（ヘ）衝撃電流　　（ト）10　　　（チ）100　　　　（リ）15　　　（ヌ）絶縁性
（ル）誘導電流　　（ヲ）専用　　（ワ）5　　　　　　（カ）防湿　　（ヨ）防護線

解　説　電技第 74 条，解釈第 192 条からの出題．2-14 節 8 項（5）を参照のこと．

【解答】(1) ヌ　(2) ロ　(3) リ　(4) ヲ　(5) ヘ

2-15 分散型電源の系統連系設備

**攻略の
ポイント**

分散型電源の系統連系については，再生可能エネルギーの普及拡大に伴い，近年では出題頻度が高まっている．他の分野と比べ，覚える事項は限られているため，以下で解説する内容については理解しておきたい．

1 用語の定義〈解釈第220条〉

分散型電源の系統連系設備に関係する用語の定義は表2・94のとおり．

表2・94 分散型電源の系統連系設備に係る用語の定義

用語	定義
発電設備等	発電設備又は電力貯蔵装置であって，常用電源の停電時又は電圧低下発生時にのみ使用する非常用予備電源以外のもの（主電源設備及び従属電源設備を除く.）
分散型電源	電気事業法第38条第4項第1号，第3号又は第5号に掲げる事業を営む者以外の者が設置する発電設備等であって，一般送配電事業者若しくは配電事業者が運用する電力系統又は地域独立系統に連系するもの
解列	電力系統から切り離すこと
逆潮流	分散型電源設置者の構内から，一般送配電事業者が運用する電力系統側へ向かう有効電力の流れ
単独運転	分散型電源を連系している電力系統が事故等によって系統電源と切り離された状態において，当該分散型電源が発電を継続し，線路負荷に有効電力を供給している状態
逆充電	分散型電源を連系している電力系統が事故等によって系統電源と切り離された状態において，分散型電源のみが，連系している電力系統を加圧し，かつ，当該電力系統へ有効電力を供給していない状態
自立運転	分散型電源が，連系している電力系統から解列された状態において，当該分散型電源設置者の構内負荷にのみ電力を供給している状態
線路無電圧確認装置	電線路の電圧の有無を確認するための装置
転送遮断装置	遮断器の遮断信号を通信回線で伝送し，別の構内に設置された遮断器を動作させる装置
受動的方式の単独運転検出装置	単独運転移行時に生じる電圧位相又は周波数等の変化により，単独運転状態を検出する装置
能動的方式の単独運転検出装置	分散型電源の有効電力出力又は無効電力出力等に平時から変動を与えておき，単独運転移行時に当該変動に起因して生じる周波数等の変化により，単独運転状態を検出する装置

用語	定義
スポットネットワーク受電方式	2以上の特別高圧配電線（スポットネットワーク配電線）で受電し，各回線に設置した受電変圧器を介して2次側電路をネットワーク母線で並列接続した受電方式
地域独立系統	災害等による長期停電時に，隣接する一般送配電事業者，配電事業者又は特定送配電事業者が運用する電力系統から切り離した電力系統であって，その系統に連系している発電設備等並びに主電源設備及び従属電源設備で電気を供給することにより運用されるもの
主電源設備	地域独立系統の電圧及び周波数を維持する目的で地域独立系統運用者が運用する発電設備又は電力貯蔵装置
従属電源設備	主電源設備の電気の供給を補う目的で地域独立系統運用者が運用する発電設備又は電力貯蔵装置
地域独立運転	主電源設備のみが，又は主電源設備及び従属電源設備が地域独立系統の電源となり当該系統にのみ電気を供給している状態

2 ▶ 連系の区分

　解釈では，分散型電源を商用電力系統に連系する際に，公衆及び作業者の安全確保並びに電力供給設備又は他の需要家の設備に悪影響を及ぼさないことを目的として，分散型電源が満たすべき技術要件を定めている．

　この技術要件は，分散型電源が連系する電力系統の電圧区分によって異なっており，分散型電源の連系電圧は，発電設備等の一設置者当たりの電力容量によって一般に表2・95のように定められている．

表2・95　分散型電源の連系の区分

電力容量の区分	連系の区分	
	技術要件	標準電圧
50 kW 未満	低圧	100 V 又は 200 V
50 kW 以上 2 000 kW 未満	高圧	6 000 V
2 000 kW 以上 10 000 kW 未満	特別高圧	20 000 V
10 000 kW 以上 50 000 kW 未満		60 000 V
50 000 kW 以上		140 000 V

（出典：東京電力パワーグリッド「託送供給等約款」）

············· コ ラ ム ·············

連系区分の考え方

　　分散型電源が満たすべき技術要件は原則として連系する電力系統の電圧区分により適用されるものであり，例えば特別高圧で受電する需要家の構内に設置して系統連系する 2 000 kW 未満で出力電圧が高圧の分散型電源であっても，解釈第 232 条（後述）に定める場合を除き，高圧ではなく特別高圧の技術要件を満たす必要がある．

3　共通の技術要件

　以下の条項は，複数の電圧区分に共通する技術要件となる．順を追って見ていこう．

（1）直流流出防止変圧器の施設〈解釈第 221 条〉

　逆変換装置を用いて分散型電源を電力系統に連系する場合は，逆変換装置の故障などにより，直流が電力系統へ流出し，変圧器の偏磁現象等により系統や他の需要家設備に悪影響を及ぼすことがある．これを防止するため，**受電点と逆変換装置との間に変圧器**（単巻変圧器を除く.）を施設する必要がある．

　ただし，次の各号に適合する場合は，このようなおそれがないため，変圧器の設置を省略できる．

- 逆変換装置の交流出力側で直流を検出し，かつ，直流検出時に交流出力を停止する機能を有すること．
- 次のいずれかに適合すること．
  - ➤ 逆変換装置の**直流側電路が非接地**であること．
  - ➤ 逆変換装置に**高周波変圧器**を用いていること．

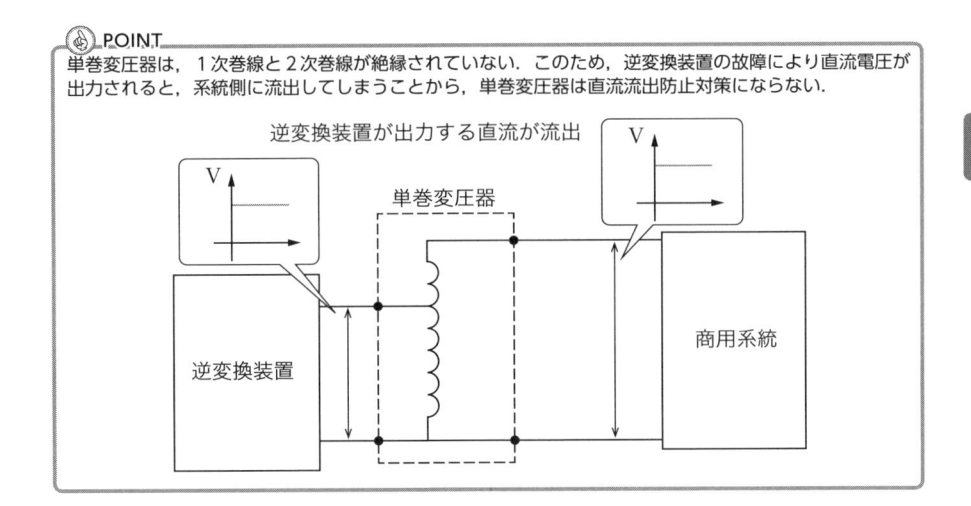

（2）限流リアクトル等の施設〈解釈第222条〉

　分散型電源の連系により系統の短絡容量が増大すると，短絡事故が発生した際の遮断器の遮断容量不足や電線の瞬時許容電流等の超過による損傷などを引き起こすおそれがある．

　このため，分散型電源の連系により，一般送配電事業者又は配電事業者が運用する電力系統の短絡容量が，当該分散型電源設置者以外の者が設置する遮断器の遮断容量又は電線の瞬時許容電流等を上回るおそれがあるときは，分散型電源設置者において，**限流リアクトルその他の短絡電流を制限する装置を施設**する必要がある．

　ただし，低圧の電力系統に逆変換装置を用いて分散型電源を連系する場合は，この限りでない．

（3）自動負荷制限の実施〈解釈第223条〉

　高圧又は特別高圧の電力系統に分散型電源を連系する場合（スポットネットワーク受電方式で連系する場合を含む．）において，分散型電源の脱落時等に連系している**電線路等が過負荷になるおそれがあるとき**は，分散型電源設置者において，**自動的に自身の構内負荷を制限する対策**を行う必要がある．

（4）再閉路時の事故防止〈解釈第224条〉

　電力系統で事故が発生すると，変電所等において事故点方面の遮断器が開放され，一定時間後に再閉路される．その際，系統連系している分散型電源が何らか

の原因により解列されていないと，再閉路時に非同期投入事故が発生し，当該分散型電源を含めた需要家機器に大きな被害を与えるおそれがある．

これを防止するため，高圧又は特別高圧の電力系統に分散型電源を連系する場合（スポットネットワーク受電方式で連系する場合を除く．）は，分散型電源を連系する**変電所の引出口に線路無電圧確認装置を施設**する必要がある．

ただし，表2・96のいずれかに該当する場合は，この限りでない．

表2・96 線路無電圧確認装置を省略できる場合

線路無電圧確認装置の省略要件	
逆潮流がない場合	電力系統との連系に係る保護リレー，計器用変流器，計器用変圧器，遮断器及び制御用電源配線が，相互予備となるように**2系列化**されているとき．
高圧の電力系統に分散型電源を連系する場合	次のいずれかに適合するとき． • 分散型電源を連系している配電用変電所の遮断器が発する遮断信号を，電力保安通信線又は電気通信事業者の専用回線で伝送し，分散型電源を解列することのできる**転送遮断装置及び能動的方式の単独運転検出装置**を設置し，かつ，それぞれが別の遮断器により連系を遮断できること． • **2方式以上の単独運転検出装置**（能動的方式を1方式以上含むもの．）を設置し，かつ，それぞれが別の遮断器により連系を遮断できること． • **能動的方式の単独運転検出装置**及び整定値が分散型電源の運転中における配電線の最低負荷より小さい**逆電力リレー**を設置し，かつ，それぞれが別の遮断器により連系を遮断できること． • 分散型電源設置者が**専用線で連系する場合**であって，連系している系統の自動再閉路を実施しないとき．

（5）一般送配電事業者又は配電事業者との間の電話設備の施設〈解釈第225条〉

分散型電源設置者の構内事故や系統側の事故が発生した場合等において，事故復旧など必要な措置を速やかに行うため，一般送配電事業者又は配電事業者と分散型電源設置者との間で迅速かつ的確な情報連絡が必要となる．

このため，高圧又は特別高圧の電力系統に分散型電源を連系する場合（スポットネットワーク受電方式で連系する場合を含む．）は，分散型電源設置者の技術員駐在所等と電力系統を運用する一般送配電事業者又は配電事業者の技術員駐在所等との間に，次の各号のいずれかの**電話設備を施設**する必要がある．

表 2・97 電話設備の要件

電話設備の種類	条件等
・電力保安通信用電話設備	
・電気通信事業者の専用回線電話	
・一般加入電話又は携帯電話等	次のいずれにも適合するもの ・分散型電源が**高圧又は35 000 V以下の特別高圧で連系**するもの（スポットネットワーク受電方式で連系するものを含む．）であること． ・災害時等において通信機能の障害により当該一般送配電事業者又は配電事業者と**連絡が取れない場合**には，当該一般送配電事業者又は配電事業者との連絡が取れるまでの間，分散型電源設置者において**発電設備等の解列又は運転を停止**すること． ・次に掲げる性能を有すること． ➤分散型電源設置者側の交換機を介さずに直接技術員との通話が可能な方式（交換機を介する代表番号方式ではなく，直接技術員駐在所へつながる**単番方式**）であること． ➤話中の場合に**割り込みが可能な方式**であること． ➤**停電時においても通話可能**なものであること．

4 低圧連系の技術要件

低圧の電力系統に分散型電源を連系する場合の要件は以下のとおり．

（1）小規模発電設備の施設〈解釈第200条〉

①燃料電池発電設備

小規模発電設備である燃料電池発電設備は，次の各号によること．

- 解釈第45条の規定に準じて施設すること．この場合において，同条第1号ロの規定における「発電要素」は「燃料電池」と読み替えるものとする．（2-8節4項（6）参照）
- 燃料電池発電設備に接続する電路に地絡を生じたときに，電路を自動的に遮断し，燃料電池への燃料ガスの供給を自動的に遮断する装置を施設すること．

②太陽電池発電設備

小規模発電設備である太陽電池発電設備は，次の各号により施設すること．

- 太陽電池モジュール，電線及び開閉器その他の器具は，次の各号によること．
  ➤**充電部分が露出しないように施設**すること．

➤ 太陽電池モジュールに接続する負荷側の電路（複数の太陽電池モジュールを施設する場合にあっては，その集合体に接続する負荷側の電路）には，その接続点に近接して**開閉器その他これに類する器具**（負荷電流を開閉できるものに限る.）**を施設**すること.

➤ 太陽電池モジュールを並列に接続する電路には，その電路に短絡を生じた場合に電路を保護する**過電流遮断器その他の器具を施設**すること. ただし，当該電路が短絡電流に耐えるものである場合は，この限りでない.

➤ 電線は，次によること. ただし，機械器具の構造上その内部に安全に施設できる場合は，この限りでない.

  ✓ 電線は，直径 1.6 mm の軟銅線又はこれと同等以上の強さ及び太さのものであること.

  ✓ 次のいずれかにより施設すること.

  (1) 合成樹脂管工事により，解釈第158条の規定に準じて施設すること.

  (2) 金属管工事により，解釈第159条の規定に準じて施設すること.

  (3) 金属可とう電線管工事により，解釈第160条の規定に準じて施設すること.

  (4) ケーブル工事により，屋内に施設する場合にあっては解釈第164条の規定に，屋側又は屋外に施設する場合にあっては解釈第166条第1項第7号の規定に準じて施設すること.

➤ 太陽電池モジュール及び開閉器その他の器具に電線を接続する場合は，ねじ止めその他の方法により，**堅ろうに，かつ，電気的に完全に接続**するとともに，**接続点に張力が加わらないように**すること.

(2) 低圧連系時の施設要件〈解釈第226条〉

① 単相3線式の低圧系統に連系する場合

単相3線式の低圧の電力系統に分散型電源を連系する場合において，負荷の不平衡により中性線に最大電流が生じるおそれがあるときは，分散型電源を施設した構内の電路であって，負荷及び分散型電源の並列点よりも系統側に，**3極に過電流引き外し素子を有する遮断器を施設**すること（図2·47）.

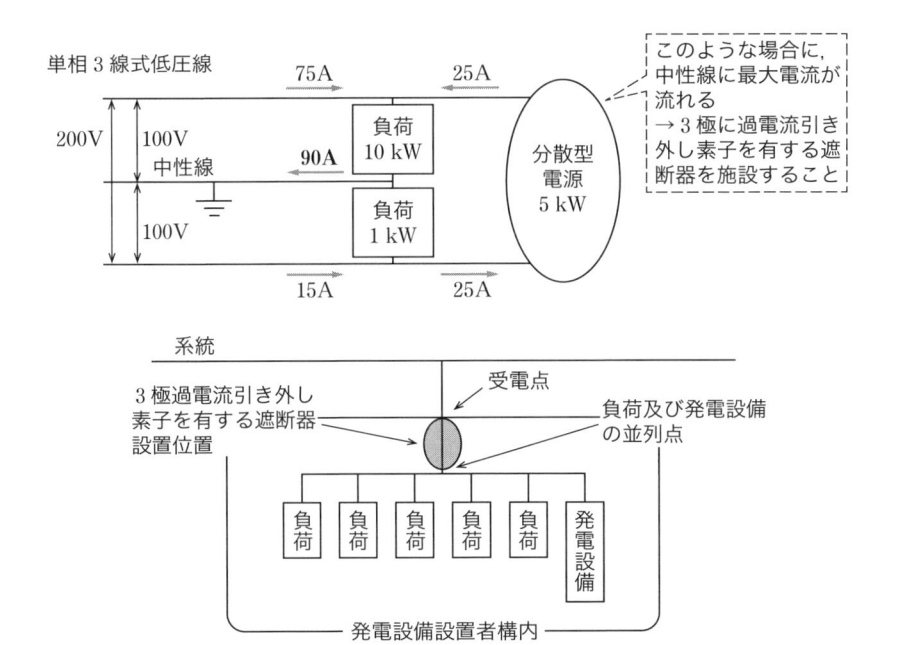

図2・47 3極に過電流引き外し素子を有する遮断器の設置が必要な例と設置位置

②逆変換装置を用いずに連系する場合

低圧の電力系統に逆変換装置を用いずに分散型電源を連系する場合は，**逆潮流を生じさせないこと**．ただし，逆変換装置を用いて分散型電源を連系する場合と同等の単独運転検出及び解列ができる場合は，この限りでない．

（3）低圧連系時の系統連系用保護装置〈解釈第227条〉

①保護リレー等の設置

分散型電源の異常や故障，電力系統の事故を検出し，分散型電源を自動的に解列させるため，表2・98の保護リレー等を受電点その他異常の検出が可能な場所に設置する必要がある．

なお，逆潮流無しの場合であっても，逆潮流有りの条件で保護リレー等を設置することができる．

表2・98 低圧連系に必要な保護リレー等

保護リレー等			逆変換装置を用いて連系する場合		逆変換装置を用いずに連系する場合	
検出する異常		種類	逆潮流有り	逆潮流無し	逆潮流有り	逆潮流無し
異常・故障 分散型電源の	電圧異常上昇	過電圧リレー	○		○	
	電圧異常低下	不足電圧リレー	○		○	
系統側事故	短絡事故	不足電圧リレー	○		○※3	
		短絡方向リレー	—		○※4	
	地絡事故, 高低圧混触事故	単独運転検出装置	○※1	○※2	○※1	○※5
単独運転又は逆充電		単独運転検出装置				○
		逆充電検出機能を有する装置	—		—	○
		周波数上昇リレー	○		○	—
		周波数低下リレー	○		○	
		逆電力リレー	—	○	—	○※6
		不足電力リレー	—		—	○※7

※1：受動的方式及び能動的方式のそれぞれ1方式以上を含むものであること．系統側地絡事故・高低圧混触事故については，単独運転検出用の受動的方式等により保護すること．

※2：逆潮流有りの分散型電源と逆潮流無しの分散型電源が混在する場合は，単独運転検出装置を設置すること．逆充電検出機能を有する装置は，不足電圧検出機能及び不足電力検出機能の組み合わせ等により構成されるもの，単独運転検出装置は，受動的方式及び能動的方式のそれぞれ1方式以上を含むものであること．系統側地絡事故・高低圧混触事故については，単独運転検出用の受動的方式等により保護すること．

※3：誘導発電機を用いる場合は，設置すること．発電電圧異常低下検出用の不足電圧リレーにより検出し，保護できる場合は省略できる．

※4：同期発電機を用いる場合は，設置すること．発電電圧異常低下検出用の不足電圧リレー又は過電流リレーにより，系統側短絡事故を検出し，保護できる場合は省略できる．

※5：高速で単独運転を検出し，分散型電源を解列することのできる受動的方式のものに限る．

※6：※5に示す装置で単独運転を検出し，保護できる場合は省略できる．

※7：分散型電源の出力が，構内の負荷より常に小さく，※5に示す装置及び逆電力リレーで単独運転を検出し，保護できる場合は省略できる．この場合には，※6は省略できない．

②自立運転時の取扱い

　一般用電気工作物又は小規模事業用電気工作物において自立運転を行う場合

は，**2箇所の機械的開閉箇所を開放**することにより，分散型電源を解列した状態で行うとともに，**連系復帰時の非同期投入を防止する装置を施設**すること．ただし，逆変換装置を用いて連系する場合において，次の各号の全てを防止する装置を施設する場合は，機械的開閉箇所を1箇所とすることができる．

- 系統停止時の誤投入
- 機械的開閉箇所故障時の自立運転移行

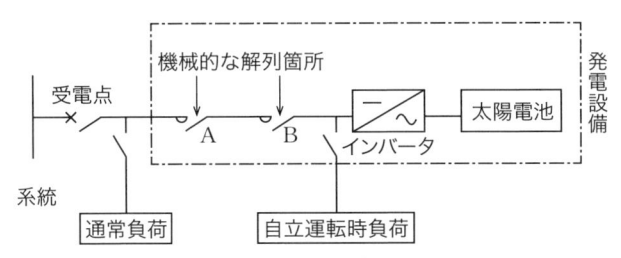

A, B2箇所に解列用遮断器を設ける

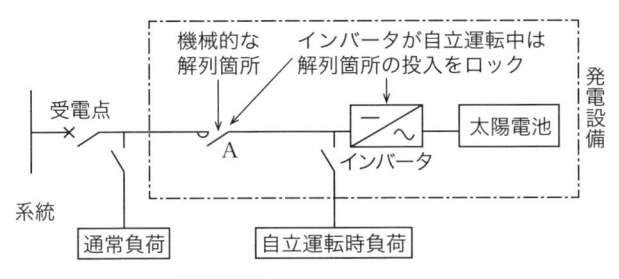

図2・48 自立運転時の要件

5 高圧連系の技術要件

高圧の電力系統に分散型電源を連系する場合の要件は以下のとおり．

（1）高圧連系時の施設要件〈解釈第228条〉

配電用変電所のバンク単位で逆潮流が発生すると，送電線又は配電用変電所の1次側母線の事故時等において，配電線に連系する分散型電源が解列せずに，分散型電源から事故箇所への事故電流の供給が続き，定められた時間内に事故除去ができないといった保護協調面での問題が生じるおそれがある．

このため，高圧の電力系統に分散型電源を連系する場合は，分散型電源を連系する配電用変電所の配電用変圧器において，**逆向きの潮流を生じさせない**ことが

要件として定められている.

ただし，当該配電用変電所に保護装置を施設する等の方法により分散型電源と電力系統との協調をとることができる場合は，この限りではない.

（2）高圧連系時の系統連系用保護装置〈解釈第229条〉

分散型電源の異常や故障，電力系統の事故を検出し，分散型電源を自動的に解列させるため，表2・99の保護リレー等を受電点その他異常の検出が可能な場所に設置する必要がある.

なお，低圧連系と同様に逆潮流無しの場合であっても，逆潮流有りの条件で保護リレー等を設置することができる.

表2・99 高圧連系に必要な保護リレー等

保護リレー等			逆変換装置を用いて連系する場合		逆変換装置を用いずに連系する場合	
検出する異常		種類	逆潮流有り	逆潮流無し	逆潮流有り	逆潮流無し
分散型電源の異常・故障	電圧異常上昇	過電圧リレー	○		○	
	電圧異常低下	不足電圧リレー	○		○	
系統側の事故	短絡事故	不足電圧リレー	○		○※7	
		短絡方向リレー	—		○※8	
	地絡事故	地絡過電圧リレー	○※1		○※9	
単独運転		周波数上昇リレー	○※2	—	○※2	—
		周波数低下リレー	○	○※5	○	○※5
		逆電力リレー	—	○※6	—	○
		転送遮断装置又は単独運転検出装置	○※3※4	—	○※3※4※10	—

※1：構内低圧線に連系する場合であって，分散型電源の出力が受電電力に比べて極めて小さく，単独運転検出装置等により高速に単独運転を検出し，分散型電源を停止又は解列する場合又は地絡方向継電装置付き高圧交流負荷開閉器から，零相電圧を地絡過電圧リレーに取り込む場合は，省略できる.
※2：専用線と連系する場合は省略できる.
※3：転送遮断装置は，分散型電源を連系している配電線の配電用変電所の遮断器の遮断信号を，電力保安通信線又は電気通信1事業者の専用回線で伝送し，分散型電源を解列することのできるものであること.

※4：単独運転検出装置は，能動的方式を1方式以上含むものであって，次の全てを満たすものであること．なお，地域独立系統に連系する場合は，当該系統においても単独運転検出ができるものであること．
　(1) 系統のインピーダンスや負荷の状態等を考慮し，必要な時間内に確実に検出することができること．
　(2) 頻繁な不要解列を生じさせない検出感度であること．
　(3) 能動信号は，系統への影響が実態上問題とならないものであること．
※5：専用線による連系であって，逆電力リレーにより単独運転を高速に検出し，保護できる場合は省略できる．
※6：構内低圧線に連系する場合であって，分散型電源の出力が受電電力に比べて極めて小さく，受動的方式及び能動的方式のそれぞれ1方式以上を含む単独運転検出装置等により高速に単独運転を検出し，分散型電源を停止又は解列する場合は省略できる．
※7：誘導発電機を用いる場合は設置すること．発電電圧異常低下検出用の不足電圧リレーにより検出し，保護できる場合は省略できる．
※8：同期発電機を用いる場合は設置すること．
※9：発電機引出口に設置する地絡過電圧リレーにより，系統側地絡事故が検知できる場合又は地絡方向継電装置付き高圧交流負荷開閉器から，零相電圧を地絡過電圧リレーに取り込む場合は，省略できる．
※10：誘導発電機（二次励磁制御巻線形誘導発電機を除く.）を用いる，風力発電設備その他出力変動の大きい分散型電源において，周波数上昇リレー及び周波数低下リレーにより単独運転を高速かつ確実に検出し，保護できる場合は省略できる．

6 特別高圧連系の技術要件

特別高圧の電力系統に分散型電源を連系する場合の要件は以下のとおり．

(1) 特高連系時の施設要件〈解釈第230条〉

特別高圧の電力系統に分散型電源を連系する場合は，次の各号によること．

- 一般送配電事業者又は配電事業者が運用する電線路等の事故時等に，他の電線路等が過負荷になるおそれがあるときは，系統の変電所の電線路引出口等に**過負荷検出装置を施設**し，電線路等が過負荷になったときは，同装置からの情報に基づき，分散型電源の設置者において，**分散型電源の出力を適切に抑制**すること（図2·49）．
- 系統安定化又は潮流制御等の理由により運転制御が必要な場合は，必要な運転制御装置を分散型電源に施設すること．
- **単独運転時**において電線路の地絡事故により異常電圧が発生するおそれ等があるときは，分散型電源の設置者において，変圧器の中性点に解釈第19条第2項各号の規定に準じて**接地工事**を施すこと．
- 前号に規定する中性点接地工事を施すことにより，一般送配電事業者又は配

電事業者が運用する電力系統において電磁誘導障害防止対策や地中ケーブルの防護対策の強化等が必要となった場合は，適切な対策を施すこと．

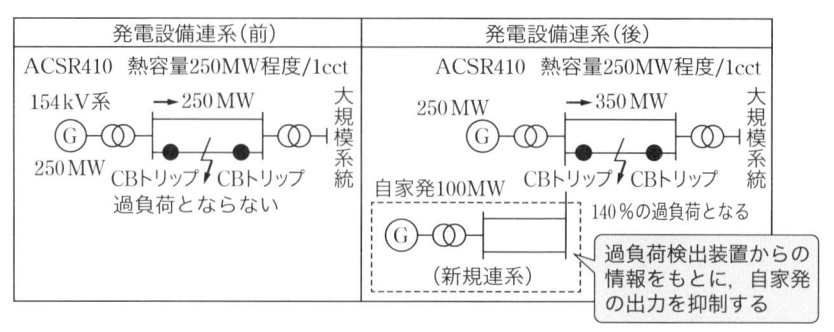

図2・49 過負荷検出装置による送電線の過負荷対策

（2）特高連系時の系統連系要保護装置〈解釈第231条〉
①特別高圧連系に必要な保護リレー等

特別高圧連系（スポットネットワーク受電方式で連系する場合を除く．）において，分散型電源の異常又は故障，連系している電力系統の短絡事故又は地絡事故を検出し自動的に解列させるため，求められる保護リレー等は表2・100のとおり．

表2・100 特別高圧連系に必要な保護リレー等

保護リレー等		逆変換装置を用いて連系する場合	逆変換装置を用いずに連系する場合
検出する異常	種類		
分散型電源の異常・故障 電圧異常上昇	過電圧リレー	○	○
電圧異常低下	不足電圧リレー	○	○
系統側事故 短絡事故	不足電圧リレー	○	○※3
	短絡方向リレー	—	○※4
地絡事故	電流差動リレー	○※1	○※1
	地絡過電圧リレー	○※2	○※2

※1：連系する系統が中性点直接接地方式の場合，設置する．

※2：連系する系統が中性点直接接地方式以外の場合，設置する．地絡過電圧リレーが有効に機能しない場合は，地絡方向リレー，電流差動リレー又は回線選択リレーを設置すること．ただし，次のいずれかを満たす場合は，地絡過電圧リレーを設置しないことができる．
　(1) 電流差動リレーが設置されている場合
　(2) 発電機引出口にある地絡過電圧リレーにより，系統側地絡事故が検知できる場合
　(3) 分散型電源の出力が構内の負荷より小さく，周波数低下リレーにより高速に単独運転を検出し，分散型電源を解列することができる場合
　(4) 逆電力リレー，不足電力リレー又は受動的方式の単独運転検出装置により，高速に単独運転を検出し，分散型電源を解列することができる場合
※3：誘導発電機を用いる場合，設置する．発電電圧異常低下検出用の不足電圧リレーにより検出し，保護できる場合は省略できる．
※4：同期発電機を用いる場合，設置する．電流差動リレーが設置されている場合は省略できる．短絡方向リレーが有効に機能しない場合は，短絡方向距離リレー，電流差動リレー又は回線選択リレーを設置すること．

②スポットネットワーク配電線への連系に必要な保護リレー等

分散型電源の異常又は故障，スポットネットワーク配電線の全回線の電源が喪失した場合における分散型電源の単独運転を保護リレー等により検出し，分散型電源を自動的に解列させる必要がある．

このときの分散型電源の解列にあたっては，次の各号によること．

• 解列箇所は次のいずれかとする．
　➤分散型電源の出力端に設置する遮断器又はこれと同等の機能を有する装置
　➤母線連絡用遮断器
　➤プロテクタ遮断器

• 逆電力リレー（ネットワークリレーの逆電力リレー機能で代用する場合を含む．）で，全回線において逆電力を検出した場合は，時限をもって分散型電源を解列すること．

> **POINT**
> エレベータ等の回生電力による逆電力と分散型電源からの逆電力を判別する必要があるため，「時限をもって」解列する必要性があり，一般的には1秒程度とすることが多い．

• 分散型電源を連系する電力系統において事故が発生した場合は，系統側変電所の遮断器開放後に，逆潮流を逆電力リレー（ネットワークリレーの逆電力リレー機能で代用する場合を含む．）で検出することにより事故回線のプロテクタ遮断器を開放し，健全回線との連系は原則として保持して，分散型電源は解列しないこと．

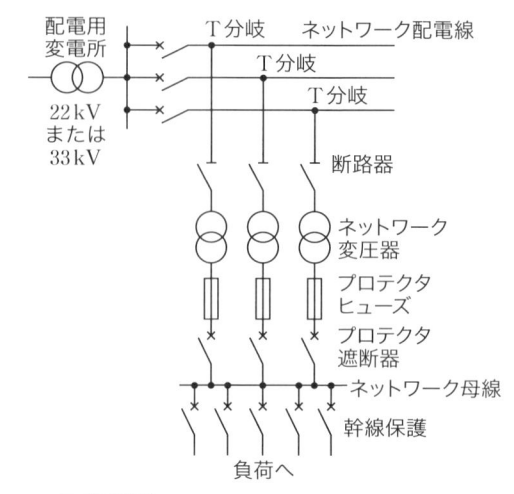

図2・50 スポットネットワーク受電方式

･･････････ コ ラ ム ･･････････

スポットネットワーク受電方式において逆潮流ありの連系ができない理由

　スポットネットワーク受電方式は，図2・50にあるとおり2以上のスポットネットワーク配電線で受電しており，1回線又は1台のネットワーク変圧器が故障しても残りの健全回線から無停電で受電が継続できる信頼性の高い受電方式である．

　これを実現するため，受電システムを構成するネットワークリレーは逆電力遮断特性を有しており，スポットネットワーク配電線及びネットワーク変圧器の事故時には健全回線からネットワーク母線を介して事故回線に流れ込む逆潮流を検出し，事故回線を選択遮断する仕組みとなっている．

　このため，常時逆潮流があるとネットワークリレーの逆電力遮断特性と共立できないことから，スポットネットワーク配電線に発電設備等を連系する場合は，逆潮流がないことが必要となる．

7 高圧連系及び特別高圧連系における例外〈解釈第 232 条〉

高圧の電力系統に分散型電源を連系する場合において，**分散型電源の出力が受電電力に比べて極めて小さいとき**は，高圧の電力系統に連系する場合に係る規定によらず，**低圧の電力系統に連系する場合に係る規定に準じることができる**．

また，**特別高圧**の電力系統に分散型電源を連系する場合（スポットネットワーク受電方式で連系する場合を除く．）においても，分散型電源の出力が受電電力に比べて極めて小さいときは，**低圧又は高圧の電力系統に連系する場合に係る規定に準じることができる**．

さらには，35 000 V 以下の配電線扱いの**特別高圧**の電力系統に分散型電源を連系する場合（スポットネットワーク受電方式で連系する場合を除く．）は，特別高圧の電力系統に連系する場合に係る規定によらず，**高圧の電力系統に連系する場合に係る規定に準じることができる**．

8 地域独立運転に係る技術要件

災害等による長期停電時に，隣接する一般送配電事業者等が運用する電力系統から切り離し，主電源設備や従属電源設備で電気を供給することで一部の系統を独立して運転を行うことがある．このような「地域独立運転」に関する要件は以下のとおり．

(1) 地域独立運転時の主電源設備及び従属電源設備の保護装置〈解釈第 233 条〉
①異常時の対応

地域独立運転を行う場合は，次の各号により，主電源設備及び従属電源設備を施設すること．

- 次に掲げる異常を保護リレー等により検出し，**主電源設備及び従属電源設備を自動的に解列**すること．
  - ➤主電源設備の異常又は故障
  - ➤地域独立系統の短絡事故又は地絡事故
  - ➤地域独立系統の需要場所（地域独立系統との協調をとることができないものに限る．）における短絡事故又は地絡事故
- 従属電源設備の異常又は故障を保護リレー等により検出し，**従属電源設備を自動的に解列**すること．

②電力系統との接続に係る対応

地域独立系統に隣接する一般送配電事業者，配電事業者又は特定送配電事業者が運用する電力系統と地域独立系統の接続が行われる場合は，当該接続時に，主電源設備及び従属電源設備が地域独立系統から解列されていること．

（2）地域独立系統運用者との間の電話設備の施設〈解釈第234条〉

地域独立運転を行う場合は，地域独立系統運用者の技術員駐在所等と次の各号に掲げる者の技術員駐在所等との間に，表2・101に適合する電話設備を施設すること．

- 隣接する電力系統を運用する一般送配電事業者，配電事業者又は特定送配電事業者
- 主電源設備を設置する者

表2・101 地域独立運転に係る電話設備の要件

電話設備の種類	条件等
• 電力保安通信用電話設備	
• 電気通信事業者の専用回線電話	
• 一般加入電話又は携帯電話等	次のいずれにも適合するもの • 主電源設備及び従属電源設備が**高圧又は35 000 V以下の特別高圧で連系する**もの（スポットネットワーク受電方式で連系するものを含む．）であること． • 災害時等において通信機能の障害により地域独立運転を行う地域独立系統に隣接する電力系統を運用する事業者と**連絡が取れない場合**には，当該事業者との連絡が取れるまでの間，地域独立系統運用者において**主電源設備及び従属電源設備の解列又は運転の停止**をすること． • 次に掲げる性能を有すること． ➤地域独立系統運用者側の交換機を介さずに直接技術員との通話が可能な方式（交換機を介する代表番号方式ではなく，直接技術員駐在所へつながる**単番方式**）であること． ➤話中の場合に**割り込みが可能な方式**であること． ➤**停電時においても通話可能**なものであること．

---

9 ▶ 発電用風力設備の技術基準

「発電用風力設備に関する技術基準を定める省令」は，電気事業法第39条にて適合義務が課されている主務省令で定める技術基準の一つである．以下に主な条

項を示す.

(1) 風車の安全な状態の確保〈第5条〉

1　風車は，次の各号の場合に**安全かつ自動的に停止**するような措置を講じなければならない.

- **回転速度が著しく上昇した場合**
- **風車の制御装置の機能が著しく低下した場合**

2　発電用風力設備が一般用電気工作物又は小規模事業用電気工作物である場合には，前項の規定は，同項中「安全かつ自動的に停止するような措置」とあるのは「安全な状態を確保するような措置」と読み替えて適用するものとする.

3　最高部の地表からの高さが**20 m を超える発電用風力設備**には，**雷撃から風車を保護するような措置**を講じなければならない.ただし，周囲の状況によって雷撃が風車を損傷するおそれがない場合においては，この限りでない.

(2) 圧油装置及び圧縮空気装置の危険の防止〈第6条〉

発電用風力設備として使用する圧油装置及び圧縮空気装置は，次の各号により施設しなければならない.

- 圧油タンク及び空気タンクの材料及び構造は，**最高使用圧力**に対して十分に耐え，かつ，安全なものであること.
- 圧油タンク及び空気タンクは，**耐食性**を有するものであること.
- 圧力が上昇する場合において，当該圧力が**最高使用圧力に到達する以前に当該圧力を低下**させる機能を有すること.
- 圧油タンクの油圧又は空気タンクの空気圧が低下した場合に圧力を**自動的に回復させる機能**を有すること.
- **異常な圧力を早期に検知**できる機能を有すること.

(3) 風車を支持する工作物〈第7条〉

1　風車を支持する工作物は，自重，積載荷重，積雪及び風圧並びに地震その他の振動及び衝撃に対して**構造上安全**でなければならない.

2　発電用風力設備が**一般用電気工作物又は小規模事業用電気工作物**である場合には，風車を支持する工作物に**取扱者以外の者が容易に登ることができないように適切な措置を講じる**こと.

10 発電用太陽電池設備の技術基準

続いて，「発電用太陽電池設備に関する技術基準を定める省令」について，以下に主な条項を示す．

（1）支持物の構造等〈第4条〉

太陽電池モジュールを支持する工作物（以下「支持物」という．）は，次の各号により施設しなければならない．

- 自重，地震荷重，風圧荷重，積雪荷重その他の当該支持物の設置環境下において想定される各種荷重に対し安定であること．
- 前号に規定する荷重を受けた際に生じる各部材の応力度が，その部材の許容応力度以下になること．
- 支持物を構成する各部材は，前号に規定する許容応力度を満たす設計に必要な安定した品質を持つ材料であるとともに，腐食，腐朽その他の劣化を生じにくい材料又は防食等の劣化防止のための措置を講じた材料であること．
- 太陽電池モジュールと支持物の接合部，支持物の部材間及び支持物の架構部分と基礎又はアンカー部分の接合部における存在応力を確実に伝える構造とすること．
- 支持物の基礎部分は，次に掲げる要件に適合するものであること．
  - ➤土地又は水面に施設される支持物の基礎部分は，上部構造から伝わる荷重に対して，上部構造に支障をきたす沈下，浮上がり及び水平方向への移動を生じないものであること．
  - ➤土地に自立して施設される支持物の基礎部分は，杭基礎若しくは鉄筋コンクリート造の直接基礎又はこれらと同等以上の支持力を有するものであること．
- 土地に自立して施設されるもののうち設置面からの太陽電池アレイ（太陽電池モジュール及び支持物の総体をいう．）の最高の高さが9mを超える場合には，構造強度等に係る建築基準法及びこれに基づく命令の規定に適合するものであること．

（2）土砂の流出及び崩壊の防止〈第5条〉

支持物を土地に自立して施設する場合には，施設による土砂流出又は地盤の崩壊を防止する措置を講じなければならない．

例題 49 ·· R3 問 6（改）

次の文章は，「電気設備技術基準の解釈」に基づく小規模発電設備の施設に関する記述である．文中の □ に当てはまる最も適切なものを解答群の中から選びなさい．

a) 小規模発電設備である燃料電池発電設備の燃料電池には，次に掲げる場合に燃料電池を自動的に電路から遮断し，また，燃料電池内の燃料ガスの供給を自動的に遮断する装置を施設すること．
　①燃料電池に □(1)□ が生じた場合
　② □(2)□ に異常低下が生じた場合，又は燃料ガス出口における酸素濃度若しくは空気出口における燃料ガス濃度が著しく上昇した場合
　③燃料電池の □(3)□ が著しく上昇した場合

b) 小規模発電設備である太陽電池発電設備は，次により施設すること．
　①太陽電池モジュール，電線及び開閉器その他の器具は，充電部分が □(4)□ すること．
　②太陽電池モジュールに接続する負荷側の電路（複数の太陽電池モジュールを施設する場合にあっては，その集合体に接続する負荷側の電路）には，その接続点に近接して □(5)□ その他これに類する器具を施設すること．

【解答群】
（イ）燃料ガスのカロリー　　　（ロ）露出する箇所に警告を表示　　（ハ）温度
（ニ）圧力　　（ヘ）燃料電池の発電電圧　　　（ホ）静電気
（ト）燃料電池の出力電流　　（チ）露出する箇所に公衆が触れないように施設
（リ）露出しないように施設　　（ヌ）避雷器　　（ル）過電流　　　（ヲ）損傷
（ワ）振動　　（カ）開閉器　　（ヨ）ヒューズ

解 説 　解釈第200条からの出題．2-15節4項（1）を参照のこと．

【解答】（1）ル　（2）ヘ　（3）ハ　（4）リ　（5）カ

例題 50 ·· H27 問 2（改）

次の文章は，「電気設備技術基準の解釈」に基づく，低圧連系時及び特別高圧連系時の施設要件に関する記述の一部である．文中の □ に当てはまる最も適切なものを解答群の中から選びなさい．

a) 単相3線式の低圧の電力系統に分散型電源を連系する場合において，負荷の不平衡により中性線に □(1)□ が生じるおそれがあるときは，分散型電源を施設した

構内の電路であって，負荷及び分散型電源の並列点よりも系統側に，3極に過電流引き外し素子を有する遮断器を施設すること．

b) 低圧の電力系統に ____(2)____ を用いずに分散型電源を連系する場合は，逆潮流を生じさせないこと．ただし，____(2)____ を用いて分散型電源を連系する場合と同等の単独運転検出及び解列ができる場合は，この限りでない．

c) 特別高圧の電力系統に分散型電源を連系する場合（____(3)____ で連系する場合を除く．）は，次の各号によること．

①一般送配電事業者又は配電事業者が運用する電線路等の事故時等に，他の電線路等が過負荷になるおそれがあるときは，系統の変電所の電線路引出口等に過負荷検出装置を施設し，電線路等が過負荷になったときは，同装置からの情報に基づき，分散型電源の設置者において，分散型電源の出力を適切に抑制すること．

②系統安定化又は潮流制御等の理由により運転制御が必要な場合は，必要な運転制御装置を分散型電源に施設すること．

③ ____(4)____ において電線路の地絡事故により異常電圧が発生するおそれ等があるときは，分散型電源の設置者において，変圧器の中性点に接地工事を施すこと．

④上記③に規定する中性点接地工事を施すことにより，一般送配電事業者又は配電事業者が運用する電力系統において ____(5)____ や地中ケーブルの防護対策の強化等が必要となった場合は，適切な対策を施すこと．

【解答群】

（イ）単独運転時　　（ロ）スポットネットワーク受電方式

（ハ）電磁誘導障害防止対策　　（ニ）本線予備線受電方式　　（ホ）自立運転時

（ヘ）電波障害防止対策　　（ト）順変換装置　　（チ）ループ受電方式

（リ）漏えい電流　　（ヌ）最大電流　　（ル）直流検出装置　　（ヲ）充電電流

（ワ）逆変換装置　　（カ）電線の混触防止対策　　（ヨ）独立運転時

解　説　(1) (2) は解釈第 226 条，(3)〜(5) は解釈第 230 条からの出題．それぞれ 2-15 節 4 項 (2) 及び 2-15 節 6 項 (1) を参照のこと．

【解答】(1) ヌ　(2) ワ　(3) ロ　(4) イ　(5) ハ

例題51 ··· H27 問6

次の文章は，「発電用風力設備に関する技術基準を定める省令」における，発電用風力設備に関する記述である．文中の □□□ に当てはまる最も適切なものを解答群の中から選びなさい．

a) 最高部の地表からの高さが 20 m を超える発電用風力設備には， (1) から風車を保護するような措置を講じなければならない．ただし，周囲の状況によって (1) が風車を損傷するおそれがない場合においては，この限りではない．

b) 発電用風力設備として使用する圧油装置及び圧縮空気装置は，次の各号により施設しなければならない．

①圧油タンク及び空気タンクの材料及び構造は， (2) に対して十分に耐え，かつ，安全なものであること．

②圧油タンク及び空気タンクは， (3) を有するものであること．

③圧力が上昇する場合において，当該圧力が (2) に到達する以前に当該圧力を低下させる機能を有すること．

④圧油タンクの油圧又は空気タンクの空気圧が低下した場合に圧力を自動的に (4) させる機能を有すること．

⑤異常な圧力を早期に検知できる機能を有すること．

c) 風車を支持する工作物は， (5) ，積載荷重，積雪及び風圧並びに地震その他の振動及び衝撃に対して構造上安全でなければならない．

【解答群】

(イ) 鳥 (ロ) 最高使用圧力の1.5倍の圧力 (ハ) 表示 (ニ) 回復

(ホ) 平均使用圧力 (ヘ) 難燃性 (ト) 気密性

(チ) 風車ハブ高さにおける極値風 (リ) 耐食性 (ヌ) 飛来物

(ル) 最高使用圧力 (ヲ) 雷撃 (ワ) 自重 (カ) 回転速度 (ヨ) 解放

解説 発電用風力設備に関する技術基準を定める省令からの出題．(1) は第5条，(2) ～ (4) は第6条，(5) は第7条．2-15節9項を参照のこと．

【解答】(1) ヲ (2) ル (3) リ (4) ニ (5) ワ

例題 52 ·· H29　問 3

　次の文章は「電気設備技術基準の解釈」に基づく分散型電源の系統連系設備に関する記述である．文中の　　　　　に当てはまる最も適切なものを解答群の中から選びなさい．

　特別高圧の電力系統からスポットネットワーク受電方式で受電する者が分散型電源を連系する場合は，以下を満たすように，異常時に分散型電源を自動的に解列するための装置を施設すること．

a)　次に掲げる異常を保護リレー等により検出し，分散型電源を自動的に解列すること．

①分散型電源の異常又は故障

②スポットネットワーク配電線の全回線の電源が喪失した場合における分散型電源の　(1)　運転

b)　分散型電源の解列は，次によること．

①次のいずれかで解列すること．

・分散型電源の出力端に設置する遮断器又はこれと同等の機能を有する装置

・母線連絡用遮断器

・　(2)　遮断器

②　(3)　リレー（ネットワークリレーの　(3)　リレー機能で代用する場合を含む．）で全回線において　(3)　を検出した場合は，　(4)　分散型電源を解列すること．

③分散型電源を連系する電力系統において事故が発生した場合は，系統側変電所の遮断器開放後に，逆潮流を　(3)　リレー（ネットワークリレーの　(3)　リレー機能で代用する場合を含む．）で検出することにより事故回線の　(2)　遮断器を開放し，健全回線との連系は原則として保持して，分散型電源は　(5)　こと．

【解答群】

(イ) 回線選択　　(ロ) 時限をもって　　(ハ) 無負荷

(ニ) 技術員の操作により　　　　　　(ホ) 運転停止する　　(ヘ) プロテクタ

(ト) 過電流　　(チ) 自動　　(リ) 解列しない　　(ヌ) 逆電力

(ル) 直ちに　　(ヲ) 連系用　　(ワ) 解列する　　(カ) 単独

(ヨ) キャリア

解　説　　解釈第 231 条第 2 項からの出題となる．2-15 節 6 項 (2) ②を参照のこと．

【解答】(1) カ　(2) ヘ　(3) ヌ　(4) ロ　(5) リ

例題 53 ・・ H30 問4（改）

次の文章は，「電気設備技術基準の解釈」に基づく分散型電源の系統連系設備に関する記述である．文中の □□□ に当てはまる最も適切なものを解答群の中から選びなさい．

a) 逆変換装置を用いて分散型電源を電力系統に連系する場合は，逆変換装置から直流が電力系統へ流出することを防止するために，受電点と逆変換装置との間に変圧器（単巻変圧器を除く．）を施設すること．ただし，次に適合する場合は，この限りでない．

①逆変換装置の交流出力側で直流を検出し，かつ，直流検出時に交流出力を □ (1) □ する機能を有すること．

②次のいずれかに適合すること．

1) 逆変換装置の直流側電路が □ (2) □ であること．

2) 逆変換装置に高周波変圧器を用いていること．

b) a の規定により設置する変圧器は，直流流出防止専用であることを要しない．

c) 分散型電源の連系により，一般送配電事業者又は配電事業者が運用する電力系統の □ (3) □ が，当該分散型電源設置者以外の者が設置する遮断器の遮断容量又は電線の瞬時許容電流等を上回るおそれがあるときは，分散型電源設置者において，限流リアクトルその他の短絡電流を制限する装置を施設すること．ただし， □ (4) □ の電力系統に逆変換装置を用いて分散型電源を連系する場合は，この限りでない．

d) 高圧又は特別高圧の電力系統に分散型電源を連系する場合（スポットネットワーク受電方式で連系する場合を含む．）において，分散型電源の脱落時等に連系している □ (5) □ 等が過負荷になるおそれがあるときは，分散型電源設置者において，自動的に自身の構内負荷を制限する対策を行うこと．

【解答群】

（イ）送電容量	（ロ）制限	（ハ）変圧器容量	（ニ）非接地	（ホ）電線路
（ヘ）補償装置	（ト）特別高圧	（チ）変圧器	（リ）高圧	（ヌ）直接接地
（ル）抵抗接地	（ヲ）分岐	（ワ）停止	（カ）低圧	（ヨ）短絡容量

解 説 (1)(2) は解釈第 221 条，(3)(4) は解釈第 222 条，(5) は解釈第 223 条からの出題．2-15 節 3 項を参照のこと．

【解答】(1) ワ (2) ニ (3) ヨ (4) カ (5) ホ

例題 54 .... R2　問3

　次の文章は，「電気設備技術基準の解釈」に基づく分散型電源の系統連系設備に関する記述である．文中の　□□□　に当てはまる最も適切なものを解答群の中から選びなさい．

a)　　(1)　とは，分散型電源を連系している電力系統が事故等によって系統電源と切り離された状態において，当該分散型電源が発電を継続し，線路負荷に有効電力を供給している状態をいう．

b)　高圧の電力系統に分散型電源を連系する場合は，分散型電源を連系する配電用変電所の配電用変圧器において，　(2)　を生じさせないこと．ただし，当該配電用変電所に保護装置を施設する等の方法により分散型電源と電力系統との　(3)　をとることができる場合は，この限りではない．

c)　特別高圧の電力系統に分散型電源を連系する場合（スポットネットワーク受電方式で連系する場合を除く．），一般送配電事業者が運用する電線路等の事故時等に，他の電線路等が　(4)　になるおそれがあるときは，系統の変電所の電線路引出口等に　(4)　検出装置を施設し，電線路等が　(4)　になったときは，同装置からの情報に基づき，分散型電源の設置者において，分散型電源の　(5)　を適切に抑制すること．

【解答群】
（イ）単独運転　　（ロ）無負荷　　　（ハ）協調　　　（ニ）出力　　　（ホ）電圧
（ヘ）連絡　　　　（ト）逆向きの潮流　（チ）軽負荷　　（リ）並列運転
（ヌ）周波数　　　（ル）自立運転　　　（ヲ）同期　　　（ワ）温度上昇　（カ）横流
（ヨ）過負荷

解　説　　(1) は解釈第 220 条，(2) (3) は解釈第 228 条，(4) (5) は解釈第 230 条からの出題．それぞれ 2-15 節 1 項，5 項 (1)，6 項 (1) を参照のこと．

【解答】(1) イ　(2) ト　(3) ハ　(4) ヨ　(5) ニ

■1 ══ H15　問6

　次の文章は，「電気設備技術基準の解釈」に基づく，燃料電池の絶縁耐力等に関する記述である．文中の　　　　　に当てはまる語句又は数値を解答群の中から選びなさい．

a)　燃料電池は，最大使用電圧の　(1)　倍の直流電圧又は1倍の交流電圧（500 V未満となる場合は，500 V）を充電部分と大地との間に連続して10分間加えて絶縁耐力を試験したとき，これに耐えること．

b)　燃料電池は，次の各号に掲げる場合に自動的に燃料電池を電路から遮断し，燃料電池への燃料ガスの供給を　(2)　し，かつ燃料電池内の燃料ガスを　(3)　する装置を施設すること．

　　一　燃料電池に　(4)　が生じた場合．
　　二　発電要素の発電電圧に異常が生じた場合又は燃料ガス出口における　(5)　濃度若しくは空気出口における燃料ガス濃度が著しく上昇した場合．
　　三　燃料電池の温度が著しく上昇した場合．

【解答群】
（イ）過電圧　　（ロ）酸素　　（ハ）遠隔遮断　　（ニ）停止　　　　（ホ）一酸化炭素
（ヘ）1.5　　　（ト）水素　　（チ）置換　　　（リ）過電流　　（ヌ）1.25
（ル）自動的に遮断　　（ヲ）放出　　（ワ）自動的に排除　　（カ）2　　（ヨ）地絡

■2 ══ H26　問2

　次の文章は，「電気設備技術基準」における，危険な施設の禁止に関する記述の一部である．文中の　　　　　に当てはまる最も適切なものを解答群の中から選びなさい．

a)　特別高圧の架空電線路は，その電線が　(1)　である場合を除き，市街地その他人家の密集する地域に施設してはならない．ただし，断線又は倒壊による当該施設への危険のおそれがないように施設するとともに，その他の絶縁性，電線の強度等に係る保安上十分な措置を講ずる場合は，この限りでない．

b)　高圧又は特別高圧の　(2)　は，施設してはならない．ただし，特別の事情があり，かつ，当該電線路を施設する　(3)　の所有者又は占有者の承諾を得た場合は，この限りでない．

c)　市街地に施設する電力保安通信線は，　(4)　の電線路の支持物に添架された電力保安通信線と接続してはならない．ただし，　(5)　による感電のおそれがないよう，保安装置の施設その他の適切な措置を講ずる場合は，この限りでない．

【解答群】
(イ) 誘導電圧　(ロ) 建築物　(ハ) 屋上引込線　(ニ) 電気使用場所
(ホ) 特別高圧絶縁電線　(ヘ) 連接引込線　(ト) 硬銅より線　(チ) 建造物
(リ) ケーブル　(ヌ) 高圧以上　(ル) 特別高圧　(ヲ) 屋側引込線
(ワ) 漏電　(カ) 造営物　(ヨ) 接触

■3 == H29　問6

　次の文章は，「電気設備技術基準」に基づく保安原則に関する記述である．文中の
　　　　　　　に当てはまる最も適切なものを解答群の中から選びなさい．

a)　電気設備は，感電，火災その他　(1)　に危害を及ぼし，又は物件に損傷を与え
るおそれがないように施設しなければならない．

b)　変成器内の巻線と当該変成器内の他の巻線との間の絶縁性能は，　(2)　を考慮
し，絶縁破壊による危険のおそれがないものでなければならない．

c)　電線，支線，架空地線，弱電流電線等その他の電気設備の保安のために施設する線
は，　(3)　において断線のおそれがないように施設しなければならない．

d)　高圧又は特別高圧の電気機械器具は，　(4)　が容易に触れるおそれがないよう
に施設しなければならない．ただし，接触による危険のおそれがない場合は，この限
りでない．

e)　電路の必要な箇所には，過電流による過熱焼損から電線及び電気機械器具を保護
し，かつ，火災の発生を防止できるよう，過電流遮断器を施設しなければならない．
ここで過電流遮断器とは，高圧及び特別高圧では，　(5)　及び遮断器が該当する．

【解答群】
(イ) 取扱者以外の者　(ロ) 最大使用電圧　(ハ) 技術員　(ニ) 開閉器
(ホ) ヒューズ　(ヘ) 事故時に想定される異常電圧
(ト) 異常に氷雪が付着した状態　(チ) 取扱者　(リ) 災害時
(ヌ) 定格電圧　(ル) 電気主任技術者以外の者　(ヲ) 通常の使用状態
(ワ) GR 付き PAS　(カ) 電気工作物　(ヨ) 人体

■4 == H28　問3(改)

　次の文章は，「電気設備技術基準の解釈」に基づく電気機械器具等の電路の絶縁及び
接地に関する記述である．文中の　　　　　　　に当てはまる最も適切なものを解答群の中
から選びなさい．

a)　発電所，蓄電所又は変電所，開閉所若しくはこれらに準ずる場所に施設する低圧交
流母線の電路は，最大使用電圧の　(1)　の交流電圧（500 V 未満となる場合
は，500 V）を電路と大地との間（多心ケーブルにあっては，心線相互間及び心線と

大地との間）に連続して10分間加えたとき，これに耐える性能を有すること．

b) 最大使用電圧が 22 000 V の同期発電機は，□(2)□〔V〕の交流電圧，又は□(3)□〔V〕の直流電圧を巻線と大地との間に連続して10分間加えたとき，これに耐える性能を有すること．

c) 大地との間の電気抵抗値が □(4)□ 以下の値を保っている建物の鉄骨その他の金属体は，非接地式高圧電路に施設する機械器具等に施す A 種接地工事及び非接地式高圧電路と低圧電路とを結合する変圧器に施す B 種接地工事の接地極に使用することができる．

d) 変圧器の安定巻線又は遊休巻線を異常電圧から保護するためにその巻線に接地を施す場合には，接地工事は，□(5)□ 接地工事によること．

【解答群】

（イ）24 200	（ロ）1.5 倍	（ハ）1 Ω	（ニ）27 500	（ホ）2 Ω	（ヘ）B 種
（ト）44 000	（チ）1.1 倍	（リ）35 200	（ヌ）3 Ω	（ル）33 000	
（ヲ）39 600	（ワ）C 種	（カ）1.25倍	（ヨ）A 種		

■5　　　　　　　　　　　　　　　　　　　　　H30　問5(改)

次の文章は，「電気設備技術基準」における保安原則に関する記述である．文中の□□□に当てはまる最も適切なものを解答群の中から選びなさい．

a) 電気設備に接地を施す場合は，□(1)□ が安全かつ確実に □(2)□ に通ずることができるようにしなければならない．

b) 電路には，地絡が生じた場合に，電線若しくは電気機械器具の損傷，感電又は火災のおそれがないよう，地絡遮断器の施設その他の適切な措置を講じなければならない．ただし，電気機械器具を □(3)□ に施設する等地絡による危険のおそれがない場合は，この限りでない．

c) □(4)□ は，その損壊により □(5)□ 又は配電事業者の電気の供給に著しい支障を及ぼさないように施設しなければならない．

【解答群】

（イ）接地線　　　　（ロ）密閉した場所　　　（ハ）電流　　（ニ）発電事業者
（ホ）乾燥した場所　　（ヘ）自家用電気工作物　（ト）需要設備
（チ）高圧又は特別高圧の電気設備　（リ）小売電気事業者　　（ヌ）大地
（ル）隠ぺいした場所　（ヲ）導体　（ワ）電圧　（カ）一般送配電事業者
（ヨ）電気

3章

電力施設管理

　電力施設管理からの出題は，例年1〜2題程度となることが多い．分野としては，「電力系統の運用」「送変電設備」「受変電設備の運用」「発電設備の系統連系」「電力品質」から幅広く出題されている．これらの内容は電力科目と重複する領域ではあるが，電力科目では計算問題が主体となる一方，法規科目では知識を問う論説問題を主体に出題される傾向にある．

　電気事業法や電気設備の技術基準と関連して出題されることも多いことから，1章や2章とのつながりも意識しつつ，ポイントを押さえて知識を修得しておきたい．

3-1 電力系統の運用

攻略の
ポイント
一般送配電事業者が行う需給調整に関する出題が多い．コンスタントに各項目の知識を問う問題が出題される傾向にあるため，本節にて解説する内容については理解しておきたい．

1 電力需給と周波数調整

電気は貯蔵することが難しいため，時々刻々と変化する需要に対して発電量を調整し，需要と供給を常にバランスさせる必要がある．需要と供給のアンバランスは周波数の変化として現れ，供給が需要に対して不足する場合には周波数は低下し，供給が需要を上回る場合には周波数が上昇する．

（1）電力需要の変動

電力需要は，気温や社会活動等の影響により，季節や曜日・休平日，時刻に応じて時々刻々と変化する．この電力需要の変化は，**十数分～数時間に及ぶ長周期変動（サステンド成分），数分～十数分程度に及ぶ短周期変動（フリンジ成分），数秒～数分程度の微小変動（サイクリック成分）**に分解することができる（図3・1）．

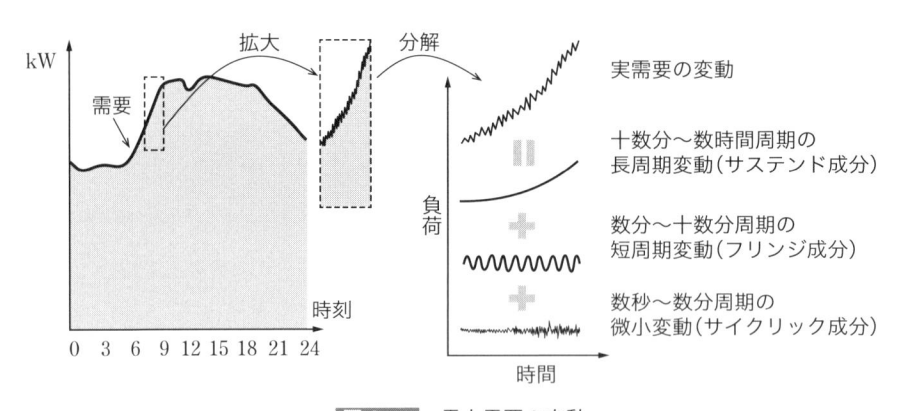

図3・1 電力需要の変動

（2）周波数変動による影響

周波数の変動による影響には，表3・1のようなものがある．

表3・1　周波数の変動が与える影響の例

需要家側	・工場の精密機械の誤動作 ・高速度電動機を使用する紡績工場や製紙工場での製品品質の低下 ・周波数低下による電動機の効率の低下 ・同期モータを使用する電気時計の誤差の増大 ・電子計算機の停止
電気事業者側	・火力発電設備のタービンの振動 ・発電機補機の出力減退 ・一般送配電事業者間連系線の潮流の制御の困難化

（3）周波数調整

　周波数変動による影響を抑制するため，1章でみたとおり，電気事業法では一般送配電事業者，配電事業者，特定送配電事業者に対して周波数の維持義務を課している（1-1節3項）．

　（1）の電力需要変動に対応し，周波数の変動を 0.1～0.3Hz 以内に抑えることを目的として，以下に示す制御方法により発電機の出力が調整されている．

①ガバナフリー制御

　ガバナフリー制御は，発電機自端における周波数を検出し，設定されている周波数との差分により発電機の出力を自動的に増減させる制御方法である．自端制御であるため応答性が早く，**数秒～数分周期のサイクリック成分に対応**する．

②負荷周波数制御（LFC：Load Frequency Control）

　負荷周波数制御は，**数分～十数分周期のフリンジ成分に対応**するため，基準周波数との変動量に応じた調整量をリアルタイムで演算し，一般送配電事業者の中央給電指令所より対象発電機の出力を自動で一斉に制御する制御方法である．

③経済負荷配分制御（ELD 又は EDC: Economic Load Dispatching Control）

　経済負荷配分制御は，**十数分～数時間周期のサステンド成分**に対応するため，予測される需要変動に対して発電コストを最小化するように対象発電機の出力配分を演算し，中央給電指令所から各発電機の出力を個別に制御する制御方法である．

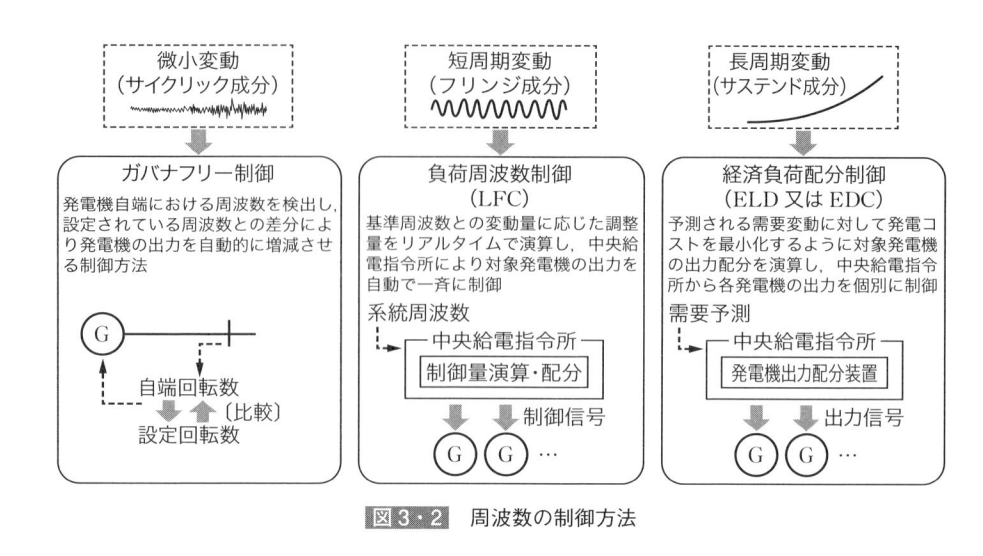

図3・2 周波数の制御方法

2 供給力・供給予備力

　電気を効率的かつ安定的に供給するためには，日々の需要の変化に応じた供給力と，発電機の故障や需要の急増に対応するための供給予備力を適切に維持・運用することが肝要となる．

(1) 供給力

　供給力は，日々の電力需要に対応して分担するそれぞれの役割により，ベース供給力，ミドル供給力，ピーク供給力の3種類に分類される．

①ベース供給力

　ベース供給力は需要のベース部分を分担するため，一般に発電コストが低廉かつ一定出力で運転する流込式水力や原子力，石炭火力などが該当する．

②ピーク供給力

　ピーク供給力は需要のピーク部分を分担するため，一般に起動停止や出力調整が容易で，負荷変動に対する即応性に優れている揚水式や調整式・貯水式の水力，石油火力などが担っている．

③ミドル供給力

　ミドル供給力はピーク供給力とベース供給力の中間を担う供給力であり，一般には中容量の火力機が該当する．電力需要の大きさに応じて出力調整し，DSS

（**Daily Start Stop：日間起動停止**）機能を有するものもある．

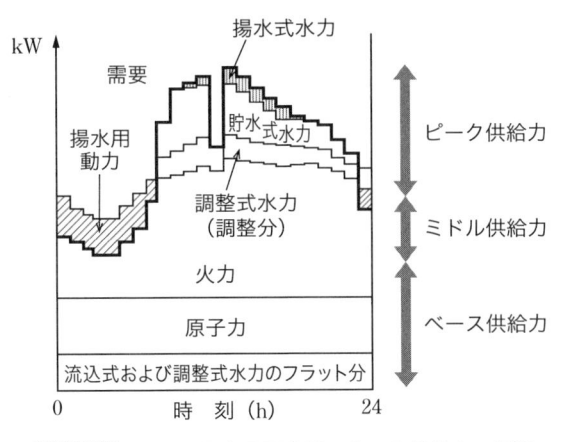

図 3・3 1 日の電力需要変動に応じた供給力の分類

（2）供給予備力

発電設備の計画外停止や渇水，需要の変動など予測し得ない異常事態の発生に際しても電力を安定的に供給するために，あらかじめ想定需要以上に一定程度保有する供給力を**供給予備力**という．

供給予備力は瞬動予備力，運転予備力，待機予備力の 3 種類に大別され，安定供給には 8〜10% 程度の供給予備力が必要とされる．

①瞬動予備力

電源脱落による周波数の低下に対して即時に応動し，**10 秒程度以内**に急速に出力を上昇させ，②の運転予備力が発動されるまでの間，継続して発電可能な供給力を**瞬動予備力**（Spinning Reserve）と呼ぶ．

ガバナフリー運転を行っている発電機のガバナフリー余力がこれに該当する．

②運転予備力

10 分程度以内の短時間で起動して負荷をとり，③の待機予備力が起動して負荷をとるまでの間，継続して発電しうる供給力を**運転予備力**（Hot Reserve）という．

部分負荷運転中の火力発電機の余力分や停止待機中の水力発電機などがこれに該当する．

③待機予備力

起動から最大出力まで**数時間程度**を要する供給力を**待機予備力**（Cold Reserve）と呼び，想定を上回る需要の持続的増加や渇水など，相当の時間的余裕をもって予測しうる事態への対応に用いられる．

停止待機中の火力機などがこれに該当する．

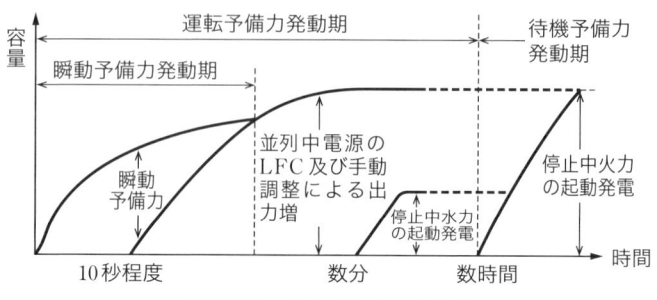

図3・4 供給予備力の分担例

3 ▶ 広域的運営

日本では，北海道から九州にかけて供給区域を有する9社の一般送配電事業者間において，地域間連系線が整備され，各一般送配電事業者の供給区域を超えた電力供給を可能としている（図3・5）．

電力系統の広域的運営には，次のような利点がある．

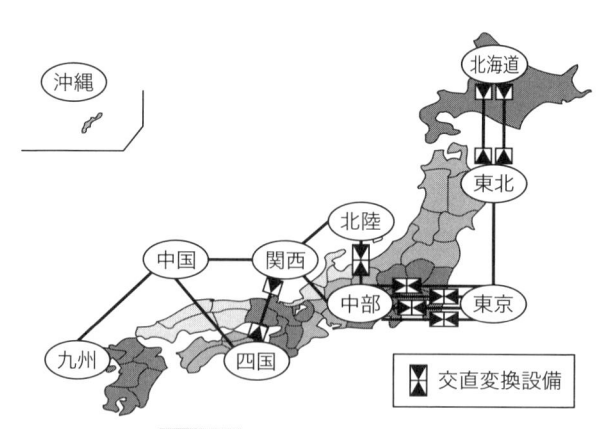

図3・5 日本の地域間連系線

（広域機関「電力需給及び電力系統に関する概況—2021年度の実績—」より）

（1）供給予備力の節減

電力系統を連系し系統規模が大きくなれば，発電設備の計画外停止や水力発電所の出水低下，需要想定誤差は単独系統の場合に比べて大幅に減少する．

このため，これらに対処するために必要な供給予備力についても，供給信頼度条件を一定とすれば単独系統の場合に比べて大きく減少するため，供給予備力の節減につながることになる．

（2）電力の安定供給及び円滑な運用

送変電設備や発電設備の事故時・作業停止時には，供給区域を超えて相互に電力融通を行い供給信頼度の向上を図るなど，電力の安定供給及び円滑な運用を図ることができる．

（3）広域電源開発による設備の節減

広域的見地から，各地域における立地条件などを考慮し，エリアを限定せず広域的に電源開発を行うことにより，全国大での電源開発の効率化を図ることができる．

（4）接じょう地域における設備の有効利用

隣接する一般送配電事業者の供給区域間において，需要地と電源地点の地理的関係を活かし，ある地点では他社へ送電し，他の地点では受電することにより両社の電力設備の有効利用を図ることができる．

4 系統安定度と再閉路運用

電力系統に連系する同期発電機は，西日本であれば $60\,\mathrm{Hz}$，東日本であれば $50\,\mathrm{Hz}$ と系統周波数で決まる同期速度で運転している．この同期発電機が，需要の変化や送変電設備の故障といった系統の擾乱に対して，同期速度での運転を安定的に継続できるか否かの度合いを**電力系統の安定度**という．

安定度には，比較的小さな擾乱に対する定態安定度，自動電圧調整装置や調速機といった発電機の制御系を考慮に入れた動態安定度，そして大きな外乱に対する過渡安定度の3種類が定義されている．

（1）定態安定度

図3・6に示すような系統において，同期発電機から無限大母線に送電可能な電力について考えてみよう．

なお，無限大母線とは，内部抵抗がゼロで電圧の大きさと位相が不変の母線を

示す.

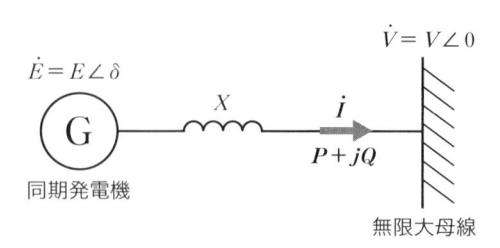

図3・6 1機無限大母線系統

ここで，同期発電機の内部誘起電力の大きさを E，無限大母線の相電圧の大きさを V，同期発電機の内部誘起電力と無限大母線の相電圧との位相差（相差角）を δ とし，無限大母線における負荷の力率角を θ（遅れ）とする.

送電線及び同期発電機の同期リアクタンスを合わせて X とするとき，電圧と電流の関係は図3・7のベクトルで表現できる.

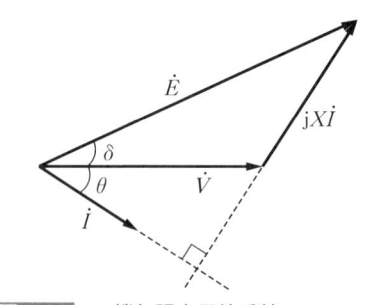

図3・7 1機無限大母線系統のベクトル図

このとき，流れる電流 $\dot{I}$ は

$$\dot{I}=\frac{\dot{E}-\dot{V}}{\mathrm{j}X}=\frac{Ee^{\mathrm{j}\delta}-V}{\mathrm{j}X}$$

であることから，同期発電機から無限大母線に送電される電力 $P+jQ$ は

$$P+\mathrm{j}Q=3\dot{E}\overline{\dot{I}}=3Ee^{\mathrm{j}\delta}\overline{\left(\frac{Ee^{\mathrm{j}\delta}-V}{\mathrm{j}X}\right)}=3Ee^{\mathrm{j}\delta}\left(\frac{Ee^{-\mathrm{j}\delta}-V}{-\mathrm{j}X}\right)=3\left(\frac{E^2-EVe^{\mathrm{j}\delta}}{-\mathrm{j}X}\right)$$

$$=3\left(\frac{E^2-EV\cos\delta-\mathrm{j}EV\sin\delta}{-\mathrm{j}X}\right)=\frac{3EV}{X}\sin\delta+\mathrm{j}3E\left(\frac{E-V\cos\delta}{X}\right)$$

$$\therefore P = \frac{3EV}{X} \sin \delta, \qquad Q = 3E\left(\frac{E - V\cos\delta}{X}\right) \tag{3·1}$$

と求めることができる.

　同期発電機から無限大母線に送電可能な有効電力 P は，相差角 δ が $\pi/2$ のときに $3EV/X$ を最大値に取り，図3·8に示すような上に凸のグラフで表される.

　相差角 δ が $\pi/2$ 未満のとき，系統の擾乱により発電機の相差角が δ_1 から微小に拡大すると，発電機の機械入力が一定であれば送電電力が発電機の機械入力を上回り相差角 δ_1 に戻ろうとする力（同期化力）が働いて発電機は減速する. 逆に発電機の相差角がわずかに小さくなった場合にも，相差角 δ_1 に戻ろうとする力が働き発電機は加速する. いずれの場合も加速・減速を繰り返しながら，最終的には相差角 δ_1 に収束することになる.

　一方，相差角 δ が $\pi/2$ を超える領域では，擾乱により相差角 δ_2 から微小に拡大すると，送電電力は低下して発電機の機械入力を下回るため発電機は加速し，さらに相差角が拡大していくことになる. 逆に相差角 δ_2 からわずかに小さくなると，送電電力が発電機の機械入力を上回り発電機は減速，相差角は小さくなっていく. いずれの場合も発電機の加速・減速が収まらず同期速度での運転は継続困難となり，安定性を失うことになる.

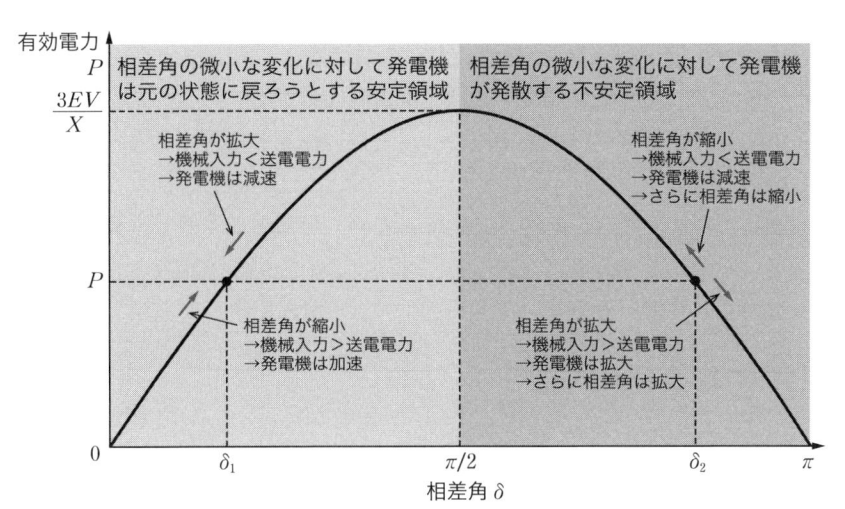

図3·8　電力－相差角曲線

このように微小な需要変動などの擾乱に対し，安定して有効電力を送電できるか否かの度合いを**定態安定度**と呼び，相差角が $\pi/2$ のときにとる最大値の $3EV/X$ を**定態安定極限電力**と呼ぶ．

式（3・1）によれば，定態安定極限電力を大きくするためには，

- E や V を大きくする（＝送電電圧を高くする）又は
- X を小さくする（＝送電線や変圧器のリアクタンスを低減する，直列コンデンサを設置して線路リアクタンスを補償する）

が有効であり，定態安定度の向上につながることが分かる．

（2）動態安定度

電力系統に接続する発電機や負荷には，自動電圧調整装置（Automatic Voltage Regulator：AVR）や調速機（ガバナ，Governor）といったフィードバック制御を行う様々な機能が備わっており，微小な擾乱に対する応答も実際には（1）のように単純ではない．

このように様々な制御系を考慮に入れた場合の微小な擾乱に対する安定性の度合いを**動態安定度**という．

①自動電圧調整装置（AVR）

AVRは，あらかじめ定められた基準電圧に対する発電機電圧の偏差を検知し，発電機の界磁電流を調整して基準電圧を維持する装置である．

②調速機（ガバナ）

ガバナは 3-1 節 1 項（3）の周波数調整の項で解説したとおり，水力発電機や火力機に備えられている装置であり，発電機の回転数を検知し，定格回転数からの偏差に応じて発電機の出力を増減させ，定格回転数を維持するものである．

（3）過渡安定度

（1）（2）は微小な擾乱に対する安定性の度合いであるのに対し，発電機や系統の事故といった大きな外乱に対する安定性の度合いを**過渡安定度**という．

図 3・9 のような平行 2 回線送電線において，1 回線で事故が発生した場合を考える．

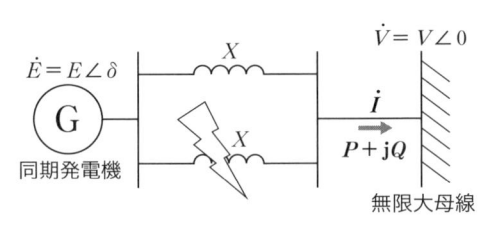

図 3・9 1機無限大母線系統（平行 2 回線）

①安定の場合

　負荷の電力及び発電機への機械入力を P_0 一定として，事故発生前，事故発生中及び事故除去後の電力－相差角曲線を図 3・10 に示す．

　事故が発生すると，送電電力は A 点から B 点に移動する．このとき，発電機の機械入力が一定で変化しないとすると，その分のエネルギーによって発電機は加速し曲線上の C 点まで移動，相差角は δ_0 から δ_1 に拡大する．

　事故をリレーで検出し，事故回線を切り離して 1 回線送電に移行すると，送電電力は C 点から D 点に移動する．D 点では発電機の機械入力よりも送電電力の方が大きいため発電機は減速していき，事故発生中に蓄積した加速エネルギー（図中の ABCC′ で囲まれる面積に相当）と事故後に放出する減速エネルギー（図中の C′DEE′ で囲まれる面積に相当）が等しくなる点 E まで相差角が拡大する．

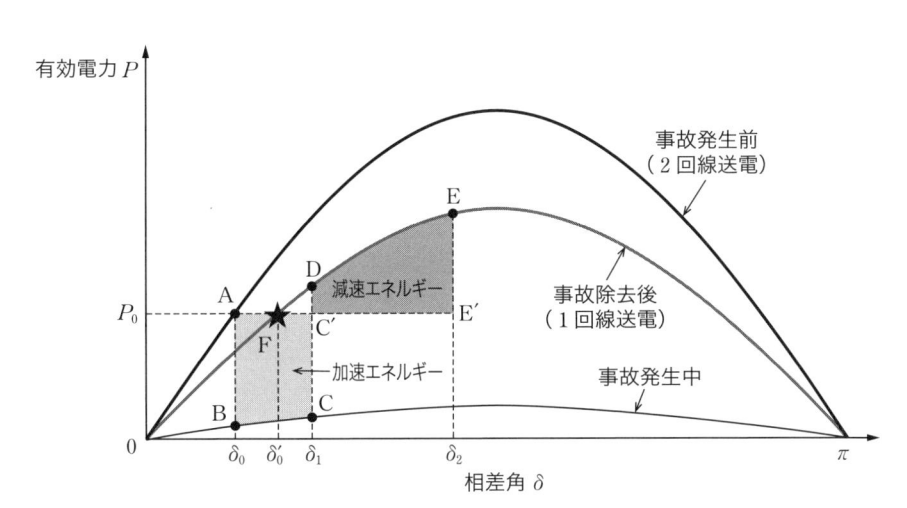

図 3・10 事故発生前後の電力－相差角曲線（安定の場合）

その後，送電電力と相差角は事故除去後の曲線上を動揺しながら最終的には新たな安定点である点Fに移行し，相差角はδ_0'に収束する．

②不安定の場合

次に，事故前の送電電力がP_1（$P_1 > P_0$）の場合を考える．

①と同様に，事故の進展とともに運転点はA点→B点→C点→D点と推移していく．

図3·11では，ABCC′で囲まれる加速エネルギーがC′DEで囲まれる減速エネルギーを上回っているが，このような場合には相差角はδ_Cよりも拡大していき，発電機は加速を続け，最終的には同期速度での運転を継続できなくなる．

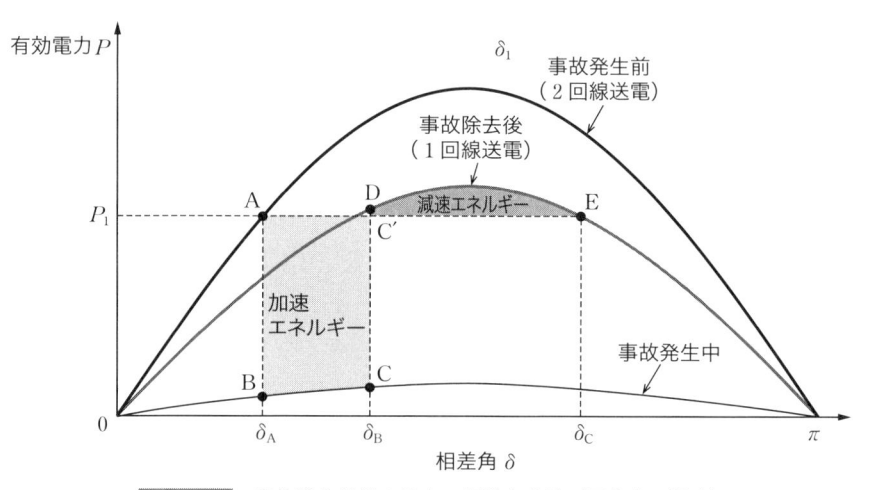

図3·11　事故発生前後の電力－相差角曲線（不安定の場合）

③過渡安定度を高める方法

過渡安定度を高める方法としては，定態安定度を高める方法と同様の方法のほか，以下のような方法がある．

- 送電線事故時など，送電可能電力が低下した際に発電機の加速を抑制するため，**制動抵抗を挿入**して加速エネルギーを消費させたり，**高速度の調速機**を用いて発電機の機械入力を抑制したりする．
- 負荷や電源が脱落した際には，**電源制限や負荷制限**によりエネルギーのアンバランスを解消し，周波数の変動を抑制する．

- 系統事故時には，**高速度遮断**により事故点を速やかに除去するとともに，**高速度再閉路**により送電可能電力の早期復旧を図る．

例題 1 ··· R4　問7

　次の文章は，電力需給と供給予備力に関する記述である．文中の ▭ に当てはまる最も適切なものを解答群の中から選びなさい．

　電力需給は，一般に ▢(1)▢ バランスと ▢(2)▢ バランスとで表現される．

　▢(1)▢ バランスとは，需要の最大と供給能力を比較するもので，供給能力が需要を上回る分を供給予備力といい，これは供給信頼度に関わるものである．

　また，▢(2)▢ バランスは，月別・年度別に電力供給量の電源別の分担を決めるもので，発電所の運用計画などに役立てられる．

　保有すべき供給予備力は，需給変動，▢(3)▢ などを考慮して算出される．このうち，需給変動は，景気変動によって生じる需要変動（持続的需要変動）と，日々の需要変動及び電源の ▢(4)▢ や出水変動による供給力の低下を含む需給変動（偶発的需給変動）に分類される．▢(3)▢ が増強されると，供給量不足時に電力融通が可能となり，増強前に比べて必要な供給予備力は ▢(5)▢ ．

【解答群】

(イ) 変わらない	(ロ) 計画外停止	(ハ) 電力市場規模	(ニ) 燃料
(ホ) 最大電力	(ヘ) 小さくなる	(ト) 地域間連系線の容量	(チ) 設備
(リ) 質的	(ヌ) 電力量	(ル) 大きくなる	(ヲ) 開発遅延
(ワ) 最大電力量	(カ) 人員体制	(ヨ) 定期検査	

解　説　電力需給と供給予備力に関する問題となる．

(1)（2）電力を安定的に供給するためには，最大需要電力に対して供給力が充足しているか（kW の観点）及びエネルギーが十分に確保されているか（kWh の観点），の両面での評価が重要となる．

(3) ～（5）必要となる供給予備力は，景気や季節の変動によって生じる持続的需要変動や電源の計画外停止といった偶発的需給変動，地域間連系線の容量などを考慮して算出される．地域間連系線が増強されると，供給力不足時の電力融通が可能となり，増強前に比べて必要な供給予備力は節減できる．

【解答】（1）ホ　（2）ヌ　（3）ト　（4）ロ　（5）ヘ

例題 2 ·· H24　問 3

　次の文章は，電力系統の系統間連系に関する記述である．文中の　　　　　に当て
はまる最も適切なものを解答群の中から選びなさい．

　わが国では電気事業者間の広域的運営のため，電力系統の系統間連系が整備されて
きているが，連系線潮流の制御が複雑になるなどの理由から，相互の連系は
　(1)　を基本としてきた．この系統間連系により期待できる利点及び考慮すべき
留意点の主なものは以下のとおりである．

a)　利点

　①系統規模が大きくなると系統の　(2)　が小さくなるため，系統周波数の変動
　　は小さくなる．

　②電源脱落，基幹送電線のルート事故，気温の変化等による電力需要の増加など
　　は，偶発的な要因によることから，トータルとして必要な　(3)　を節減で
　　きる．

　③健全系統からの応援が可能となり，電源脱落による系統の周波数低下を考慮する
　　と，連系前の電力系統では大きすぎる単機容量の発電機を採用できるので
　　　(4)　が得られる．

　④系統全体の供給力確保のための広域開発が可能となるとともに，系統全体で協調
　　的な発送変電設備の定期補修が可能となる．

b)　留意点

　①送電線の短絡，地絡事故時の事故電流が大きくなるため，事故電流の抑制対策，
　　　(5)　増，通信線の誘導障害対策などが必要となる．また，局部的な事故が，
　　系統全体に波及し，広範囲な停電を引き起こすおそれがあるため，事故の高速除
　　去，系統分離などの系統保護対策が必要となる．

　②大きな設備投資を必要とするため，総合的な費用対効果により，その実現時期，
　　規模を決定する必要がある．

【解答群】

（イ）短絡容量　　（ロ）インピーダンス　　（ハ）供給予備力　　（ニ）1 点連系
（ホ）スケールメリット　　（ヘ）高い負荷率　　（ト）変圧器の容量
（チ）高い系統安定度　　（リ）需要率　　（ヌ）負荷変動率　　（ル）2 点連系
（ヲ）遮断器の遮断電流　　（ワ）高調波　　（カ）送電線の容量　　（ヨ）直流連系

解　説　　地域間連系線に関する問題．

(1)　連系線潮流の制御が複雑になるなどの理由から，原則として地域間連系線は 1 点連系
となっている．また，地域間連系線による交流ループの形成には，短絡容量の増大といっ

た課題があるため，現在の中部－北陸間及び関西－四国間の連系線は直流での連系となっている（図3·5参照）.

(2) ～ (4) 地域間連系線の増強による利点としては，

• 系統規模が大きくなると系統の負荷変動率が小さくなるため，周波数の変動を小さくできる.

• 電源脱落，基幹送電線のルート事故，気温の変化等による電力需要の増加などは，偶発的な要因によることから，トータルとして必要な供給予備力を節減できる.

• 事故時において健全系統からの応援が可能となり，電源脱落による系統の周波数低下を考慮すると，連系前の電力系統では大きすぎる単機容量の発電機を採用できるためスケールメリットが得られる.

• 系統全体の供給力確保のための広域開発が可能となるとともに，系統全体で協調的な発送変電設備の定期補修が可能となる.

等が挙げられる.

(5) その一方で留意点としては，

• 短絡容量が大きくなるため，事故電流の抑制対策や遮断器の遮断容量増加，通信線の誘導障害対策などが必要となる.

• 局部的な事故が，系統全体に波及し，広範囲な停電を引き起こすおそれがあるため，事故の高速除去，系統分離などの系統保護対策が必要となる.

• 大きな設備投資を必要とするため，総合的な費用対効果により，その実現時期，規模を決定する必要がある.

等が挙げられる.

【解答】(1) ニ　(2) ヌ　(3) ハ　(4) ホ　(5) ヲ

例題 3 .... H25　問7

　次の文章は，電力系統の需給運用に関する記述である．文中の　□□□□　に当てはまる最も適切なものを解答群の中から選びなさい．

　日々の電力需要は，季節，曜日，　(1)　の変化に応じて大きく変化する．そこで翌日の需要予想は，これまでの需要実績と　(1)　の変化，季節的特徴や祝日などの特異日などをベースに作成する．

　これに対し，供給力は各発電所の運転状況について，水力発電の出水状況，発電所の定期運転，電気設備の故障，他社受電などを勘案して総合的に積み上げる．供給力

は需要に対し若干の余裕を持つ必要があるが，これを　(2)　と呼び，次のように分類される．

a)　待機予備力

待機中の火力発電所など，起動してから発電するまでに　(3)　以上を要し，需給の急変時には対応できないが，発電後は長時間継続して発電可能な予備力．

b)　運転予備力

天候急変などによる需要の急増や，短期間の系統の不足電力に対応するための，　(4)　負荷運転中の発電機の出力の余力，停止待機中の水力など数分間で供給力増加が可能な予備力．

c)　(5)　予備力

電源脱落時の周波数低下に対して系統の周波数が許容値を超えないよう即座に出力増加が図られる．調速機運転分余力のような予備力．

【解答群】

(イ) 必要予備力　　(ロ) 部分　　　(ハ) 数十分　　(ニ) 短時間　　(ホ) 常時

(ヘ) 自動　　　　　(ト) 供給予備力　(チ) 瞬動　　　(リ) 気温　　　(ヌ) 定格

(ル) 数日　　　　　(ヲ) 湿度　　　(ワ) 数時間　　(カ) 雨量　　　(ヨ) 見込み予備力

解　説　供給予備力に関する問題．3-1節2項を参照のこと．

【解答】(1) リ　(2) ト　(3) ワ　(4) ロ　(5) チ

例題 4 ·· H27　問 4

次の文章は，電力系統の安定度に関する記述である．文中の　　　　　に当てはまる最も適切なものを解答群の中から選びなさい．

電力系統の安定度とは，負荷変動，系統操作，短絡や地絡事故などの系統内の擾（じょう）乱に対して安定に送電を継続できる度合いをいい，　(1)　度と　(2)　度とがある．

　(1)　度とは，徐々に負荷を増加した場合など微小な擾（じょう）乱に対して安定に運転を行える度合いをいい，その限界の電力を　(1)　極限電力と呼ぶ．なお，　(1)　度，　(2)　度は，擾（じょう）乱の大きさからの分類であり，発電機の　(3)　等の制御装置を考慮した分類もある．

線路抵抗の損失を無視した場合の受電端有効電力の最大は，相差角が $\pi/2$ のときで，これが　(1)　極限電力となる．

この　(1)　度の説明には，$P-\delta$ 曲線（電力・相差角曲線）が用いられる．ここ

で，相差角が微小変化したときの送電電力の変化の割合を ____(4)____ という．相差角の小さな領域ではその増加とともに送電電力は増加するが，相差角が $\pi/2$ を超えると逆に減少するようになる．

これは，____(5)____ に対応して相差角が大きくなり，送電電力が増えようとしても，反対に送電電力が減少することを意味し，安定な送電は継続できない．

【解答群】

（イ）負荷減少	（ロ）短絡比	（ハ）定態安定	（ニ）負荷増加
（ホ）保護継電装置	（ヘ）同期化力	（ト）開閉装置	（チ）過渡安定
（リ）平衡安定	（ヌ）電圧安定	（ル）周波数安定	（ヲ）同期はずれ
（ワ）自動電圧調整装置	（カ）入出力安定	（ヨ）負荷平衡	

> **解 説** 安定度に関する問題．3-1 節 4 項を参照のこと．

(4) 1 機無限大母線系における定態安定度を考えるとき，相差角 δ が微小に変化したとき発電機は加速又は減速して安定した平衡点に移行しようとする．これを「同期化力」と呼ぶ．同期化力は電力・相差角曲線の傾きに等しく，相差角が定態安定極限電力に近づくほど小さくなることが分かる．

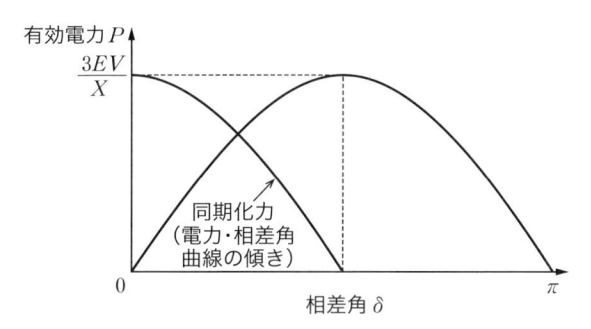

解説図　電力-相差角曲線と同期化力

【解答】 (1) ハ　(2) チ　(3) ワ　(4) ヘ　(5) ニ

3-2 送変電設備

攻略の
ポイント

電力施設管理では，架空送電線の保守管理や事故対策に関する出題が多い．
電気設備の技術基準と関係する部分もあるため，2-4 節や 2-5 節，2-7 節，
2-11 節などと合わせて確認しておきたい．

1 架空送電設備の保守・管理

架空送電線は，山間地に所在する水力発電所や，沿岸部に所在する火力発電所
及び原子力発電所から需要地点に至るまで，山岳部，平野部，沿岸部と様々な立
地条件の中を経過しており，風雨や積雪，雷といった自然現象に起因する事故に
加え，鳥獣や樹木の接触，工事用の重機等に起因する事故も発生する．

こういった事故を未然に防ぎ設備を合理的に維持するため，架空送電設備の保
守管理は重要な業務の一つであり，その業務内容は，巡視，点検，補修作業，事
故処理，渉外業務に分類できる．

（1）巡視

架空送電設備の状態を把握するため，設備の外観を見回り，事故の原因となる
障害箇所を事前に発見し，その補修に必要となる資機材や施設状況といったデー
タを集めるための業務である．

（2）点検

巡視では把握することのできない異常を確認するための業務となる．具体的に
は，支持物の傾斜・腐食，ボルト・ナットのゆるみ，がいしの絶縁の劣化などを
支持物上から目視及び計測器等により詳細に調査を行う．

（3）保修作業

巡視や点検を通じて把握した設備の劣化や損傷等の異常箇所について，補修や
取替工事を行い，設備を正常な状態に戻す業務となる．

（4）事故処理

事故による設備損傷などに対して緊急での補修作業を行うとともに，電気関係
報告規則（1-11 節）に基づき監督官庁への報告を行う業務となる．

（5）渉外業務

送電線路に接近する樹木の伐採を行う場合の地権者との交渉や，土木建設事業
者が送電線路に近接して移動式クレーンを用いた作業を行う場合における立会業
務などがある．

2 架空送電線の微風震動対策

(1) 発生原理

架空送電線に**風速 0.5〜10 m/s 程度**の比較的緩やかで一様な風が直角に当たると，電線の風下側には**カルマン渦**が発生し，電線に対して鉛直方向に揚力が発生する．この揚力の変動の周波数と，架空電線の固有周波数が一致するとき，共振が発生して電線が継続して上下に振動するようになる．

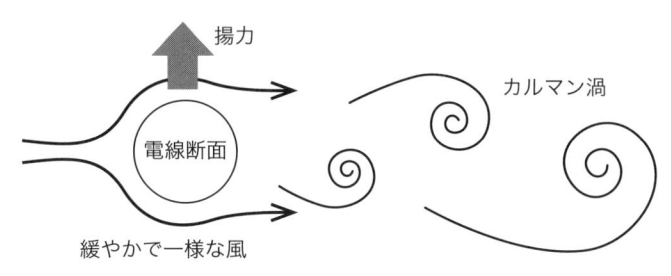

図 3・12 微風震動の発生イメージ

(2) 影響と対策

電線の微風振動が長期間継続すると，支持点において電線に金属疲労が発生し，電線の素線切れや断線に至ることがある．

電線の微風振動対策としては，次のようなものがある．

①ダンパの取り付けによる振動の抑制

電線にダンパ（おもり）を取り付け，電線に発生する上下振動のエネルギーを消費させることで振幅を小さくする．

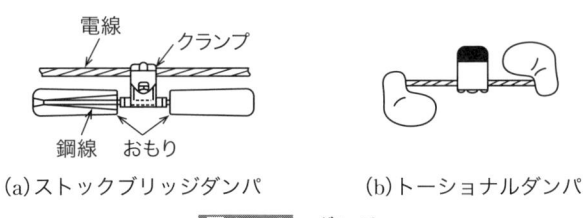

(a)ストックブリッジダンパ　　　　(b)トーショナルダンパ

図 3・13 ダンパ

②アーマロッドによる電線支持点の補強

電線の支持点付近にアーマロッドを巻き付け補強することによって，振動による発生応力を下げるとともに，振動エネルギーの吸収も行うことができる．

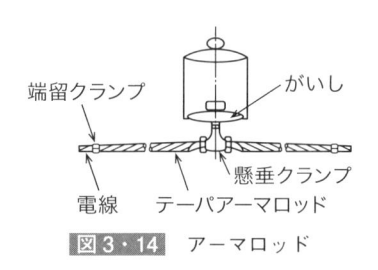

図3・14　アーマロッド

3 着氷雪による事故の対策

(1) 着氷雪による事故

架空送電線に氷や雪が付着すると，その重みによる垂直荷重の増加や，投影面積が増加することによる風圧荷重の増加により，断線や支持物の倒壊に至ることがある．

また，微風振動と同様のメカニズムにより発生する上下振動（**ギャロッピング**）や，着氷雪が脱落する際に電線が跳躍する**スリートジャンプ**といった電線の振動現象により，電線の損傷や相間短絡が発生することもある．

(2) 対策

①ダンパ・アーマロッドの取り付け

微風振動対策と同様に，ダンパやアーマロッドを取り付けることによって電線の上下振動を抑制したり，支持点における電線の補強を行うことが有効な対策の1つである．

②難着雪リングの取り付け

架空送電線への着雪は，電線上に積もった雪が風圧により電線の周囲を回転しながら徐々に大きく成長していくものである．

このため，雪が電線の周囲を回転しないよう難着雪リングを一定間隔で電線に設置することで，着雪を防ぐことができる．

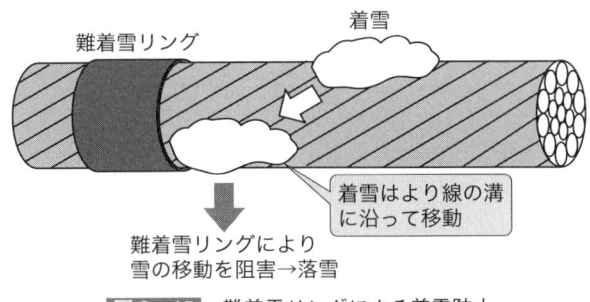

難着雪リング　着雪

着雪はより線の溝
に沿って移動

難着雪リングにより
雪の移動を阻害→落雪

図 3・15 難着雪リングによる着雪防止

③相間スペーサの取り付け

相間に絶縁スペーサを取り付けることで，電線間の離隔を確保して相間短絡を防止する．

④電線のオフセット

電線が振動しても電線間の離隔を確保できるよう，各相の電線をオフセットすることによって，相間短絡を防止する．

4 架空送電線の雷害対策

(1) 雷事故の類型

架空送電線における雷事故は，遮へい失敗事故と逆フラッシオーバ事故に大別される．

遮へい失敗事故とは，架空地線による遮へいの失敗により雷が電力線を直撃し，アークホーンにてフラッシオーバに至る事故である．また，**逆フラッシオーバ事故**とは，鉄塔や架空地線への直撃雷により電位が上昇し，アークホーンと電力線間又は架空地線と電力線間においてフラッシオーバに至る事故である．

(2) 対策

①架空地線の多条化

雷が電力線に直撃するのを防止するため，電力線の上方に架空地線（接地された電線）を施設する．一般に遮へい角は 45° 程度以内が望ましいとされており，また，架空地線による遮へい効果は，遮へい角が小さいほど高くなるため，架空地線の条数を増やすことで雷害対策を強化することができる．

なお，径間途中において架空地線から電力線への逆フラッシオーバが発生する

と断線に至る危険があるため，解釈第 90 条では，「支持点以外の箇所における特別高圧架空電線と架空地線との間隔は，支持点における間隔以上であること」と定められている．

②塔脚接地抵抗の低減

鉄塔への直撃雷による電位上昇を抑制し，鉄塔からの逆フラッシオーバを防止するため，塔脚接地抵抗の低減が有効である．

塔脚接地抵抗は一般に **10〜15 Ω 程度** となるように施設されているが，鉄塔の基礎のみで接地抵抗が十分に低減しない場合には，埋設地線や接地シート，深打電極のほか，低減剤も併用されている．

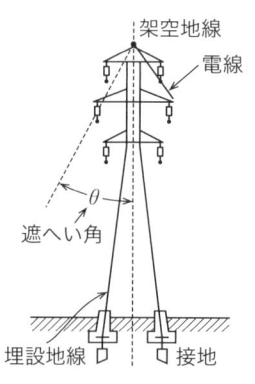

図 3・16 架空地線による遮へいと鉄塔の接地

③送電用避雷装置の設置

アークホーンにおける逆フラッシオーバを防止するため，アークホーン間の過電圧を抑制できる酸化亜鉛素子を用いた**送電用避雷装置（酸化亜鉛形避雷アークホーン）**を設置する．

④せん絡表示器・フォルトロケータの設置

雷撃による事故点を早期に探索できるよう，架空地線や鉄塔に雷撃があった際にこれを表示する**せん絡表示器**や，変電所等に設置して事故時の電流・電圧波形から事故点を推定する**フォルトロケータ**を設置する．

これらを活用することで，事故時の巡視時間を短縮し，早期の復旧につなげることができる．

5 短絡容量抑制対策

（1）短絡容量増大の原因・影響

電力需要の伸びや供給信頼度の向上に対応するために電力系統の規模を拡大させると，短絡容量が増加し，短絡事故や地絡事故時の事故電流が増加する．

事故電流が遮断器の遮断容量を上回ると，事故電流の遮断ができず事故の除去に時間がかかり，停電が広範囲かつ長時間に及ぶことがある．

（2）短絡容量抑制対策

①上位の電圧階級導入

上位の電圧階級を採用することで短絡電流を減ずる．

②系統の分割による放射状化

発電所や変電所の母線を分割することや，ループ系統を分割して放射状系統とすることにより，短絡容量を小さくする．

③高インピーダンス機器の採用

発電機や変圧器にインピーダンスの大きい機器を採用することで，短絡容量を抑制する．

④限流リアクトルの設置

短絡電流を供給する発電機の出口や変圧器の母線に限流リアクトルを設置し，短絡電流を減ずる．

⑤直流連系

短絡電流はほとんどが無効電力によるものであるため，交流系統を直流連系により分割することで無効電力潮流を分断し，事故時の短絡電流を抑制する．

6 中性点接地方式

電力系統において中性点を接地する理由には，地絡事故時の異常電圧の抑制や設備の損傷軽減，保護リレーの確実な動作，アークの消弧などがある．

中性点の接地方式には，直接接地，抵抗接地，非接地，消弧リアクトル接地，補償リアクトル接地がある．

（1）直接接地方式

変圧器の中性点を直接接地する方式であり，一般に 187 kV 以上の系統に採用されている．地絡事故時において，健全相の電位はほとんど上昇しないため絶縁

レベルの低減が可能となる.

　一方で地絡電流は大きくなることから，遮断器の遮断容量を適切に選定することや，通信線への電磁誘導障害への対策をとる必要がある.

（2）抵抗接地方式

　抵抗を介して変圧器の中性点を接地する方式であり，わが国では22kVから154kVの系統に採用されている.

　直接接地方式に比べて地絡電流を小さくできるものの，健全相の電位上昇は大きくなるため，機器の絶縁レベルは低減できない.

（3）非接地方式

　変圧器の中性点を接地しない非接地方式は，主に6.6kVの配電系統に採用されている方式となる.

　非接地系統では地絡電流は対地静電容量のみに起因するため小さくなるが，健全相の電位上昇が大きく，1線地絡時の対地電圧は完全地絡の場合には線間電圧（相電圧の$\sqrt{3}$倍）と等しくなる.

　地絡電流が小さいため，高低圧混触事故時における低圧側の電位上昇も小さくできる利点があるものの，保護リレーには高感度のものが必要となる.

（4）消弧リアクトル接地方式

　送電線の対地静電容量を補償できる容量のリアクトルを介して変圧器の中性点を接地する方式であり，地絡事故時には並列共振によって零相インピーダンスが無限大となるため，地絡電流をゼロとすることができる.

　一般に66〜110kV系統に採用されている.

（5）補償リアクトル接地方式

　ケーブル亘長が長く，対地静電容量の大きい66〜154kV系統では，地絡時には対地静電容量に起因して大きな地絡電流が流れる.これを抑制するため，中性点接地抵抗器と並列にリアクトルを設置する方式である.

例題 5 ‥‥‥‥‥‥‥‥‥‥‥‥‥‥‥‥‥‥‥‥‥‥‥‥‥‥‥‥H22　問7

次の文章は，特別高圧架空送電線路（以下，「送電線路」という.）の保守業務に関する記述である．文中の ☐ に当てはまる最も適切な語句を解答群の中から選びなさい.

a)　送電線路の保守の目的は，①設備の ☐(1) と事故の ☐(2) ，②迅速な事故復旧，③各種障害の排除などである．この目的を達成するために必要な業務は，大別すると，巡視，点検， ☐(3) 作業，事故処理等に大別できる.

b)　「巡視」は，送電線路付近の樹木・家屋など建造物等の接近，地形の変化及び他の工作物の交さ接近状況や設備の ☐(4) などを見回り，事故の ☐(2) を図るとともに，設備の ☐(3) 作業に必要な資料を収集する業務である.

c)　「点検」は，送電線路が主に支持物， ☐(5) ，がいし，その他の附属品等により形成されていることから，巡視では分からない異常の有無を巡視より一歩進んで，これらが健全な状態であるかどうかを，支持物の傾斜・腐食，ボルト・ナットのゆるみ，がいしの絶縁の劣化などを目視及び計測器等により詳細に調査する業務である.

【解答群】

(イ) 診断	(ロ) 試験	(ハ) 相間スペーサ	(ニ) 波及防止
(ホ) 維持・管理	(ヘ) 電線	(ト) 未然防止	(チ) 利用率
(リ) 故障点標定	(ヌ) 防振用ダンパ	(ル) 運転・操作	(ヲ) 保修
(ワ) 外観	(カ) 設計・建設	(ヨ) 検出	

解　説　3-2節1項にて解説した架空送電線路の保守業務に関する出題である.

【解答】(1) ホ　(2) ト　(3) ヲ　(4) ワ　(5) ヘ

例題 6 ‥‥‥‥‥‥‥‥‥‥‥‥‥‥‥‥‥‥‥‥‥‥‥‥‥‥‥‥H19　問7

次の文章は，架空送電線の着氷雪害に関する記述である．文中の ☐ に当てはまる語句を解答群の中から選びなさい.

送電線路において，電線の異常動揺の一種である ☐(1) が相間の短絡事故にまで発展することがあるが，これはどの線路にも起こりうるという一般的な現象ではなく，着氷雪，風，電線の導体数などと気象，地形，架線条件などの要因が重なり合って発生する特異な現象である.

その発生原理については，現在も解明されていない点が多いが，着氷雪などによっ

て非対称となった電線の断面に水平風があたることによって　(2)　が発生し，着氷雪の位置によっては自励振動を生じて電線が上下に振動することによるものであると考えられている.

　観測事例などによれば，このような動揺は，電線断面が　(3)　ほど，また，単導体よりも多導体において発生しやすく，振幅が大きく，持続時間も長いことから，径間において相間短絡を起こしやすく，再閉路が成功しても再度相間短絡が発生する頻度が高い.

　特別高圧送電線の　(1)　対策の実施事例としては，次のようなものがある.

①電線の上下振動周期と稔回周期の　(4)　を目的とした抑制装置の取り付け

②電線間の接触防止を目的とした　(5)　の取り付け

③線間クリアランスの増加

④がいし装置断連防止のためのがいし装置の強度の強化

【解答群】

(イ) アークホーン　　(ロ) 揚力　　(ハ) 大きい　　(ニ) 張力　　(ホ) 小さい

(ヘ) 風音　　(ト) 同調防止　　(チ) ギャロッピング　　(リ) スリートジャンプ

(ヌ) 減速　　(ル) 増幅　　(ヲ) 素線切れ　　(ワ) 相間スペーサ

(カ) 円形である　　(ヨ) アーマロッド

解　説　3-2節3項にて解説した着氷雪害に関する出題となる.

【解答】(1) チ　(2) ロ　(3) ハ　(4) ト　(5) ワ

例題 7　・・・H20　問5

　次の文章は，架空送電線路における電線（架空地線を含む．以下同じ．）の微風振動に関する記述である．文中の　　　　　に当てはまる最も適切な語句を解答群の中から選びなさい.

　架線された電線に $0.5 \sim 10\ \mathrm{m/s}$ の比較的緩やかな一様な風が水平方向から直角に当たると，カルマン渦により，電線に対して　(1)　方向に交互の圧力が発生する．電線の微風振動は，この圧力変化の周波数と架線された電線自体の　(2)　が一致するときに発生する定常的な振動である.

　微風振動を受けた電線は，曲げ疲労を生じ，素線切れ等の損傷に至ることがある．　(3)　の場合，電線の撚り層数が少ない場合及び電線張力が高い場合には特に問題となる.

電線の微風振動対策の実施例としては，次のようなものがある．

① 電線に　[(4)]　を取り付け，電線系の消費エネルギーを大きくすることにより，発生振幅を下げる．

② [(5)]　付近の電線にアーマロッドを巻き付け，振動による発生応力を下げる．

【解答群】

(イ) 径間中央　　　(ロ) 防振用ダンパ　　　(ハ) 固有抵抗　　(ニ) 線路

(ホ) 固有周波数　　(ヘ) 固有インピーダンス　(ト) 長径間　　(チ) 短径間

(リ) 径間最下点　　(ヌ) 難着雪リング　　　(ル) 超短径間　(ヲ) 水平

(ワ) 電線支持点　　(カ) 相間スペーサ　　　(ヨ) 鉛直

解 説 3-2 節 2 項にて解説した微風振動対策に関する出題となる．

【解答】(1) ヨ　(2) ホ　(3) ト　(4) ロ　(5) ワ

例題 8 ・・・・・・・・・・・・・・・・・・・・・・・・・・・・・・・・・・ H8　問7

次の文章は，短絡容量抑制対策に関する記述である．次の □ の中に当てはまる語句を解答群から選びなさい．

電力系統の拡大に伴い短絡容量が増加し，それが遮断器の [(1)] を上回ると，系統の短絡事故時に事故電流を遮断できなくなり，故障区間の除去に時間がかかり，停電が広範囲，長時間に及ぶおそれがある．このため，次のような短絡容量抑制対策が実施されている．

a) 発電機や変圧器などに [(2)] 機器を採用する．

b) 送電線に直列に [(3)] を設置する．

c) 現在採用されているよりも上位の [(4)] を導入し，既設系統を分割する．

d) 短絡電流を伝搬しない [(5)] により交流系統を分割する．

【解答群】

(イ) ケーブル系統　　(ロ) 大容量　　(ハ) 遮断容量　(ニ) 絶縁変圧器

(ホ) 低インピーダンス　(ヘ) 直列コンデンサ　(ト) 高インピーダンス

(チ) 限流リアクトル　(リ) 短絡容量　(ヌ) 分路リアクトル

(ル) 電圧階級　　　　(ヲ) 系統連系　(ワ) 直流連系　(カ) 消弧リアクトル

(ヨ) 定格容量

解 説 3-2 節 5 項にて解説した短絡容量抑制対策に関する出題となる．

【解答】(1) ハ　(2) ト　(3) チ　(4) ル　(5) ワ

例題 9 ・・ H23 問4

次の文章は，特別高圧架空電線路の雷事故に対する設備・保守対策に関する記述である．文中の ____ に当てはまる最も適切なものを解答群の中から選びなさい．

a) 特別高圧架空電線路の雷事故には，雷が架空地線あるいは鉄塔へ直撃して，架空地線や鉄塔の電位が上昇することにより，架空地線と電力線間，又はがいし装置のアークホーンでせん絡する ⎡(1)⎤ 事故がある．

b) 鉄塔の電位上昇低減対策としては，鉄塔塔脚接地抵抗の低減が有効であり，耐雷性向上のために，わが国では一般的に ⎡(2)⎤ 〔Ω〕程度が採用されている．また，鉄塔塔脚接地抵抗を低減するために，埋設地線，接地シート及び ⎡(3)⎤ などが施工されている．

c) 架空地線と電力線間における径間せん絡は，断線事故に発展するおそれがあり，これを防止するために，径間における架空地線と電力線の間隔は，⎡(4)⎤ における間隔より小さくないこととされている．

d) 雷事故発生後の事故点早期発見対策としては，雷撃箇所を表示する ⎡(5)⎤ の鉄塔への取り付けや，送電線の事故点を標定するフォルトロケータなどの設置が行われている．

【解答群】
(イ) 10〜15	(ロ) 50〜60	(ハ) 誘導雷	(ニ) メッシュ接地
(ホ) 雷放電カウンタ	(ヘ) 1〜3	(ト) 磁鋼片	(チ) せん絡表示器
(リ) 標準絶縁	(ヌ) 逆フラッシオーバ	(ル) 深打電極	(ヲ) 支持点
(ワ) アースアンカ	(カ) クリアランスダイヤグラム	(ヨ) 遮へい失敗	

解説 3-2節4項にて解説した架空送電線路の雷害対策に関する出題である．

【解答】(1) ヌ (2) イ (3) ル (4) ヲ (5) チ

例題 10 ・・・・・・・・・・・・・・・・・・・・・・・・・・・・・ H14 問7(改)

次の文章は，高圧配電線における中性点非接地方式に関する記述である．文中の
　　　　　に当てはまる語句を解答群の中から選びなさい．

a)　非接地方式は，直接接地方式に比べて一線地絡故障時の地絡電流が十数アンペア
以下と小さいので，高圧線と低圧線との混触が起こった場合の 　(1)　 の上昇を
容易に抑制でき，通信線に対する 　(2)　 障害もほとんど問題とならない利点が
ある．ただし，直接接地方式に比べて一線地絡故障時の 　(3)　 が高くなるので，
高圧配電線路の絶縁レベルは高くしなければならない．

b)　他方，非接地方式では，一線地絡故障を確実に検出し，これを除去するため，高
感度保護リレーを用いて $6\,\mathrm{k\Omega}$ 程度の 　(4)　 事故まで検出し，配電用変電所にお
いて，事故が発生した配電線を 　(5)　 している．

【解答群】

(イ) 電圧調整	(ロ) 線間電圧	(ハ) 低抵抗地絡	(ニ) 出力調整
(ホ) 直接地絡	(ヘ) 低圧側対地電圧	(ト) 高抵抗地絡	(チ) 地絡点電位
(リ) 電磁誘導	(ヌ) サージ電圧	(ル) 健全相対地電圧	(ヲ) 電波
(ワ) 選択遮断	(カ) 高調波	(ヨ) 二次電圧	

解 説　3-2節6項にて解説した中性点非接地方式に関する出題である．

(4) (5)　配電用変電所では，零相電圧により地絡事故を検出する地絡過電圧リレー
（OVGR）と，零相電流により事故回線を選択遮断するための地絡方向リレー（DGR）を
組み合わせて地絡事故に対する保護を行っている．樹木接触など抵抗値の大きい事故の場
合，零相電圧が小さくなるため OVGR による事故検出が難しくなるが，一般には $6\,\mathrm{k\Omega}$ 程
度の高抵抗地絡事故まで検出できるように保護リレーを整定している．

【解答】(1) ヘ　(2) リ　(3) ル　(4) ト　(5) ワ

3-3 受変電設備の運用

攻略の
ポイント

　本節は，法規科目の1次試験では計算問題が唯一出題される可能性のある「需要率」「負荷率」「不等率」や，主任技術者の実務と深く関わりのある受変電設備の保守管理など，試験においても頻出分野となる．過去問も参照しながら，理解を深めておきたい．

1 受変電設備の構成要素

（1）機器類の図記号

　受変電設備に施設される機器類の配線図には，JIS C 0617 で定められた電気用図記号が用いられる．表3·2 には主なものを示す．

表3·2 受変電設備に用いる機械器具の図記号（例）

名称	文字記号	図記号（単線図用）	用途
断路器	DS		受電設備を無負荷の状態で電線路から開閉する
遮断器	CB		主遮断装置として電路の開閉や，事故電流を遮断する
限流ヒューズ	PF		過電流を遮断する
高圧交流負荷開閉器	LBS		電路の開閉や事故電流を遮断する
高圧カットアウト	PC		中小容量の変圧器・進相コンデンサを開閉する
避雷器	LA		誘導雷などが発生させるサージから高圧受電設備を保護する

名称	文字記号	図記号（単線図用）	用途
電力用コンデンサ	SC		負荷力率を改善する
計器用変圧器	VT		高圧の電圧を計測に適した電圧値に変成する
変流器	CT		高圧の電流を計測に適した電流値に変成する
計器用変圧変流器	VCT		高圧の電圧・電流を電力量計で計量するのに適した電圧値・電流値に変成する
零相変流器	ZCT		零相電流を検知し，地絡継電器と組み合わせることで地絡事故を検出する
地絡リレー	GR	I⊥>	設定値以上の地絡電流が流れたときに動作する
地絡過電圧リレー	OVGR	U⊥>	設定値以上の零相電圧を検出したときに動作する
地絡方向リレー	DGR	I⊥>	設定値以上の地絡電流が流れたときに，零相電圧と組み合わせて事故点の方向を判定し動作する
過電流リレー	OCR	I >	設定値以上の電流が流れたときに動作する
過電圧リレー	OVR	U >	電圧が設定値以上の場合に動作する
不足電圧リレー	UVR	U <	電圧が設定値以下の場合に動作する
周波数上昇リレー	OFR	f >	周波数が設定値以上の場合に動作する
周波数低下リレー	UFR	f <	周波数が設定値以下の場合に動作する

3章

電力施設管理

名称	文字記号	図記号（単線図用）	用途
地絡保護装置付高圧交流負荷開閉器	GR付PAS		商用系統との責任分界点に設置する区分開閉器で，構内の地絡事故を検出・遮断する

（2）主遮断装置

受変電設備の設置者と一般送配電事業者又は配電事業者との保安上の責任範囲は，両者の協議により定められる責任分界点を境界として分けられる．高圧受変電設備の場合，責任分界点は一般には自家用構内第1柱に施設される負荷開閉器（GR付PAS等）の電源側接続端子に設けられることが多い．

この責任分界点より負荷側の電路における保安上の責任は受変電設備の設置者にあるため，自家用構内における事故発生時などに電路を遮断する目的で主遮断装置が設けられる．キュービクル式高圧受変電設備は，主遮断装置の種類によりCB形とPF・S形に分類される．

① CB形

CB形は主遮断装置として遮断器（CB：Circuit Breaker）を使用するもので，遮断器には小型軽量でかつ構造が簡素であり，保守も容易といった特長のある真空遮断器（VCB）が多く用いられる．

② PF・S形

PF・S形は主遮断装置として限流ヒューズ（PF：Power Fuse）と高圧交流負荷開閉器（LBS：Load Break Switch）を組み合わせて使用するもので，変圧器の容量が300kVA以下と比較的容量の小さい受電設備に用いられる．

高圧交流負荷開閉器は負荷電流の開閉は可能であるが，短絡事故時の大電流を遮断する能力がない．このため，過負荷電流の遮断は開閉器で行い，短絡事故時の遮断は限流ヒューズで行う仕組みとなっている．

2 受変電設備の構成要素

受変電設備の保護装置は，設備損壊の防止，人体に対する安全，系統の安定化などを目的として設置される．

　自家用電気工作物の設置にあたっては，電技第 18 条にあるとおり，「その損壊により一般送配電事業者又は配電事業者の電気の供給に著しい支障を及ぼさないように施設しなければならない」ため，事故範囲の局限化により事故の波及を防止する必要がある．

　このため，保護装置の設置にあたっては，一般送配電事業者又は配電事業者と協議して保護装置の動作特性を調整する必要があり，これを**保護協調**という．

　保護協調の調整にあたっては，保護装置の検出感度・遮断時間・遮断範囲を適当に調整する必要があり，表 3·3 の考え方に基づいて設定することが一般的である．

表 3・3　保護協調の基本的な考え方

検出感度	一般送配電事業者又は配電事業者の保護リレーと比べ，可能な限り高感度にする
遮断時間	電源に近いほど長くする
遮断範囲	停電範囲を最小区間とするため，事故点を局限化する

3　受変電設備の保守・管理

(1) 受変電設備の保守・管理業務

　受変電設備の保守・管理は，日常巡視点検，定期点検，精密点検，臨時点検，補修といった各業務によって運用される．

①日常（巡視）点検

　運転中の電気設備を主として目視などにより巡視・点検し，異常の有無を確認する．

②定期点検

　1 年程度の周期で，主として電気設備を停止させて，目視や測定器具などにより点検，測定及び試験を行う．

③精密点検

　3 年程度の周期で電気設備を停止させ，必要に応じて設備を分解するなどして目視や測定器具等により点検，測定及び試験を実施し，電気設備の技術基準等に適合しているか，異常が無いかどうかを確認する．

④臨時点検

　事故や異常が発生した際に行う点検と，異常が発生するおそれがあると判断し

た際に行う点検となる.

⑤補修

補修に際しては,

- 各種の点検業務を通じて異常が明らかとなった場合
- 修理や改修の必要を認めた場合
- 汚損により清掃の必要性を認めた場合

等において,内容に応じた措置を講じることとなる.

(2) 停電作業時の取扱い〈労働安全衛生法施行規則第339条〉

定期点検や精密点検を行う際や,補修等で電気設備の工事を行う際には,作業範囲を停電させる必要がある.停電作業の実施にあたっては,労働安全衛生法施行規則第339条にて,以下のような措置を講じることが定められている.

①停電作業を開始するとき

電路を開路して,電気工事の作業を行うときは,当該電路を開路した後に,当該電路について,表3·4に定める措置を講じなければならない.

表3·4 停電作業を行う際の必要な措置

停電作業時の実施事項
開路に用いた開閉器には,作業中,以下のいずれかの措置を講じること. ・施錠する. ・通電禁止に関する所要事項を表示する. ・監視人を置く.
開路した電路が電力ケーブル,電力コンデンサ等を有する電路で,**残留電荷**による危険を生ずるおそれのあるものについては,安全な方法により当該残留電荷を**確実に放電**させること.
開路した電路が高圧又は特別高圧であったものについては,以下の措置を講じること. ・検電器具により停電を確認する. ・誤通電,他の電路との混触又は他の電路からの誘導による感電の危険を防止するため,**短絡接地器具**を用いて確実に短絡接地する.

②電路に再通電するとき

停電作業中又は作業を終了した場合において,開路した電路に通電しようとするときは,あらかじめ,当該作業に従事する労働者について感電の危険が生ずるおそれのないこと及び短絡接地器具を取り外したことを確認すること.

4 ▶ 油入変圧器の保守管理

　油入変圧器は，絶縁油により巻き線の絶縁と冷却を行うものであるが，負荷や外気温の変化により絶縁油が膨張と収縮を繰り返すことで外気が変圧器の内部に出入りする．これを「**呼吸効果**」と呼ぶ．

　呼吸効果により変圧器内部に侵入した大気中の水分や酸素と化学反応することで，絶縁油や巻き線に使われる絶縁紙の劣化が進展することから，精密点検などにおいて以下のような試験を行い，その劣化状態を把握することが重要となる．

（1）絶縁油の絶縁破壊電圧試験

　変圧器からサンプルとして採取した絶縁油を試料として，試験容器内にて2.5 mm の間隔に配置した直径 12.5 mm の球状電極間に電圧を印加し，1 秒当たり 3 000 V の速度で上昇させて絶縁破壊に至る電圧を計測する．

（2）絶縁油の酸価試験

　絶縁油は大気中の酸素と触れることにより酸化していく．これが進展すると絶縁油と金属やコイル絶縁物が化合して泥状の**スラッジ**を生成し，絶縁油の対流を阻害して冷却効果が低下，さらなる絶縁油の劣化を促進することとなる．

　このような絶縁油の酸化度合いを把握するため，油中に含まれる酸性成分を測定する**酸価試験**が行われる．酸価は，絶縁油 1 g に含まれる酸性成分を中和するのに必要な水酸化カリウムの mg 数を指標として評価している．

（3）絶縁油の油中ガス分析試験

　変圧器内部における局部過熱や部分放電により，絶縁油や絶縁紙が分解し，可燃性ガスが発生，絶縁油中に溶解する．この油中に溶解した可燃性ガスをガスクロマトグラフにより分析することで，変圧器の内部異常や故障の様相を推定することができる．

　特に**アセチレン**（C_2H_2）はアーク放電や部分放電による高温熱分解で発生するガスであるため，微量であっても検出された場合にはさらなる調査を要することとなる．

（4）フルフラール分析試験

　巻き線に使われる絶縁紙は絶縁油と異なり交換できないため，絶縁紙の劣化状態は変圧器の寿命を診断するために重要な指標となる．

　フルフラールは絶縁紙の劣化により生成される物質であり，フルフラールの生

成量と，絶縁紙の強度低下を示す**平均重合度**の低下度合いには相関関係がある．

このため，試験採取した絶縁油中のフルフラール生成量を，高速液体クロマトグラフにより求め，絶縁紙の劣化状態の把握や変圧器の余寿命評価に活用している．

5 絶縁抵抗測定

受変電設備の保守管理において，点検時に絶縁抵抗計を用いて絶縁抵抗を測定することがある．絶縁抵抗を測定する手順や留意事項は以下のとおり．

- 絶縁抵抗測定を行う場合は，被測定回路と大地間に絶縁抵抗計を接続し，通常は**約1分間測定**を行う．ただし，被測定機器の静電容量が大きく，1分経過しても絶縁抵抗計の指針が静止しないときは，指針が静止するまで待ち，その値を絶縁抵抗値とする．

- 絶縁抵抗計は，被測定機器に直流電圧を印加し，その際に流れる漏れ電流の大きさから絶縁抵抗値を求めている．このため，残留電荷による感電の危険があることから，測定後の回路は必ず残留電荷を放電させる必要がある．

- ケーブルなどの絶縁抵抗を測定する場合は，表面漏れ電流による誤差やノイズを除くため，必要に応じて絶縁抵抗計の保護端子（**ガード端子**）を使用することが望ましい（図3・17）．

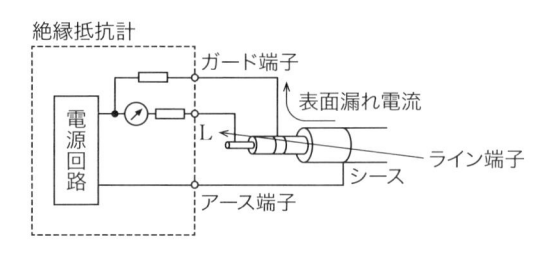

図 3・17 絶縁抵抗計のガード端子

- 絶縁抵抗値は，周囲温度，湿度，被試験機器の汚損度などにより著しく変化するため，天候，周囲温度，湿度等の測定条件を記録しておく．

- 同一電路の絶縁抵抗測定を定期的に実施する場合は，同一の測定方法で測定条件（天候，周囲温度など）を可能な限り一定にして行うことが望ましい．

6 需要率・負荷率・不等率

3-1 節 1 項でみたように，電力需要は季節や時刻等によって大きく変化する．これは需要家レベルでも同様であり，電気の使われ方を表す指標として需要率・負荷率・不等率が定義されている．

(1) 需要率

一般に需要家内の負荷設備は一度に全てが稼働することはない．このため，負荷設備の容量の合計値は，最大需要電力に比べて大きくなる．

需要率とは負荷設備の設備容量の合計値に対する最大需要電力の比率であり，以下の式で表される．需要率は新設される需要家の最大需要電力を推定する場合などに活用される．

$$需要率〔\%〕= \frac{最大需要電力〔kW〕}{負荷設備の設備容量の合計〔kW〕} \times 100$$

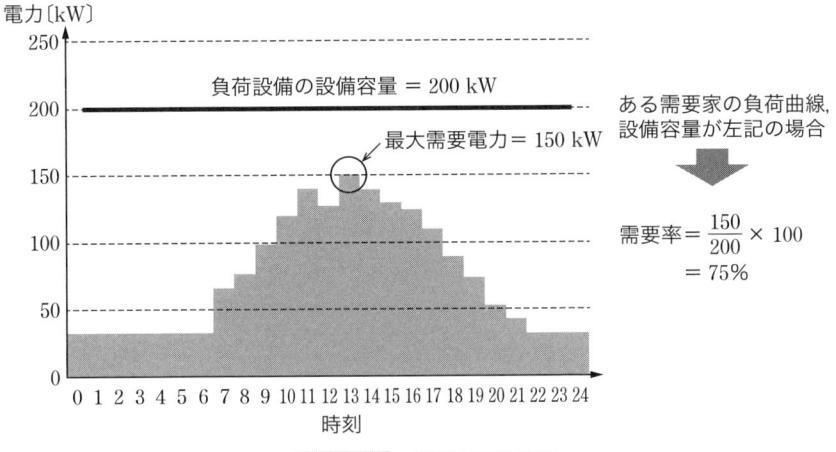

図 3・18 需要率の計算例

(2) 負荷率

負荷率は以下の式で表され，時々刻々と変化する電力需要について，その変動の度合いを表す指標となる．

$$負荷率〔\%〕 = \frac{ある期間における負荷の平均電力〔kW〕}{ある期間内における負荷の最大電力〔kW〕} \times 100$$

電力需要の変動が小さいほど負荷率は大きくなり，需給変動に対応するために必要となるピーク供給力の節減にもつながる．このため，負荷率の大きい需要家は，一般には電気料金も安価となる傾向にある．

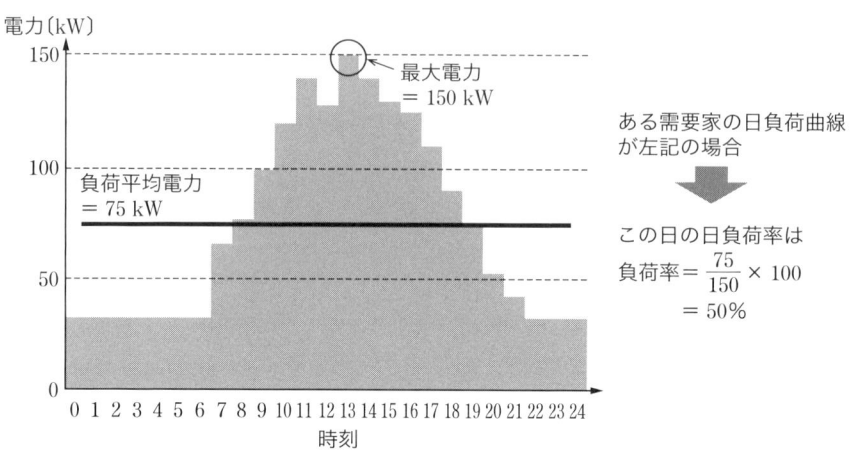

図 3・19 負荷率の計算例

（3）不等率

複数の需要家に電力供給を行う場合，各需要家の最大需要電力が同時刻に重なって発生することは稀であり，各需要家の個々の最大需要電力の合計値は需要家群としての合成最大需要電力よりも大きくなる．この不等時性の度合いを表す指標を**不等率**と呼び，次の式で定義される．

$$不等率 = \frac{各需要の最大需要電力の算術和〔kW〕}{各需要の合成最大需要電力〔kW〕}$$

不等率はその定義から 1 以上の値をとり，電力供給設備の必要容量想定などに用いられている．不等率が大きいほど各需要家のピークの重なりは小さく，合理的な電力供給設備の構築が可能となる．

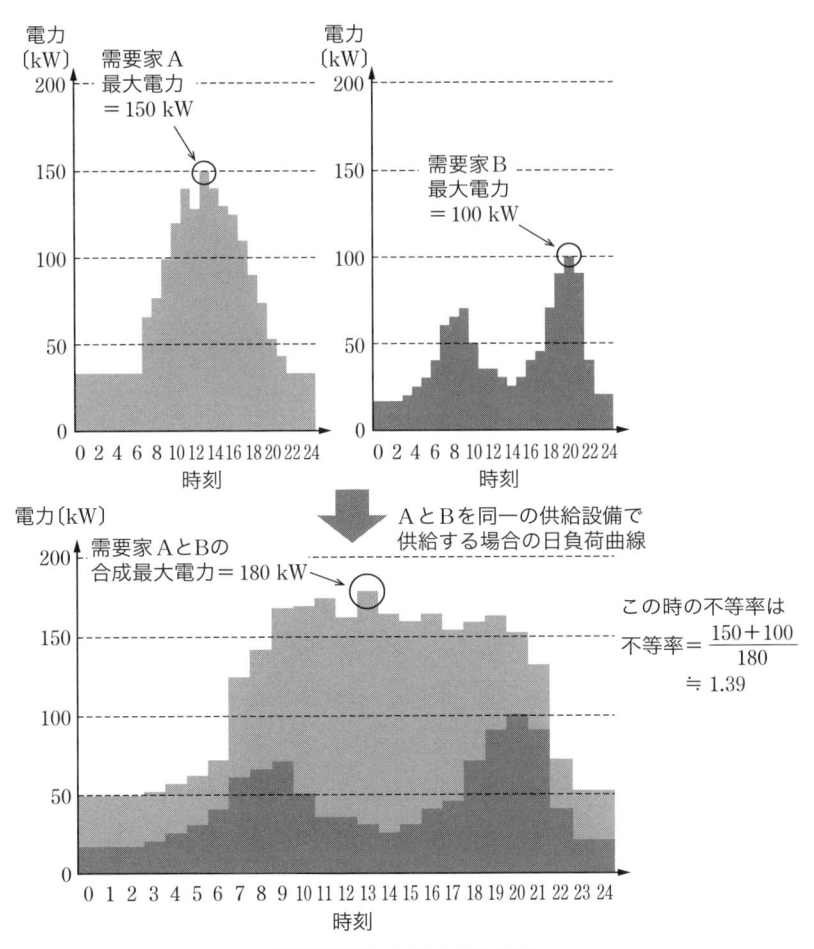

図3・20　不等率の計算例

例題 11 ·· R1 問7

次の文章は，電力需要の分析に関する記述である．文中の　　　に当てはまる最も適切なものを解答群の中から選びなさい．

a) 時々刻々変動する負荷の特性を表すために，横軸に時間（日・週・旬・月・年）を，縦軸に需要電力をとって表示した曲線がよく使用される．この他に，日・週・旬・月・年を対象とする期間の電力需要について，その発生した時間とは無関係に大きい順に並び替えた曲線のことを　(1)　といい，負荷の特性を分析・調査するために使用される．

b) 需要率は，最大需要電力の　(2)　に対する割合であり，過負荷使用の場合を除き，一般に1より小さい値となる．

c) 供給する電力量が一定の場合，最大需要電力が大きいほど負荷率が低下して　(3)　は低くなる．

d) 需要家 A，需要家 B 及び需要家 C の三つの需要家に電力を供給している．それぞれの最大需要電力は 940 kW，1 180 kW，1 540 kW である．需要家 A の年間使用電力量が 4 900 MW·h であるとき，その年負荷率は　(4)　〔%〕である．また，三つの需要家相互間の不等率が 1.20 であるとき，合成最大需要電力は　(5)　kW である．ただし，1 年は 365 日，需要家 A，需要家 B 及び需要家 C の力率はいずれも 1.0 とする．

【解答群】
(イ) 3 050   (ロ) 59.5   (ハ) 45.8   (ニ) 負荷頻度曲線   (ホ) 設備利用率
(ヘ) 契約電力   (ト) 負荷持続曲線   (チ) 電力コスト   (リ) 負荷曲線
(ヌ) 全設備容量   (ル) ピーク供給力   (ヲ) 1 460   (ワ) 平均電力
(カ) 19.1   (ヨ) 4 390

解　説 3-3 節 6 項にて解説した需要率・負荷率・不等率に関連する出題となる．

(1) ある期間の電力需要を大きい順番に並び替えた曲線のことを負荷持続曲線又はデュレーションカーブ（Duration Curve）と呼ぶ．電力供給に必要となるピーク供給力・ミドル供給力・ベース供給力の分析等に活用される．

(3) 供給設備は最大需要電力に合わせて建設する必要があるため，最大需要電力が大きいほど供給設備の設備容量は大きくなる．一方，供給する電力量が一定の場合には負荷率が小さくなるため，設備稼働率（需要率）も低下することとなる．なお，問題の選択肢には「(チ) 電力コスト」「(ル) ピーク供給力」があるが，負荷率の低下に伴い必要となるピーク供給力は大きくなり，電力コストも上昇するため，いずれも不適．

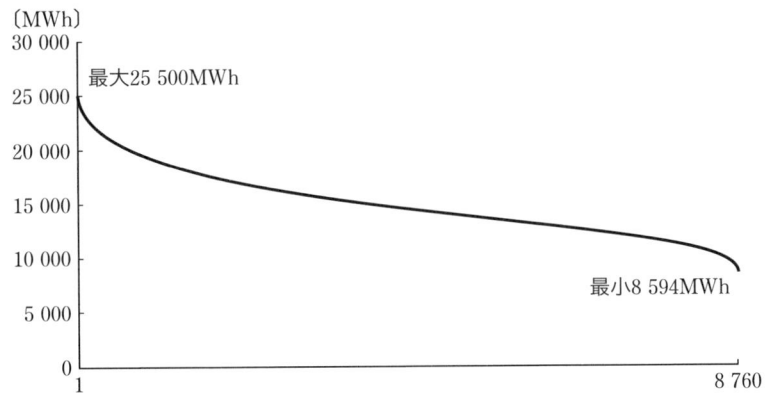

解説図 年間の負荷持続曲線の一例（2022 年度，中部電力パワーグリッドエリア）
（出典：中部電力パワーグリッドホームページ）

(4) 需要家 A の年間使用電力量は 4 900 MWh であるため，年間の平均電力は

$$年間平均電力 = \frac{4\,900 \times 1\,000\,\text{kWh}}{8\,760\,\text{h}} = 559.3\,\text{kW}$$

最大需要電力は 940 kW のため，年負荷率は

$$年負荷率 = \frac{559.3\,\text{kW}}{940\,\text{kW}} \times 100 = 59.5\%$$

(5) 需要家 A，需要家 B 及び需要家 C の最大需要電力はそれぞれ 940 kW，1 180 kW，1 540 kW であり，不等率が 1.20 であるため，以下の定義式にあてはめると，合成最大需要電力を求めることができる．

$$不等率 = \frac{各需要の最大需要電力の算術和〔\text{kW}〕}{各需要の合成最大需要電力〔\text{kW}〕}$$

$$1.20 = \frac{940 + 1\,180 + 1\,540}{各需要の合成最大需要電力}$$

$$\Leftrightarrow 各需要の合成最大需要電力 = \frac{940 + 1\,180 + 1\,540}{1.20} = 3\,050\,\text{kW}$$

【解答】(1) ト　(2) ヌ　(3) ホ　(4) ロ　(5) イ

例題 12 ・・ **H29 問 4**

次の文章は絶縁油の保守管理に関する記述である。文中の ☐ に当てはまる最も適切なものを解答群の中から選びなさい。

a) 絶縁油は、油入変圧器や油入コンデンサなどの電気機器に広く使用されており、その主な役割は機器の絶縁と (1) である。油入機器の内部で異常過熱や絶縁劣化が生じると、絶縁油から発生した分解ガスや絶縁物の劣化生成物が絶縁油に溶け込み、絶縁油の化学的特性に変化が生じてくる。絶縁油の保守管理は、油入機器の絶縁状態を把握するとともに機器の性能を長く維持するために重要なことである。

b) 油入変圧器を運転すると温度が変化し外気との間で (2) 作用が行われる。その際、ブリーザ不良、パッキング劣化、シール部の締付不良、外装タンクの腐食などによる気密不良があると、絶縁油に空気中の酸素や水分が混入する。絶縁油は、油中に酸素や水分が存在すると、変圧器内部の鉄や銅の裸金属に接触している状態で運転中の温度上昇により、酸化反応が促進され酸性有機物質の総量（酸価）が増大する。酸価が増大すると絶縁油と金属やコイル絶縁物が化合し (3) （絶縁油の劣化によって生じる泥状物質）が生成される。これがコイル絶縁物、鉄心、放熱面に付着すると放熱機能が低下し、温度上昇が著しくなり絶縁物の熱劣化が加速される。

c) 絶縁劣化した状態で油入変圧器の運転を続けていると、過電圧などによって部分放電が発生し、外部からのサージや (4) 時の電気的又は機械的ストレスで絶縁破壊に至るおそれがある。また、絶縁油自体も劣化生成物の溶解によって吸水性を増し、絶縁抵抗の低下や $\tan \delta$ の増加など絶縁特性が低下する。

d) 絶縁油は定期的に試験を行って劣化状況を確認する必要があり、試験項目としては、絶縁破壊電圧試験、酸価試験、 (5) などがある。

【解答群】
(イ) 呼吸 　　(ロ) 瞬時電圧低下 　　(ハ) フルフラール 　　　　(ニ) 保護
(ホ) 水分試験 　　(ヘ) 気密 　　(ト) 無負荷試験 　　(チ) 地震 　　(リ) スラッジ
(ヌ) 冷却 　　(ル) 収縮 　　(ヲ) 温度上昇試験 　　(ワ) タール 　　(カ) 外部短絡
(ヨ) 膨張

解 説 3-3 節 4 項にて解説した変圧器の保守管理に関する主題となる。

【解答】(1) ヌ 　(2) イ 　(3) リ 　(4) カ 　(5) ホ

3章
電力施設管理

例題 13 ・・ H19　問7

次の文章は，油入変圧器の劣化診断方法の一つである，油中ガス分析に関する記述である．文中の　　　　に当てはまる語句を解答群の中から選びなさい．ただし，負荷時タップ切換装置油槽の絶縁油に関しては，対象外とする．

a)　油入変圧器の内部で異常が発生した場合，異常部位での　(1)　により絶縁油や絶縁物が分解し，正常な状態では発生しない分解ガスが発生し，絶縁油中に溶解する．油中ガス分析による劣化診断は，絶縁油中に溶解した可燃性ガス成分から内部異常の有無を推定する方法である．

b)　可燃性ガス成分の中でも，　(2)　は内部異常時の特徴的なガスであり，微量であっても検出された場合は内部異常の可能性が高いので特に注意する必要がある．

c)　油中ガス分析の結果から異常と判定された場合には，ガスパターンや組成比及び特定ガスによる　(3)　を行い，　(1)　現象，異常の部位及び大きさの程度や進展度合いを診断する．その結果，内部に異常ありと診断された場合は，確度の高い診断をするため　(4)　，外部一般点検，運転履歴や改修履歴などを総合して診断を行い，内部点検又は修理の要否などを決定する．

d)　なお，変圧器絶縁油が大気に直接接触しない隔膜式コンサベータ方式の油入変圧器では，絶縁油中の　(5)　測定も，ガスケットの劣化やピンホール有無の診断に有効である．

【解答群】
(イ) メタンやエタン　　(ロ) 窒素濃度　　　　(ハ) アセチレンやエチレン
(ニ) 化学的試験　　　　(ホ) 二酸化炭素濃度　(ヘ) 水素や一酸化炭素
(ト) 振動　　　　　　　(チ) 電気的試験　　　(リ) 寿命診断　　(ヌ) 圧力上昇
(ル) 水素濃度　　　　　(ヲ) 機械的試験　　　(ワ) 強度診断　　(カ) 様相診断
(ヨ) 過熱や放電

解 説　3-3 節 4 項にて解説した変圧器の保守管理に関する主題となる．

(5) 絶縁油が大気に直接接触しない隔膜式コンサベータ方式などでは，大気中に 78% 程度含まれる窒素の増加は，ガスケットの劣化やピンホールなどにより機密性が失われ大気が変圧器内に侵入している可能性を示している．

【解答】(1) ヨ　(2) ハ　(3) カ　(4) チ　(5) ロ

例題 14 ・・・ H26　問 3

　次の文章は，高圧における停電作業で，電路又はその支持物の敷設，点検，修理等の電気工事の作業を行う場合に講じられている措置に関する記述である．文中の　　　　　に当てはまる最も適切なものを解答群の中から選びなさい．

a)　停電作業中，停電に用いた開閉器を操作しないようにするため，次のいずれかの措置を講じる．

　　①停電に用いた開閉器に作業中は　 (1) 　する．

　　②その開閉器の箇所に通電禁止に関する所要事項を表示する．

　　③その開閉器の場所に監視する人を置く．

b)　停電作業を行う場合，停電しているか否かの判断を誤ると，人命にもかかわる重大な災害が発生することになるので，電路が停止したとの連絡を受けた作業者は着手する前に必ず　 (2) 　により無電圧であることを確認する．

c)　電路に　 (3) 　，電力コンデンサなどが設置されている場合，これを開路したときには，　 (4) 　によって感電の危険を生じるおそれがあるので，作業着手前に，安全な方法によりこれを確実に放電させる．

d)　誤通電，他の電路との混触又は他の電路からの誘導による感電の危険を防止するため，作業者は絶縁用保護具を着用し，また，必要な箇所に　 (5) 　を取り付ける．

【解答群】

（イ）施錠　　　　（ロ）解錠　　　　（ハ）検電　　　　（ニ）絶縁シート

（ホ）目視確認　　（ヘ）短絡接地器具　（ト）リアクトル　（チ）漏れ電流

（リ）着色　　　　（ヌ）残留電荷　　　（ル）電力ケーブル　（ヲ）変流器

（ワ）誘導電流　　（カ）検相　　　　　（ヨ）隔離シート

解　説　3-3 節 3 項にて解説した停電作業時の取扱いからの出題となる．

【解答】（1）イ　（2）ハ　（3）ル　（4）ヌ　（5）ヘ

例題 15 ··H30　問7

　次の文章は，高圧受電設備の保守管理に関する記述である．文中の［　　　］に当てはまる最も適切なものを解答群の中から選びなさい．

a)　高圧受電設備の場合，電力会社の変電所からの配電線に複数の需要家が連なっており，自己の事故によって，配電線路の上位の変電所で遮断することになると他の需要家に影響を及ぼすことになる．このような事故を［　(1)　］というが，受電設備の［　(2)　］から見て負荷側の事故に対しては，十分な遮断容量と保護リレーの［　(3)　］が重要であり，［　(2)　］）から電源側に対しては，入念な点検による故障要因の事前発見，予防が大切になる．

b)　［　(1)　］の発生箇所は［　(2)　］及びその電源側に多く，具体的なものとしては，［　(2)　］の他，高圧開閉器，［　(4)　］，断路器などがある．

c)　なお，［　(5)　］は，［　(2)　］として高圧限流ヒューズと高圧交流負荷開閉器を組み合わせて保護するものである．

【解答群】
(イ) CB 形　　　　　(ロ) PF・S 形　　　(ハ) 高圧引込ケーブル　(ニ) 責任分界点
(ホ) 漏電遮断器　　(ヘ) 主遮断装置　　(ト) 絶縁抵抗　　　(チ) 供給支障事故
(リ) 損壊事故　　　(ヌ) キュービクル式　　　　　　　　　(ル) 配線用遮断器
(ヲ) 波及事故　　　(ワ) 変圧器　　　(カ) 保護協調　　　(ヨ) 高感度化

解　説　3-3 節 2 項にて解説した受変電設備の保護に関する出題となる．

【解答】(1) ヲ　(2) ヘ　(3) カ　(4) ハ　(5) ロ

発電設備の系統連系

これまでの出題傾向から，発電設備の系統連系に関しては 2-15 節で解説した電気設備の技術基準からの出題が主となっている．しかし，近年の分散型電源の普及拡大に伴い，電力品質確保に係る系統連系技術要件ガイドラインからの出題も見受けられるため，ポイントを絞って押さえておきたい分野となる．

1 ガイドライン

　発電設備の系統連系に関しては，2-15 節にて解説した電技及び解釈に定められた電力保安に関する規定に加え，資源エネルギー庁による「電力品質確保に係る系統連系技術要件ガイドライン（以下，ガイドライン）」の電力品質に関する規定も遵守する必要がある．

　ガイドラインについても解釈と同様に，低圧配電線・高圧配電線・スポットネットワーク配電線・特別高圧電線路の各区分に応じた要件が定められている．

(1) 共通事項

　連系区分に関わらず，共通する事項は以下のとおり．

　なお，ガイドラインでは，発電設備及び蓄電設備を総称して「発電等設備」としている．

①電気方式

　発電等設備の電気方式は，原則として**連系する系統の電気方式と同一**とする必要がある．これは，系統の電気方式（単相2線式，単相3線式，三相3線式）と異なる電気方式の発電等設備が連系すると，相間の不平衡を生じるおそれがあるためである．

　なお，発電等設備の容量が十分に小さく，相間の不平衡への影響が実態上問題とならない場合には，異なる電気方式であっても連系が可能とされている．

②設備の整定値・定数等の設定

　系統故障などにより周波数が変動した場合に，発電等設備が脱落すると周波数変動が助長され，さらに発電等設備の連鎖脱落を招く可能性がある．このため，系統に連系する発電等設備は，一定範囲の周波数変動に対し連鎖脱落しないように，**運転可能周波数範囲を一般送配電事業者又は配電事業者からの求めに応じ，適切な数値に設定**する必要がある．

　また，系統安定度維持対策等のために必要な場合，**昇圧用変圧器及び発電等設**

備の定数，遮断器及び保護リレーの仕様について，一般送配電事業者又は配電事業者からの求めに応じ，**適切な数値に設定又は選定**するとともに，求められた発電等設備の**諸元等を提出する必要**がある．

③需給バランス制約による発電出力又は放電出力の抑制

脱炭素社会の実現に向けて，昨今では軽負荷期の電力供給が需要を上回るほど再生可能エネルギー発電設備の導入が拡大しており，需給バランスを維持するために発電機の出力を抑制する必要性が生じている．

このため，逆潮流のある発電等設備のうち，**太陽光発電設備，風力発電設備及び蓄電設備**には，一般送配電事業者又は配電事業者からの**遠隔制御**により，**発電出力又は放電出力の抑制ができる機能を有する装置の設置が必要**となる．

また，火力発電設備及びバイオマス発電設備は発電出力を技術的に合理的な範囲で最大限抑制することができるよう努めることとし，その**最低出力を多くとも50% 以下に抑制するために必要な機能を具備する必要**がある．

④送電容量制約による発電出力の抑制又は放電出力の抑制

一部地域では，送変電設備の容量を上回るほど再生可能エネルギー発電設備の導入が拡大しているが，系統拡充を行わずに既存送変電設備を最大限活用するため，系統混雑が発生した場合には発電等設備の出力を抑制する取り組み（日本版コネクト＆マネージ）が進んでいる．

このため，逆潮流のある発電等設備のうち，送電系統の混雑が発生する場合の出力の抑制を前提に連系等を行う発電等設備（低圧 10 kW 未満を除く）は，一

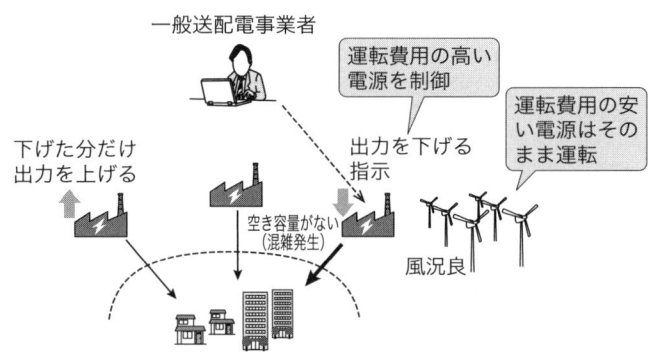

図3・21 日本版コネクト＆マネージ（ノンファーム型接続）
（出典：電力広域的運営推進機関ホームページ）

般送配電事業者又は配電事業者からの**遠隔制御**により，**送電容量制約による発電出力の抑制又は放電出力の抑制ができる機能を有する装置を設置する必要が**ある.

（2）各連系区分に応じた要件

逆潮流がある場合のうち，高圧配電線及び特別高圧電線路に連系する場合の主な要件を表3·5に示す.

表3·5 ガイドラインにおける連系要件（逆潮流あり）

	高圧配電線	特別高圧電線路
1. 受電点の力率	原則85%以上とするとともに，電圧上昇を防止するために**系統側から見て進み力率**（発電等設備側から見て遅れ力率）**とならないようにする.**	系統の電圧を適切に維持できるように定める.
2. 自動負荷制限	発電等設備の脱落時等に連系された配電線路や配電用変圧器等が過負荷となるおそれがあるときは，**設置者において自動的に負荷を制限する対策**を行う.	a. 発電等設備の脱落時等に主として連系された電線路や変圧器等が過負荷となるおそれがあるときは，**設置者において自動的に負荷を制限する対策を行う.** b. 電線路や変圧器等の単一故障時に保護装置により行われる速やかな発電遮断及び放電遮断（N-1電制）を実施することで，運用容量を拡大することが効率的な設備形成に資する場合，**設置者はN-1電制を実施するための必要な対応を行う.**
3. 逆潮流の制限	発電等設備を連系する配電用変電所のバンクにおいて，原則として**逆向きの潮流が生じないようにする.** ただし当該発電等設備の設置によって当該バンクに逆潮流が生じる場合は，系統側の電圧管理面で問題が生じないよう，当該発電等設備を連系する配電用変電所に設置されている電圧調整装置が逆潮流に対応できるような措置を講じることや，配電線に電圧調整装置を設置するなどの対策を行う.	—
4. 電圧変動	a. 発電等設備の脱落等又は発電設備等からの逆潮流により**低圧需要家の常時電圧が適正値を逸脱するおそれがあるときは，**設置者において，それぞ	a. 電圧変動は**常時電圧の概ね±1～2%以内**を適正値とし，この範囲を逸脱するおそれがある場合には，設置者において自動的に電圧を調整する.

	れ自動的に負荷を制限する対策又は**自動的に電圧を調整する対策**を行う. b.**瞬時電圧低下は常時電圧の 10% 以内**となるよう設置者において対策を行う.	b.**常時電圧の ±2% を目安に設置者において瞬時電圧変動を抑制**する.
5. 不要解列の防止	a.**連系された系統以外の事故時には解列されない**と同時に，連系された系統から解列される場合には，自動再閉路時間より短く，かつ単独運転か否かを判別できる適切な時限で行われるものとする. b.系統の事故による**広範囲の瞬時電圧低下や瞬時的な周波数の変化**があっても**運転を継続**するものとする.	a.**連系された系統以外の事故時には解列されない**と同時に，連系された系統から解列される場合には，自動再閉路時間より短く，かつ過渡的な電力変動による不要な遮断を回避できる時限で行われるものとする. b.系統の事故による**広範囲の瞬時電圧低下や瞬時的な周波数の変化**があっても**運転を継続**するものとする. c.作業停止や需要増加などに伴い，電圧・周波数変動が継続する状況においても，不要解列による系統電圧・周波数維持への影響を防止するため，**一定の電圧・周波数変動範囲内においては運転を継続**するものとする.
6. 発電機運転制御装置の付加	―	系統安定化，潮流制御，周波数調整等の理由により運転制御が必要な場合には，発電等設備に必要な**運転制御装置を設置**する.
7. 連絡体制	系統側電気事業者の営業所等と発電等設備設置者の技術員駐在箇所等との間には，**保安通信用電話設備を設置する**ものとする.	a.系統側電気事業者の給電所等と発電等設備設置者の技術員駐在箇所等との間には，**保安通信用電話設備を設置**するものとする. b.系統側電気事業者の給電所と発電等設備設置者との間に，必要に応じ，系統運用上等必要な情報が相互に交換できるよう**スーパービジョン，テレメータ及び電気現象記録装置**を設置するものとする.

2 新しい発電方式

　近年，エネルギーの有効利用の観点から，太陽光発電や風力発電といった再生可能エネルギーの導入拡大が進んでいる．再生可能エネルギーは枯渇するおそれがなく，二酸化炭素などの温室効果ガスや NO_X・SO_X などの大気汚染物質を排

出しないクリーンなエネルギー源であるが，間欠的でエネルギー密度が低いといった欠点がある．

（1）太陽光発電

①特徴

太陽光発電は，太陽電池を用いて太陽光の光エネルギーを電気エネルギーに変換して発電するものである．

太陽光のエネルギー密度は，日本の標準日射量では地表面 $1\,m^2$ 当たり約 $1\,kW$ と低い．太陽光発電システムの変換効率は一般に $10\sim20\%$ 程度であるため，$1\,m^2$ 当たり $100\sim200\,W$ 程度となる．

②種類

現在主流の**シリコン太陽電池**は，結晶系と非結晶系（アモルファス）に大別され，結晶系はさらに多結晶と単結晶の太陽電池に分類される．

このほか，2種類以上の元素を用いた**化合物系太陽電池**や有機化合物を用いた**有機系太陽電池**がある．代表例としては，前者は変換効率が高い一方で高価な**ガリウムヒ素太陽電池**が，後者は現在研究開発が進められている**ペロブスカイト太陽電池**がそれぞれ挙げられる．

（2）風力発電

①特徴

風力発電は，風車で風を受け，発電機を回転させて電力に変換するものである．太陽光と同様にエネルギー密度が低く間欠的であるといった欠点のほか，自然の風は風向き・風速ともに大きく変動するため，風力発電設備はこれら過酷な自然条件に耐えうる強度・構造を有する必要がある．

②種類

風車はロータ軸の配置によって垂直軸形と水平軸形に分類され，それぞれの代表的な形式としては，ダリウス形とプロペラ形がある（図3・22）．

風車の出力は**風速の3乗に比例して増減する**ため，風速が定格値を超える場合には発電機の過負荷を回避するため，**ピッチ制御**や**ストール制御**によって風車の出力制御を行うのが一般的である．

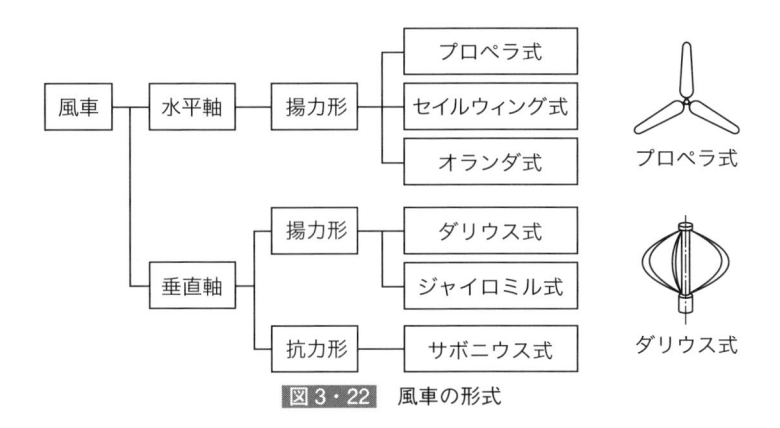

図3・22 風車の形式

（3）地熱発電

①特徴

地熱発電は，地下の高温の地層中に貯留された熱水や蒸気の熱エネルギーを坑井によって地上に取り出し，発電に利用するものである．

地熱エネルギーは世界有数の火山国である日本には豊富に存在するが，蒸気の温度が通常200℃以下と低く，発電時の熱効率も低くなるため多量の蒸気を必要とする．

②種類

地熱発電は地熱流体の汽水比によって異なる方式が採用される．

（ア）フラッシュ方式

地熱流体に熱水が多く含まれる場合には，汽水分離器で蒸気を抽出した後の熱水から再度蒸気を抽出し，タービン中段に送って発電するフラッシュ方式が採用される．

（イ）バイナリー方式

熱水の温度が低くても熱水量が十分得られる場合は，熱水で沸点の低い熱媒体を加熱沸騰させ，その蒸気でタービンを回すバイナリー方式が採用されることがある．熱媒体としてはブタンやイソペンタンなどの可燃性低沸点媒体が用いられる．

（4）燃料電池

①特徴

燃料電池はボイラーで燃料を燃焼させる代わりに，燃料の化学反応を利用して

3章

電力施設管理

直接電気エネルギーを取り出す発電方式である．燃料には天然ガスやプロパン，メタノールなどを改質することで得られる水素が用いられる．

　燃料電池は発電に伴って発生する熱を給湯や冷暖房に有効利用することで総合熱効率を高めることができる．

②種類

　燃料電池は電解質の種類により，アルカリ形，固体高分子形，リン酸形，溶融炭酸塩形，固体電解質形などに分類される．

例題16 ··· R1　問6

　次の文章は，分散型電源の高圧配電線との連系に関する記述である．文中の□□□□に当てはまる最も適切なものを解答群の中から選びなさい．

　太陽光発電，風力発電等の発電設備等の系統連系において，電力品質を確保するための技術要件が明らかにされている．一般的には，発電設備等の一設置者当たりの電力容量（連系する発電設備等の出力容量と受電電力の容量のいずれか大きい方）が原則として　(1)　kW 未満であり，以下に示す技術要件を満たす場合には，高圧配電線と連系することができる．

1. 力率	原則 85% 以上とするとともに，系統側から見て　(2)　力率とならないようにする．
2. 自動負荷制限	発電設備等の脱落時等に連系された配電線路や配電用変圧器等が過負荷となるおそれがあるときは，設置者において自動的に負荷を制限する対策を行う．
3. 逆潮流の制限	当該発電設備等を連系する配電用変電所の　(3)　において，原則として逆向きの潮流が生じないようにする．
4. 電圧変動	a. 発電設備等の脱落等又は発電設備等からの逆潮流により　(4)　の電圧が適正値を逸脱するおそれがあるときは，設置者において，それぞれ自動的に負荷を制限する対策又は自動的に電圧を調整する対策を行う． b. 瞬時電圧変動対策を行う．
5. 不要解列の防止	a. 連系された系統以外の事故時には解列されないと同時に，連系された系統から解列される場合には，自動再閉路時間より短く，かつ単独運転か否かを判別できる適切な時限で行われるものとする． b. 系統の事故による広範囲の瞬時電圧低下や瞬時的な　(5)　の変化があっても運転を継続するものとする．
6. 連絡体制	系統側電気事業者の営業所等と発電設備等設置者の技術員駐在箇所等との間には，保安通信用電話設備を設置するものとする．

3章 電力施設管理

【解答群】

（イ）1 000	（ニ）2 000	（ト）フィーダー遮断器	（ヌ）重負荷時	（ワ）遅れ
（ロ）進み	（ホ）周波数	（チ）保護装置	（ル）バンク	（カ）潮流
（ハ）送電端	（ヘ）電力需給	（リ）500	（ヲ）低圧需要家	（ヨ）異常な

解 説 3-4節1項にて解説したガイドラインからの出題.

【解答】(1) ニ (2) ロ (3) ル (4) ヲ (5) ホ

例題17 ・・H14 問5

次の文章は，太陽光発電及び風力発電に関する記述である．文中の □ に当てはまる語句又は数値を解答群の中から選びなさい．

a) 太陽光発電は，発電に際して，二酸化炭素などの温室効果ガスや有害物質などを排出しないクリーンなエネルギーであるが，太陽電池の変換効率は □(1) □〔%〕程度である．近年の太陽光発電システムには，電力会社の配電線と連系することによる利点を活かした系統連系システムがあり，個人住宅用への普及が進んでいる．また，太陽光発電システムは，昼間に発電できることから，電力系統から見た □(2) □への寄与も期待されている．

b) 風力発電は，太陽光発電と同様にクリーンなエネルギーであるが，風力エネルギーは不規則で □(3) □であることと，エネルギー密度が低いという特徴がある．最近は，風力発電設備の性能向上等により，風力発電の経済性の向上も期待できることから，各地で □(4) □が行われ，その結果に基づき，出力規模についての検討が進められている．また，風力発電が連系される電力系統によっては，□(5) □装置等の設置により，電力系統事故時に風力発電が単独運転となることの防止が図られている．

【解答群】

（イ）連系運転	（ロ）間欠的	（ハ）コジェネレーション
（ニ）ピークシフト	（ホ）転送遮断　（ヘ）40〜50	（ト）10〜20
（チ）自然環境調査	（リ）環境アセスメント	（ヌ）一定　（ル）単一的
（ヲ）負荷平準化	（ワ）風況調査　（カ）3〜5	（ヨ）出力調整

解 説 3-4節2項にて解説した新しい発電方式からの出題.

(2) 太陽光発電は昼間に発電するため，特に電力需要が日中にピークとなる夏季には，負荷平準化に寄与することになる．ただし，昨今では太陽光発電の導入量の増加により，日

照のある時間帯に見かけ上の電力需要（残余需要）が大きく低下し，日没前後に急激に上昇するようになっている．日負荷曲線の形状がアヒルに似ていることから，これを「ダックカーブ」と呼ぶ．

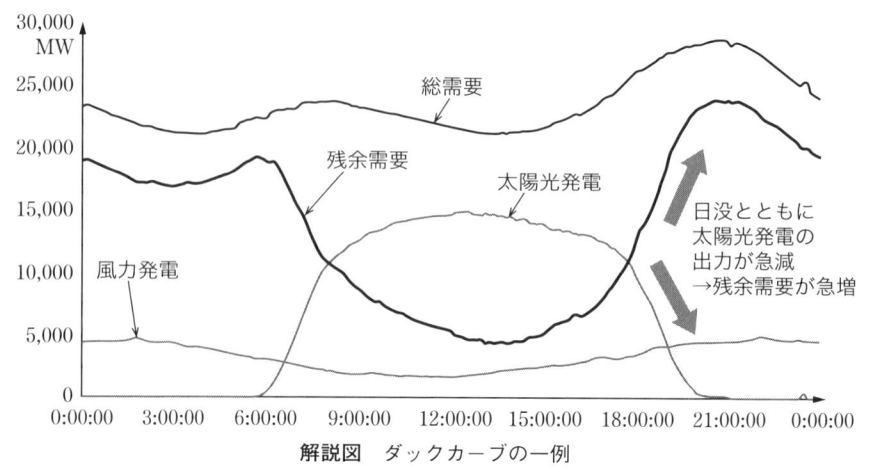

解説図　ダックカーブの一例

（2023年6月13日のカリフォルニアISO管内の日負荷曲線，CAISO HPより）

【解答】(1) ト　(2) ヲ　(3) ロ　(4) ワ　(5) ホ

例題 18 ・・ **H15　問4**

　次の文章は，単線結線図に示す水力発電所の発電機及び主要変圧器の保護システムに関する記述である．文中の □□□ に当てはまる語句又は英数記号を解答群の中から選びなさい．

　なお，単線結線図の発電機はすべて運転中であり，遮断器はすべて投入状態にあるものとする．

a) 外部短絡故障により発電機に過電流を生じた場合，発電機の焼損と事故点への事故電流の供給を防止するため，各発電機に過電流リレーを設置した．発電機（G1）の過電流リレーが外部の短絡事故により動作した場合，このリレー動作に基づき開放すべき遮断器は， (1) である．

b) 発電機の (2) 巻線に相間あるいは層間短絡又は地絡が生じた場合，発電機の焼損と事故点への事故電流の供給を防止するため，各発電機に比率差動リレーを設置した．発電機（G2）に設置した比率差動リレーが動作したときに開放すべき遮断器は， (3) である．

c) 主要変圧器の内部に故障が生じた場合，事故の拡大を防止する観点から，自動的に主要変圧器を電路から遮断するため，主要変圧器に内部故障検出リレーを設置した．主要変圧器（**MT2**）の内部故障検出リレーが動作したときに，事故の影響範囲を最小にとどめるように開放すべき遮断器は， （4） である．

d) 主要変圧器の内部故障検出リレーとして，差動リレー， （5） リレー及び圧力リレーを設置したが， （5） リレーは地震などの振動により誤動作する場合があるので警報のみとした．

3章 電力施設管理

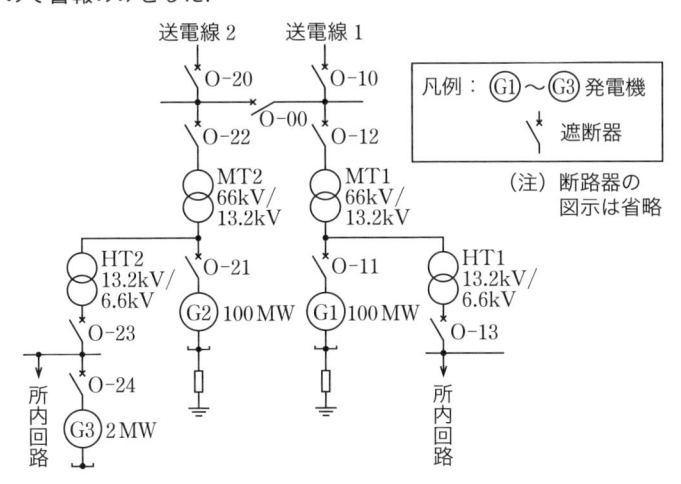

単線結線図

【解答群】

（イ）O-21	（ロ）電機子	（ハ）混水	（ニ）界磁	（ホ）O-21, O-22
（ヘ）O-11	（ト）温度上昇	（チ）O-22, O-23		（リ）O-21, O-22, O-23
（ヌ）O-00, O-20, O-21, O-23		（ル）O-11, O-12, O-13		（ヲ）制動
（ワ）O-12, O-13		（カ）ブッフホルツ		（ヨ）O-00, O-20

解 説 発電所の保護リレーに関する問題である．

異常発生時の保護においては，異常箇所を局限化するため，必要最小限の停止となるように保護リレーの整定及び遮断器の選定を行うことが基本となる．

(1) G1 の過電流リレーが動作した場合は，G1 のみを切り離すように遮断器を選定すればよい．このため，動作すべき遮断器は「O-11」となる．

(3) G2 に設置した比率差動リレーが動作した場合は，G2 のみを切り離すように遮断器を選定すればよい．このため，動作すべき遮断器は「O-21」となる．

(4) MT2 の内部故障検出リレーが動作した場合は，MT2 のみを切り離すように遮断器を選定すればよく，動作すべき遮断器は「O-21，O-22，O-23」となる．なお，遮断器動作後も G3 は運転を継続し，所内回路に電力を供給し続けることとなる．

(5) ブッフホルツリレーは，変圧器を保護するために変圧器の主タンクとコンサベータ間に取り付け，内部故障を検出するためのリレーである．

【解答】(1) ヘ　(2) ロ　(3) イ　(4) リ　(5) カ

例題 19 ··· H20　問 7

　次の文章は，分散形電源及びその系統連系に係る技術的な要件に関する記述である．文中の　　　　　に当てはまる最も適切な語句を解答群の中から選びなさい．

a) 太陽光発電や風力発電に代表される自然エネルギーを利用した分散形電源は，エネルギー　(1)　が小さく，一般的に小規模であることが多く，気象条件などに影響され出力の変動が大きいことなどの特徴がある．

b) これらの分散形電源が，電力系統に無秩序に連系されると，　(2)　面及び電力品質確保などの面から，当該分散形発電設備等の　(3)　以外の者及び電力設備に悪影響を及ぼすことがあるため，国は　(2)　に関する技術的な要件を「電気設備技術基準の解釈」で示しており，また，電力品質に関する技術的な要件を「電力品質確保に係る系統連系技術要件ガイドライン（以下「ガイドライン」という．）」で定めている．

c) ガイドラインに定められている技術要件の一つに，瞬時電圧変動対策がある．風力発電で一般的に使われている誘導発電機は，系統並列時に瞬時電圧低下を引き起こし，系統電圧が所定値を超えるおそれがある．このような場合には，発電設備等の　(3)　において　(4)　等を設置することが必要であり，また，これにより対応することができない場合には，　(5)　を用いるなどの対策が必要である．

【解答群】
(イ) 密度　　(ロ) 潜在量　　(ハ) 損失　　(ニ) 保安　　(ホ) 同期発電機
(ヘ) 負荷時タップ切換装置　　(ト) 設置者　　(チ) 設計
(リ) 分路リアクトル　　(ヌ) 製造　　(ル) 設計者　　(ヲ) 同期調相機
(ワ) 限流リアクトル　　(カ) 需要家　　(ヨ) 補償コンデンサ

解説　本題にあるとおり，分散型電源の系統連系に関するルールは，大別すると保安面は「電気設備の技術基準の解釈（電技解釈）」に，電力品質面は「電力品質確保に係る系統連系技術要件ガイドライン（ガイドライン）」に，それぞれ定められている．

(1) 一般に再生可能エネルギーと呼ばれる太陽光や風力は，石油や石炭などの化石燃料と比べてエネルギー密度が低い.

(2) 前述のとおり，保安面に関する技術的な要件は電技解釈に定められている.

(3) ～ (5) はガイドラインの規定からの出題である. ガイドラインの瞬時電圧変動対策に関する条項には，「誘導発電機を用いる場合であって，並列時の瞬時電圧低下により系統の電圧が常時電圧から±2% 程度（低圧，高圧，スポットネットワークの場合は 10%）を超えて逸脱するおそれがあるときは，発電設備設置者において限流リアクトル等を設置するものとする. なお，これにより対応できない場合には，同期発電機を用いる等の対策を行うものとする」とある.

【解答】(1) イ　(2) ニ　(3) ト　(4) ワ　(5) ホ

電力品質対策は電力施設管理の中では出題頻度の高い分野となる．ただし，類題が繰り返し出題される傾向にあるため，過去問も確認しながら頻出ポイントを押さえておこう．

1 電圧維持

3-1 節1項で述べた需給運用と周波数調整は，有効電力の調整を主眼におくものであった．一方，電圧の維持は変圧器のタップ切換や無効電力の調整に関連する事項である．

周波数は交流で連系する系統においてはどの地点においても同一の値となるのに対して，電圧は接続する負荷や発電機の出力に応じて絶えず変動し，地点ごとで局所的に異なる値をとる．このため，電圧を適正範囲内に維持するためには地点ごとの電圧に応じて，変圧器のタップ切り換えや調相設備による無効電力の調整を行う必要がある．

(1) 電圧調整の目的

電力系統において電圧を適正に維持することは，系統内の機器の正常な運転，送配電損失の軽減，系統の安定化などのために重要であり，第1章でみたとおり，電気事業法では一般送配電事業者，配電事業者，特定送配電事業者に対して電圧の維持義務を課している（1-1 節2項）．

電圧の調整方法には，変圧器の変圧比による方法と無効電力による方法がある．

(2) 変圧器による電圧調整

変圧器は巻き線の巻数比によって電圧を変換する機器であるが，この巻数比を変えることで，電圧の調整を行うことができる．

巻数比は変圧器のタップをつなぎ替えることで変更できるが，一般的な変圧器の場合はタップの変更にあたって停電が必要となるため，時々刻々と変化する電圧を維持するのには適していない．

このため，常に変動する電圧を一定の範囲内に調整する必要のある箇所には，負荷電流を流したまま活線状態でタップの変更ができる変圧器が施設される．具体的には，配電用変電所から 500 kV の超高圧変電所まで広く利用されている**負荷時タップ切換変圧器**や，主に高圧の配電線にて利用されている単巻変圧器の**配**

電用自動電圧調整器（**SVR**）がある．

（3）無効電力による電圧調整

①電圧調整の仕組み

　図 3·23 のように，送電端電圧 V_s，受電端電圧 V_r で送電線の抵抗が R，リアクタンスが X の末端に $P+jQ$ の負荷が接続されている系統を考える．

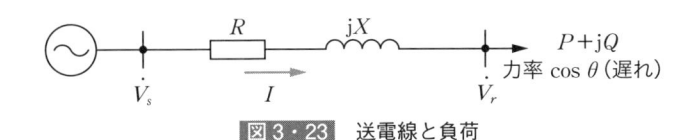

図 3 · 23　送電線と負荷

　このとき，負荷の電流を I，負荷の力率を $\cos\theta$（遅れ）としたときの送電線での電圧降下 e は式（3·2）で近似できる．

$$e = V_s - V_r \fallingdotseq \sqrt{3}\,I(R\cos\theta + X\sin\theta) \tag{3·2}$$

　一方，受電端の有効電力 P，遅相無効電力 Q は，電流 I，力率 $\cos\theta$（遅れ）を用いると

$$P = \sqrt{3}\,V_r I\cos\theta, \quad Q = \sqrt{3}\,V_r I\sin\theta$$

と表されるため

$$P = \sqrt{3}\,V_r I\cos\theta \iff I\cos\theta = \frac{P}{\sqrt{3}\,V_r}$$

$$Q = \sqrt{3}\,V_r I\sin\theta \iff I\sin\theta = \frac{Q}{\sqrt{3}\,V_r}$$

となり，これを式（3·2）に代入することで，送電線での電圧降下 e と負荷の有効電力 P，無効電力 Q の関係を導出することができる．

$$e = \sqrt{3}\,I(R\cos\theta + X\sin\theta) = \sqrt{3}\,IR\cos\theta + \sqrt{3}\,IX\sin\theta$$

$$= \sqrt{3}\,R\frac{P}{\sqrt{3}\,V_r} + \sqrt{3}\,X\frac{Q}{\sqrt{3}\,V_r} = \frac{RP+XQ}{V_r} \tag{3·3}$$

　一般に送電線では線路抵抗 R に比べて線路リアクタンス X の方が大きいため，送電系統では無効電力 Q によって電圧を調整できることが分かる．

　ここで，式（3·3）を見ると，負荷の無効電力 Q が正（遅れ力率）の場合，電圧降下 e は 0 より大きく，つまり送電端の電圧 V_s の方が受電端の電圧 V_r よりも高くなり，逆に負荷の無効電力 Q が負（進み力率）の場合，条件によって電

3章
電力施設管理

圧降下 e は 0 より小さく，つまり受電端の電圧 V_r の方が送電端の電圧 V_s よりも高くなることが分かる．

後者の場合のように，負荷の進相無効電力により受電端の電圧が送電端の電圧よりも高くなる現象を**フェランチ効果**と呼ぶ．

①調相設備の種類

無効電力の調整には，表 3·6 に掲げるような調相設備が使用されている．

表 3 · 6　調相設備の種類と特徴

種類	特徴
同期調相機 （ロータリーコンデンサ）	界磁電流を変化させて，無効電力を遅れから進みまで連続的に調整することができる． 回転機であるため保守性に劣り，電力損失も大きいといった短所がある．
電力用コンデンサ	遅れの無効電力を供給（進みの無効電力を消費）することができる． 可動部がなくメンテナンスも容易で比較的安価であるが，段階的な調整しかできず，周波数や電圧の低下時には調相容量が減少するといった短所がある．
分路リアクトル	遅れの無効電力を消費（進みの無効電力を供給）することができる． ケーブル系統の充電電流を補償する際やフェランチ効果の抑制に用いられる．
静止形無効電力補償装置 （SVC）	無効電力を遅れから進みまで連続的に調整することができ，可動部がないため保守性にも優れているが比較的高価となる（詳細は 3-5 節 6 項を参照のこと）．

2 フリッカ

送電線や配電線にアーク炉や溶接機が接続されていると，照明やテレビにちらつきが発生することがある．これを**フリッカ**という．

フリッカは負荷機器の急激な負荷変動の繰り返しが電圧の頻繁な変動を引き起こすことによって発生する．

（1）フリッカの管理指標

頻繁な電圧変動による影響はその変動周期によっても異なる．このため，様々な変動周期の電圧変動を「**ちらつき視感度曲線**」により **10 Hz の変動値に換算し**

た「ΔV_{10}」と呼ばれる指標でフリッカのレベルを管理している.

　ちらつき視感度曲線は,フリッカによる影響のうち視認されやすい白熱電灯の
ちらつきをもとに導出されたもので,人間が視覚的に最も感じやすいとされる
10 Hz の変動を 1 として,電圧変動の各周波数成分を 10 Hz 相当の変動に補正し
たものである.

　一般に,ΔV_{10} の許容限度値は 100 V 換算で 0.45 V とされている.

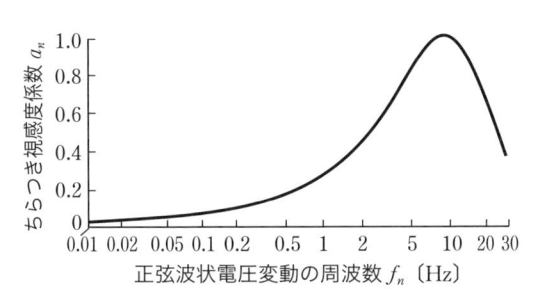

周波数 〔Hz〕	ちらつき 視感度係数
0.01	0.026
0.05	0.055
0.1	0.075
0.5	0.169
1	0.26
3	0.563
5	0.78
10	1.0
15	0.845
20	0.655
30	0.357

図 3・24　ちらつき視感度曲線

（2）フリッカの対策方法

　フリッカの抑制対策には,系統側の対策と需要家側の対策がある.

①系統側の対策

　フリッカの発生源となっている負荷を他の一般需要家とは異なる系統に切り替
えて**専用線化する方法**や,フリッカの発生源を**短絡容量の大きい系統**（＝上位の
電圧階級の系統）**に接続する方法**,供給変圧器の大容量化・配電線の太線化によ
り**電源インピーダンスを低減する方法**などがある.

②需要家側の対策

　アーク炉用変圧器の電源側に直列リアクトルや**直列可飽和リアクトル**を設置し
て電流の変動を抑制する方法や,同期調相機・SVC といった**調相設備を変動負
荷と並列に設置**し,無効電力の変動を打ち消す方法などがある.

3　高調波

（1）高調波の発生原理と影響

　半導体を応用する電気機器は,系統から供給される基本波（50 Hz 又は 60 Hz
の正弦波）の電圧をスイッチングにより波形を変えて利用するため,基本波の整

数倍の周波数成分を有する高調波電流を発生させる．また，高調波電流が流れると系統のインピーダンスにより電圧もひずむため，他の需要家や負荷設備にも影響を与えることとなる．

高調波電流の発生源には上記のような半導体応用機器のほか，変圧器の鉄心の磁気飽和もある．

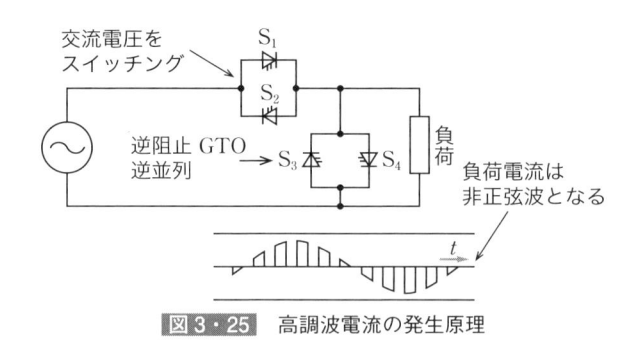

図3・25 高調波電流の発生原理

高調波が原因となって発生する障害には，需要家に施設されるコンデンサをはじめとする機器の異音・振動・過熱・焼損，計器やリレーの誤動作・焼損，ラジオやテレビといった AV 機器のノイズ発生などがある．

（2）高調波の環境目標レベルとガイドライン

日本の高調波環境目標レベルは，電力系統の電圧ひずみ率と障害発生の関係，諸外国の事例を考慮し，電力系統における高調波発生許容レベルとして昭和62年に提言されたものであり，表3・7に示す値となる．

表3・7 高調波環境目標レベル

電力系統の電圧階級	環境目標レベル（総合電圧ひずみ率）
6.6 kV 配電系統	5%
特別高圧系統	3%

この高調波環境目標レベルを維持するよう，需要家が高調波電流の系統への流出を抑制するための対策を行う際の技術要件として，「高圧又は特別高圧で受電する需要家の高調波抑制対策ガイドライン」が定められている．

表3・8 高調波抑制対策ガイドラインの概要

項目	考え方
①高調波流出電流の算出	・高調波発生機器毎に高調波発生機器の最大の稼働率を乗じて算出する. ・算出の対象とする次数は **40 次以下**とする. ・構内の高調波流出電流を低減する設備の低減効果を考慮することができる.
②高調波流出電流の上限	受電電圧毎・次数毎に定められた契約電力 1 kW 当たりの高調波流出電流の上限値に当該需要家の契約電力を乗じて上限値を算出する.
③抑制対策の実施	①が②を超過する場合には，②以下となるよう必要な対策を講じる.

（3）高調波の対策方法

　系統側の対策として高調波を拡大させる要因となる回路共振を防止するために系統を分離する方法のほか，高調波発生源側での対策には以下のようなものがある.

①電力変換器の多パルス化

　一般に，電力変換器から発生する高調波電流の次数 n は，電力変換器のパルス数 P と次の数式の関係にある.

$$n = K \times P \pm 1 \quad (K = 1, 2, 3, \cdots)$$

このため，12 パルス変換器であれば発生する高調波電流は最も低次でも 11 次調波となり，問題となりやすい 5 次や 7 次の高調波電流は発生しない.

②受動フィルタの設置

　受動フィルタとは，リアクトルとコンデンサを組み合わせることで，特定の次数の高調波に対して低インピーダンスとなるように調整した機器で，高調波発生機器と並列に接続することで高調波電流を吸収するものである.

　構成が簡単であり，アクティブフィルタと比べ安価であるが，複数の次数の高調波に対応するためには，複数のフィルタを設置する必要がある.

③アクティブフィルタの設置

　アクティブフィルタは，高調波発生機器から発生する高調波電流を検出し，これを打ち消すような高調波電流を発生させることで系統への流出を防止する装置である.

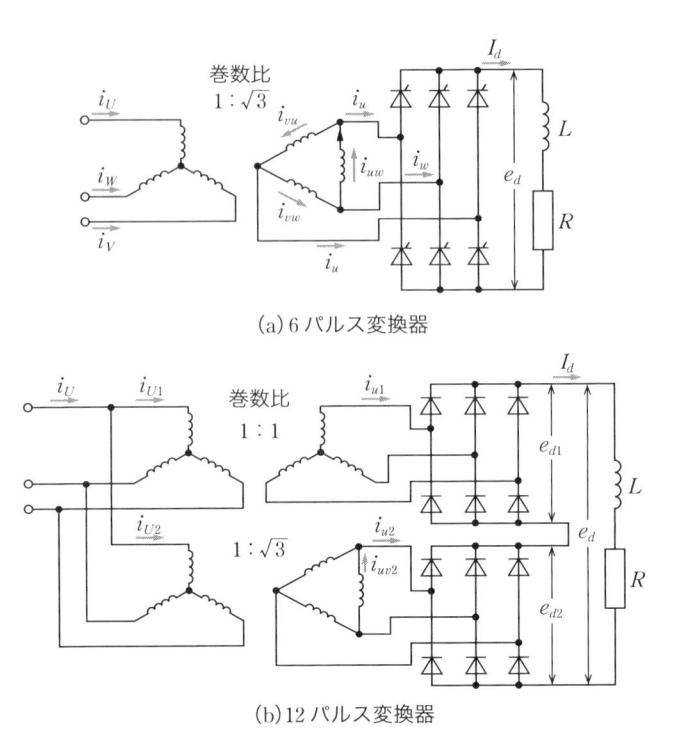

(a) 6 パルス変換器

(b) 12 パルス変換器

図 3・26 電力変換器の多パルス化（6 パルス変換器と 12 パルス変換器）

　高調波電流の流出抑制効果は高く，複数の次数を含む高調波電流にも対応可能であるが，構成が複雑で高価となる．

④直列リアクトル付き力率改善用コンデンサの低圧側設置

　直列リアクトル付き力率改善用コンデンサは，高調波電流に対して低インピーダンスとなり，受動フィルタと同様に高調波電流を吸収する働きをするが，これを高圧母線に接続した場合には，高調波発生機器から見たインピーダンスは系統側の方が力率改善用コンデンサよりも小さくなるため，効果としては限定的となる（図 3・27（a））．

　一方，高調波発生機器と同一の変圧器の低圧側に直列リアクトル付き力率改善用コンデンサを設置すると，変圧器のインピーダンスの分だけ系統側のインピーダンスの方が大きくなる．結果として，コンデンサに分流する高調波電流が増加し，系統へ流出する高調波電流を低減できる（図 3・27（b））．

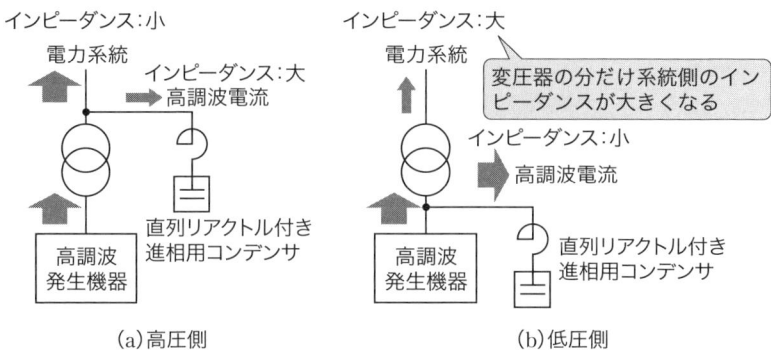

(a)高圧側　　　　　　　　　　　(b)低圧側

図3・27　直列リアクトル付き力率改善用コンデンサの設置箇所による比較

4 電圧不平衡

（1）電圧不平衡の発生原理と影響

　三相3線式の電力系統に容量の大きな単相負荷が接続し，負荷電流が三相で不平衡の場合，電圧降下が各相で不平衡となり，結果として供給電圧も三相不平衡となる．また，送電線や配電線のインピーダンスが三相で不平衡の場合には，負荷電流が三相平衡であっても電圧降下が各相で不平衡となり，同様に供給電圧が各相で不平衡となる．

　三相の電圧不平衡が大きいと，系統の保護装置・計測装置の誤動作や，発電機・電動機に逆相電流が流れて異常な温度上昇を引き起こすおそれがある．

（2）電圧不平衡の規制

　電圧不平衡率は，一般的に正相電圧 V_1 と逆相電圧 V_2 の比として，次の式で表される．

$$電圧不平衡率〔\%〕= \frac{V_2}{V_1} \times 100$$

　電技第55条及び解釈第212条では，電圧不平衡に関して次のように規制されている．なお，これらは単相負荷でも容量が大きく，電圧不平衡に与える影響の大きい交流式電気鉄道に関する規制となっているが，一般には他の負荷設備に起因する電圧不平衡についても同等の基準による管理が行われている．

①電技第55条（電圧不平衡による障害の防止）

　交流式電気鉄道は，その単相負荷による電圧不平衡により，交流式電気鉄道の

変電所の変圧器に接続する電気事業の用に供する発電機，調相設備，変圧器その他の電気機械器具に障害を及ぼさないように施設しなければならない．

②解釈第 212 条（電圧不平衡による障害の防止）

交流式電気鉄道の単相負荷による電圧不平衡率は，表 3・9 に規定する計算式により計算した値が，**変電所の受電点において 3% 以下**であること．

表 3・9 電圧不平衡率の計算方法

交流式電気鉄道の変電所の変圧器の結線方式	電圧不平衡率の計算式
単相結線	$K = ZP \times 10^{-4}$
三相／二相変換結線（変形ウッドブリッジ結線，スコット結線等）	$K = Z\lvert P_A - P_B\rvert \times 10^{-4}$
V 結線	$K = Z\sqrt{P_A{}^2 - P_A P_B + P_B{}^2} \times 10^{-4}$

（備考）
1. K は，百分率で表した電圧不平衡率
2. Z は，変電所の受電点における 3 相電源系統の 10 000 kVA を基準とする%インピーダンス又は%リアクタンス
3. P は，全き電区域における連続 2 時間の平均負荷（単位：kVA）
4. P_A 及び P_B は，それぞれのき電区域における連続 2 時間の平均負荷（単位：kVA）

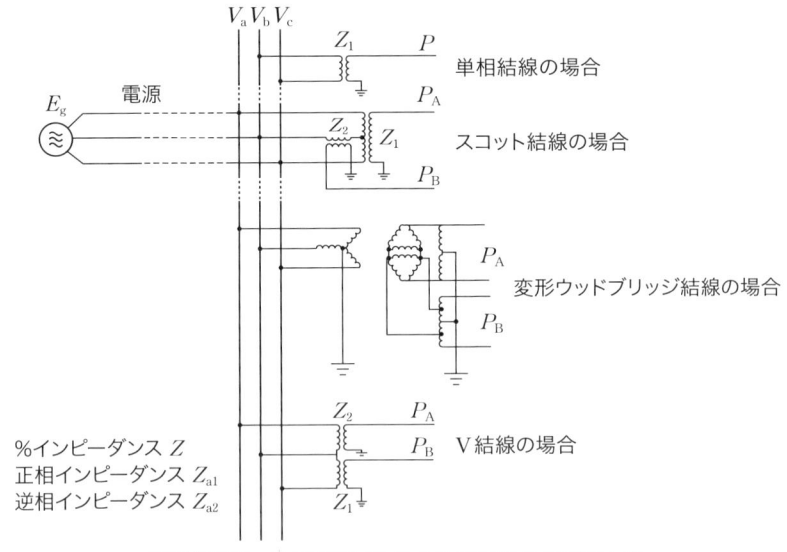

図 3・28 単相負荷に供給する変圧器の各結線方法

（3）電圧不平衡の対策方法

電圧不平衡の軽減対策としては，特定の相への負荷の偏りを改善するため，単相結線の変圧器の接続相を変更する方法や，変圧器の結線を単相結線からスコット結線や変形ウッドブリッジ結線といった三相／二相変換結線に変更する方法が一般的である．

これでも改善が十分でない場合には，スコット結線変圧器の単相負荷側にコンデンサ及びリアクトルを付加する位相補償や，三相系統側に無効電力制御装置（SVC）を施設して無効電力で補償する方法がある．

また，系統側のインピーダンスに起因する電圧不平衡の場合には，インピーダンスの不平衡を改善するために送電線や配電線の位置を入れ替える**ねん架**を行うことも有効である．

5　瞬時電圧低下

（1）瞬時電圧低下の発生原因と影響

送電線等に落雷による事故が発生すると，これを検知して遮断器を開放・再閉路するまでの短い時間において，一時的に電圧が低下することとなる．この現象を**瞬時電圧低下**と呼ぶ．

瞬時電圧低下による影響は，電圧低下の度合いとその継続時間によって異なるが，コンピュータの停止や電磁開閉器の開放，可変速モータの停止，放電ランプ

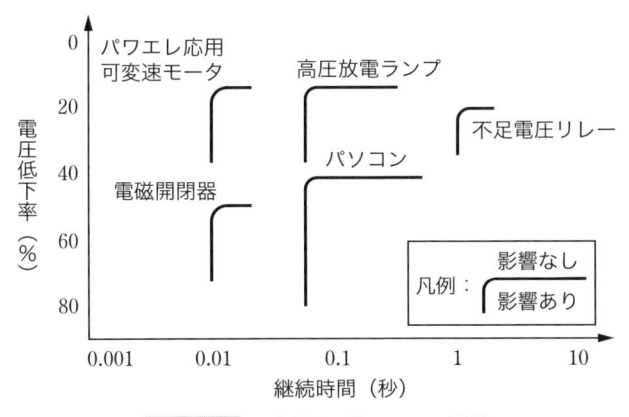

図3・29　瞬時電圧低下による影響

の消灯などを引き起こすことになる．これにより，生産ラインの停止や不良品の発生につながり，影響も広範囲に及ぶことから，系統側・需要家側の双方にて対策が取られている．

（2）瞬時電圧低下の対策方法

①系統側での対策

事故が発生した際の影響を低減する対策や，事故の発生頻度を減少させるための対策として，次のような対応が考えられる．

- 雷害対策の強化（架空地線の条数の増加，避雷器の設置など）
- 事故時の高速度遮断及び高速度再閉路により，電圧低下の継続時間を短縮
- 送電線の地中化により，雷による影響をなくす
- 系統分割により影響を受ける範囲を限定する

これらの方法は，コストを要するとともに瞬時電圧低下による影響を完全に排除することはできないため，需要家側での対策も重要になる．

②需要家側での対策

電力系統側での対策には，コストや効果の面で限界があるため，瞬時電圧低下による影響が大きい需要家においては，次に掲げるような対策をとることが必要となる．

（ア）コンピュータ

　無停電電源装置（UPS）を設置する．

（イ）工場などの電動機

　電磁開閉器を使用している場合は，電磁開閉器を遅延釈放方式のものや自己保持機能を有するものにする．また，サイリスタを使用している場合は，瞬時電圧低下時にサイリスタをロック状態とし，電圧復帰後，自動的に正常運転に戻す装置を設置する．

（ウ）受電設備

　製品や機器保護に影響のない範囲で不足電圧リレーの動作時間を遅延させ，電源回復時に運転を継続させる．

（エ）高圧放電ランプ

　電圧低下によりランプが消えたときにパルスを出して瞬時点灯を図る**瞬時再点灯形放電ランプ**を採用する．

6 ▶ パワーエレクトロニクス機器応用

パワーエレクトロニクスとは，高電圧・大電流のスイッチングが行えるサイリスタやパワートランジスタといった半導体デバイスを使用して，電力の変換や制御を行う技術分野である．

パワーエレクトロニクス機器の特徴としては，高電圧・大電流を高速度で制御でき，また静止器であることから保守が容易で長寿命であることがあげられ，電力系統を柔軟に制御することが可能となる．これらの機器は総称してFACTS機器（Flexible AC Transmission System）と呼ばれている．

以下では，電力品質維持に活用される主なFACTS機器について見ていこう．

（1）静止形無効電力補償装置（SVC）

静止形無効電力補償装置（SVC：Static Var Compensator）はサイリスタの点弧角によりリアクトルもしくはコンデンサに流れる電流を制御することで無効電力を連続的かつ高速に調整が可能な調相設備である．

リアクトルの電流をサイリスタで位相制御する方式を**TCR**（Thyristor Controlled Reactor），コンデンサの電流をサイリスタで位相制御する方式を**TSC**（Thyristor Switched Capacitor）と呼ぶ．

TCRは一般的には遅れから進みまでの無効電力を補償できるよう，コンデンサを並列に接続して用いられる（図3・30（a））．

一方，TSCが補償できるのは，進相無効電力のみのため（図3・30（b）），遅相の無効電力を補償する必要がある場合はTCRと組み合わせて設置することもある．

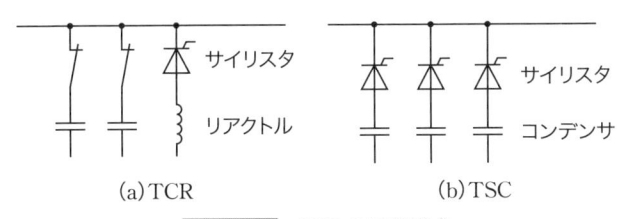

(a) TCR   (b) TSC

図3・30 SVCの回路構成

（2）自励式無効電力補償装置（STATCOM又はSVG）

自励式無効電力補償装置（STATCOM：Static Synchronous Compensator 又

は SVG：Static Var Generator）は，SVC の一種であり，サイリスタの代わりに自励式インバータを用いるもので**自励式 SVC** とも呼ばれる．

STATCOM は進相から遅相まで連続かつ高速に無効電力制御が可能で，系統電圧の低下時も電圧維持能力の低下がなく，変換器を多重化することで高調波フィルタが不要であるといった特長がある．

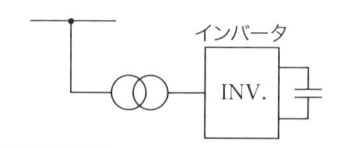

図3・31 STATCOM の回路構成

（3）サイリスタ制御直列コンデンサ（TCSC）

3-1 節 4 項でみたように，定態安定度の向上策の一つとして，直列コンデンサによる線路リアクタンスの補償がある．一方で，直列コンデンサを設置すると，系統の構成や運転状態によっては系統の線路リアクタンスと LC 共振回路を構成し，**軸ねじれ共振現象**（SSR：Sub synchronous Resonance）により発電機のタービン軸を損傷させることがある．

これを防止するため，系統の構成や運転状態に応じて直列コンデンサのリアクタンスを連続的に変化させることのできる**サイリスタ制御直列コンデンサ**（**TCSC**：Thyristor Controlled Series Capacitor）が用いられている．

TCSC は，コンデンサに並列してサイリスタ制御リアクトルが接続する構成をしており，リアクトルに流れる電流をサイリスタの点弧角制御により変化させることで，容量性から誘導性まで連続的にリアクタンスを変化させることができる．

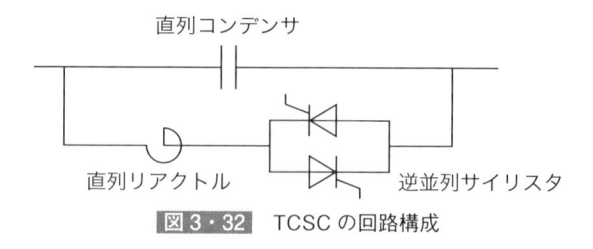

図3・32 TCSC の回路構成

3章

電力施設管理

例題 20 ･･ H24　問4

　次の文章は，電気の品質に関する記述である．文中の　　　　　に当てはまる最も適切なものを解答群の中から選びなさい．

a)　製鉄用アーク溶解炉などの負荷を短絡容量の小さな系統に接続した場合，主に　(1)　の変動によって母線電圧が連続的に短い周期で不規則に変動する．これを　(2)　という．このとき，同じ変電所の母線から供給される需要家の電灯，蛍光灯などの照明にちらつきが生じて人に不快感を与えることがあり，この軽減対策の一つとして発生者がアーク溶解炉の供給回路に　(3)　を設置する方法が採用されている．

b)　パワーエレクトロニクスを利用する機器の普及に伴って系統の高調波が増加し，その低減対策が大きな課題となってきている．このため，わが国では系統の高調波環境目標レベル（例えば 6.6 kV 配電系統で総合電圧ひずみ率が　(4)　〔%〕）を維持するよう，　(5)　の電圧で受電する需要家に対して，その電気設備を使用することにより発生する高調波電流の抑制を目的として，契約電力 1 kW 当たりの高調波流出電流の上限を定めたガイドラインが運用されている．

【解答群】

(イ) 3　　　　　　　　(ロ) 特別高圧　　(ハ) 進相コンデンサ　　(ニ) 5

(ホ) 電圧ディップ　　(ヘ) 高圧　　　　(ト) 位相角

(チ) 負荷時タップ切換変圧器　(リ) 高圧又は特別高圧　　　(ヌ) 電圧フリッカ

(ル) 可飽和リアクトル　(ヲ) 電圧脈動　　(ワ) 無効電力　　(カ) 有効電力

(ヨ) 8

解　説　(1) ～ (3) は電圧フリッカ，(4) (5) は高調波に関する出題．

(1) 電圧の変動は，一般に無効電力の変動によって引き起こされることが多い．

(3) 可飽和リアクトルとは，同一の鉄心に交流巻線と直流巻線を設けて，直流巻線に流れる電流を制御することで鉄心中の磁束密度を変化させ，交流巻線側のインピーダンスを変化させることが可能なリアクトルである．これをアーク溶解炉の供給回路に設け，負荷電流の脈動を抑制するように可飽和リアクトルのインピーダンスを変化させることで，フリッカを抑制することができる．

【解答】(1) ワ　(2) ヌ　(3) ル　(4) ニ　(5) リ

例題21 ·· R3　問4

次の文章は，高調波対策に関する記述である．文中の　　　　に当てはまる最も適切なものを解答群の中から選びなさい．

ダイオード及びサイリスタを用いた　(1)　負荷は，各種次数の高調波電流を発生する．電気設備及び機器に及ぼす高調波の影響は，以下のように分類される．

- 機器への高調波電流の流入による異音，過熱，振動，焼損など
- 機器への高調波電圧の印加による誤制御，誤動作など

このような影響が生じる場合があることから，配電系統の $6.6\,\mathrm{kV}$ 母線における高調波電圧総合ひずみ率の管理目標値を 5%，特別高圧系統の高調波電圧総合ひずみ率の管理目標値を　(2)　とし，これを維持するため，「高圧又は特別高圧で受電する需要家の高調波抑制対策ガイドライン」による高調波電流抑制のための技術要件が定められている．

高調波電流の抑制対策は，機器から発生する高調波電流そのものを低減する方法と，機器から発生した高調波電流を需要家内の設備に　(3)　させ，外部に流出する量を低減する方法の2種類がある．

具体的には，前者においては高調波発生源である電力変換装置の　(4)　，後者においては需要家内への受動　(5)　などの設置といった方法がある．

【解答群】
(イ) 3%　　　　(ニ) フィルタ　　(ト) 制御　　(ヌ) 少パルス化　　(ワ) 充電
(ロ) 単パルス化　(ホ) 線形　　　(チ) 多パルス化　(ル) 非線形　　(カ) 9%
(ハ) 6%　　　　(ヘ) 分流　　　　(リ) 分圧　　(ヲ) 反線形　　(ヨ) コイル

解　説　3-5節3項にて解説した高調波に関する問題である．

(1) 印加電圧と負荷電流が非線形の関係にある負荷を「非線形負荷」と呼ぶ．

【解答】(1) ル　(2) イ　(3) ヘ　(4) チ　(5) ニ

例題22 ·· H28　問6

次の文章は，電力系統の不平衡状態に関する記述である．文中の　　　　に当てはまる最も適切なものを解答群の中から選びなさい．

系統内の三相電流が不平衡となる原因は，主に電気炉，溶接機，交流式電気鉄道等の大型三相不平衡負荷，送電線三相インピーダンスの不平衡，送電線の断線・　(1)　などである．大型三相不平衡負荷の内　(2)　は極めて単相負荷容量が大きく，「電気設備技術基準の解釈」では電圧不平衡率の制限値が規定されており，計

算式により計算した値が，変電所の受電点において ☐(3)☐ ％以下であることとされている．

　系統の不平衡状態によって発電機の温度上昇や，電力系統の保護装置の誤動作などの障害が出る．このうち同期発電機においては，☐(4)☐相電流が生じ，各相の端子電圧や電機子電流が不平衡となる．不平衡状態では電機子電流の☐(4)☐相電流により，回転子に過電流が流れる．この電流は主に回転子軸の表面，くさびや保護環の間を流れ，この部分を通る渦電流によって過熱され，せん断破壊を起こすことがある．このため，同期機においては ☐(4)☐相電流の制限値が設けられている．

　このように系統の不平衡状態では電気機器にも悪影響を及ぼすことから，対策として単相負荷を入れ替えて各相バランスを図ったり，不平衡負荷に ☐(5)☐ の大きい上位系統から供給するなどの方策がとられている．

【解答群】
（イ）逆　　　（ロ）三相短絡　　（ハ）交流式電気鉄道　　（ニ）10　　　　（ホ）溶接機
（ヘ）正　　　（ト）遮断容量　　（チ）3　　（リ）短絡容量　　（ヌ）地絡
（ル）リアクトル容量　　（ヲ）零　　（ワ）5　　　（カ）電気炉　　（ヨ）脱調

解　説　3-5 節 4 項にて解説した電圧不平衡に関する出題．

【解答】（1）ヌ　（2）ハ　（3）チ　（4）イ　（5）リ

例題 23 ·· H26　問 4

　次の文章は，電力系統に発生する瞬時電圧低下に関する記述である．文中の ☐☐ に当てはまる最も適切なものを解答群の中から選びなさい．

　瞬時電圧低下は，電力系統の各種事故により，系統の電圧が瞬間的に低下するために発生するものであり，コンピュータが停止するなどの影響を与えることがある．

　瞬時電圧低下は，送電鉄塔又は架空地線に落雷した場合，鉄塔電位が上昇し，☐(1)☐ が発生し，地絡事故となり発生する．また，雪害等により相間短絡が発生した場合は，より大きな瞬時電圧低下となる．

　瞬時電圧低下に対する系統側での対策は，送電線に落雷等により地絡又は相間短絡が生じた場合，☐(2)☐ が動作して遮断器が開放し，事故箇所を系統から極めて短時間で切り離すことなどが実施されている．

　負荷側での対策は，瞬時電圧低下によって影響を受ける負荷設備によって，次のものが挙げられる．
・無停電電源装置がないコンピュータの場合，電源部（直流部分）に ☐(3)☐ を接

続する.

- 　　(4)　　を使用している電動機等に対しては，　　(4)　　を遅延釈放方式のものや，自己保持機能を有するものにする.
- パワーエレクトロニクス素子を使用している可変速電動機に対しては，制御方式を電圧低下時にはコンバータ又はインバータを　　(5)　　にし，電圧復帰後自動的に正常運転に戻す方式とする.

【解答群】

(イ) フラッシオーバ　　(ロ) 電磁開閉器　　(ハ) 区分開閉器

(ニ) 真空開閉器　　(ホ) ロック状態　　(ヘ) 気中開閉器　　(ト) 過負荷状態

(チ) オープン状態　　(リ) 逆フラッシオーバ　　(ヌ) 遮へい

(ル) 保護リレー　　(ヲ) 断路器　　(ワ) リアクトル　　(カ) バイパス装置

(ヨ) 電池

解　説　　3-5節5項にて解説した瞬時電圧低下に関する出題.

(1) 3-2節4項で解説した通り，落雷により鉄塔電位が上昇した際には逆フラッシオーバにより地絡事故に至ることとなる.

【解答】(1) リ　(2) ル　(3) ヨ　(4) ロ　(5) ホ

例題 24 ･･････････････････････････････････････ H20　問6

　次の文章は，パワーエレクトロニクス技術を応用した送変電設備に関する記述である．文中の　　　　　に当てはまる最も適切な語句を解答群の中から選びなさい.

　1950年代のダイオード開発に続く逆阻止三端子　　(1)　　の出現とそれ以降の各種デバイスの高電圧化・大電流化・高速化は大きな進歩を遂げ，これらを応用した半導体電力変換装置の技術分野はパワーエレクトロニクスと呼ばれ，様々な用途で利用されている．これらの機器を送電系統に使用して安定度向上方策を施し，電力系統を柔軟に制御することが考えられているが，これらのパワーエレクトロニクス機器を総称して　　(2)　　機器と呼んでおり，その代表的な応用例としては，次のようなものがある.

①系統安定化等を目的とした，交流と直流の電力変換機能を用いた直流送電及び送電線のない直流送電である　　(3)　　がある.

②系統電圧を調整して電圧の安定化や系統安定度の向上を図る目的とした，静止形　　(4)　　装置がある．特に　　(5)　　を用いた装置は，SVG 又は STATCOM と呼ばれている.

【解答群】

(イ) チョッパ　　　(ロ) FACTS　　　(ハ) 無効電力補償　　(ニ) 電圧フリッカ補償

(ホ) 自励式変換器　(ヘ) BTB　　　　(ト) トランジスタ　　(チ) SSR

(リ) サイリスタ　　(ヌ) ガス遮断器　(ル) 有効電力補償　　(ヲ) AVR

(ワ) 他励式変換器　(カ) UPS　　　　(ヨ) 蓄電池

(注) 英語の略語は次のとおり

FACTS: Flexible AC Transmission System

BTB: Back to Back

SSR: Solid State Relay

AVR: Automatic Voltage Regulator

UPS: Uninterruptible Power supply

解 説 3-5節6項にて解説したパワーエレクトロニクス応用機器に関する出題.

【解答】(1) リ　(2) ロ　(3) ヘ　(4) ハ　(5) ホ

例題 25 ·········· R4　問4

　次の文章は，電力系統における電力用コンデンサ及びリアクトルに関する記述である．文中の　　　　に当てはまる最も適切なものを解答群の中から選びなさい.

a) 電力系統において，地中ケーブルの拡大などによる　(1)　の増大に伴い，軽負荷時に受電端電圧が送電端電圧より上昇する　(2)　現象が発生することがある．この対策として　(3)　を投入し，電圧及び無効電力調整を行う．

b) 配電系統において，力率改善，　(4)　の抑制，電力損失の低減などを目的に並列コンデンサが使われている．力率改善のために使用する場合，負荷の有効電力を P〔kW〕，力率を $\cos\theta_1$ とし，コンデンサ設置の前後で有効電力が一定であるとき，力率を $\cos\theta_2$ に改善するために必要な並列コンデンサの容量は　(5)　〔kvar〕となる.

【解答群】

(イ) $P(\tan\theta_1-\tan\theta_2)$　　(ロ) 電圧上昇　　(ハ) $P(\sin\theta_1-\sin\theta_2)$　　(ニ) 抵抗

(ホ) 過電圧　(ヘ) 系統容量　(ト) トラッキング　(チ) 直列リアクトル

(リ) 電圧降下　(ヌ) フェランチ　(ル) $P(\cos\theta_1-\cos\theta_2)$

(ヲ) 分路リアクトル　(ワ) 電圧不安定　(カ) 静電容量

(ヨ) 消弧リアクトル

解 説 3-5節1項にて解説した電圧維持に関する出題.

(5) 力率が $\cos \theta_1$ のときの無効電力を Q_1 とすると,有効電力 P との関係は解説図の実線のベクトルになる.また,並列コンデンサの容量を Q_2 とすると,負荷の有効電力と無効電力の関係は解説図の点線のように変化する.

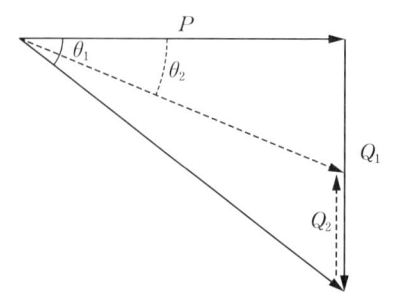

解説図 有効電力 P と無効電力 Q の関係

ここで,解説図から次の式の関係が成り立つことが分かる.

$$\tan\theta_1=\frac{Q_1}{P}, \quad \tan\theta_2=\frac{Q_1-Q_2}{P}$$

これを Q_2 で解くと

$$\tan\theta_2=\tan\theta_1-\frac{Q_2}{P} \iff Q_2=P(\tan\theta_1-\tan\theta_2)$$

となる.

【解答】(1) カ　(2) ヌ　(3) ヲ　(4) リ　(5) イ

章 末 問 題

■ 1 ════════════════════════════════════ H17　問 4(改)

次の文章は，電力系統の周波数の変動及びその影響に関する記述である．文中の
□□□□に当てはまる語句又は数値を解答群の中から選びなさい．

電力系統では，時々刻々変動する需要と供給力の差が周波数変化として表れる．この
周波数変化を許容範囲内に収めるために，　(1)　の出力を数秒から数十秒の間隔で
増減している．

周波数の変動は，需要家側においては　(2)　モータを用いた電気時計の精度に影
響を与えるだけでなく，製紙工場や紡績工場等の製品の品質に影響を与える場合も
ある．

また，周波数変動は，火力発電所の蒸気タービンの　(3)　に振動が発生したり，
補機の能力が低下するなど，機器の安全運転や安定運転に悪影響を与える場合もある．

さらに，一般送配電事業者間連系線の　(4)　の安定制御のためにも周波数を適切
に制御することが重要である．

電力系統の周波数は，平常時には標準値からの偏差がある範囲内に収まり，確率的に
変動量が標準値を維持するように運用されている．わが国における電力系統の周波数
は，標準周波数に対し±　(5)　〔Hz〕程度に収めることを目標としている．

【解答群】

(イ) 軸受	(ロ) 力率	(ハ) 再熱器	(ニ) サーボ	(ホ) 変圧器
(ヘ) 動翼	(ト) 同期	(チ) 0.1〜0.3	(リ) 1〜3	(ヌ) 誘導　(ル) 電圧
(ヲ) 0.5〜1	(ワ) 発電機	(カ) 潮流	(ヨ) 調相機	

■ 2 ════════════════════════════════════ H26　問 6

次の文章は低圧配電線の高低圧混触及び短絡の保護に関する記述である．文中の
□□□□に当てはまる最も適切なものを解答群の中から選びなさい．

a) 高低圧混触においては，「電気設備技術基準の解釈」によれば，低圧配電線の電位
上昇が 150 V を超える場合，配電用変電所の　(1)　保護により，1秒を超え2秒
以内に遮断するときは　(2)　〔V〕，1秒以内に遮断するときは　(3)　〔V〕を超
えないように抑制することになっている．

b) 短絡においては，変圧器一次側に設けられた高圧ヒューズにより保護する方式が一
般的である．短絡電流は，変圧器のインピーダンスと低圧配電線の短絡点までのイン
ピーダンス　(4)　値で決まるが，これを考慮して，高圧ヒューズ溶断特性と低圧
配電線の　(5)　特性との協調を図ることが必要である．

【解答群】

(イ) 需要	(ロ) 地絡	(ハ) 700	(ニ) の大きいほうの	(ホ) 400
(ヘ) 温度上昇	(ト) 600	(チ) 短絡	(リ) の小さいほうの	(ヌ) サージ
(ル) 500	(ヲ) 断線	(ワ) 300	(カ) を合成した	(ヨ) 800

■3　　　　　　　　　　　　　　　　　　　　　　　　　　R3　問7

次の文章は，電力系統の構成に関する記述である．文中の　　　　　　に当てはまる最も適切なものを解答群の中から選びなさい．

a)　送電線路の相互連系を容易にすることや，機器の規格化などを考慮し，送電電圧は数種類の標準電圧に統一されている．我が国の標準電圧は電気学会・電気規格調査会（JEC）で定められており，　(1)　と最高電圧の2種類がある．例えば，　(1)　が 66 kV の場合は，最高電圧は 69 kV となっている．なお，送電線路の電圧としてこの標準電圧を採用する場合，　(1)　が電気設備技術基準の「使用電圧」となる．

b)　交流送電線の送電容量は，電線の許容最高温度に対する許容電流だけでは決まらず，こう長が長いと送電容量が小さくなる．送電線のこう長が長くなると　(2)　から送電容量が制限されるためである．

c)　架空送電線路の電力損失の主なものに，抵抗損と　(3)　がある．　(3)　は，送電線に高電圧を加えたとき，周囲の空気に対する電線表面の電位の傾きがある程度以上になると発生する局部放電によるものである．

d)　架空送電線の事故は，　(4)　が多く，設備の損壊を伴う永久事故は少ない．このため線路の両端を開いて短時間無電圧の状態におき，その後再び両端を閉路すれば元通り送電できることが多い．このことを利用して自動再閉路方式が多く採用されている．

e)　配電方式のうち，都市部などで採用されることがあるものに，次の方式がある．

　　複数の 22 kV 配電線から分岐線を T 分岐で引き込み，それぞれ受電用断路器を経てネットワーク変圧器に接続し，各低圧二次側はネットワークプロテクタを経て並列に接続してネットワーク母線を構成する．本方式では，低圧側は同一ビル内の母線に限定される．

　　この方式は，　(5)　と呼ばれている．

【解答群】

(イ) 小動物の接触事故	(ロ) 低圧ネットワーク方式	(ハ) コロナ損
(ニ) 定格電圧	(ホ) 強風による相間短絡事故	(ヘ) 短絡容量
(ト) グロー損	(チ) スポットネットワーク方式	(リ) 鉄損
(ヌ) 公称電圧	(ル) ループ方式　(ヲ) 電力損失	(ワ) 最低電圧
(カ) 雷によるアーク事故	(ヨ) 安定度	

■4 ════════════════════════════ H30　問6

次の文章は，配電系統の電圧管理に関する記述である．文中の ☐ に当てはまる最も適切なものを解答群の中から選びなさい．

配電系統における電気の品質確保の一環として，電圧を適正に管理する必要がある．管理の対象としては，以下に示す電圧の値，フリッカ，高調波などが挙げられる．

a) 供給電圧の値は，需要家で使用する機器の性能に大きな影響を与えるため，電気事業法施行規則で供給地点での電圧を次のように定めている．

- 標準電圧 100 V の場合：101±6 V
- 標準電圧 200 V の場合：202± (1) V

　全ての需要家に対しこの範囲で供給するための対策として，変電所の送り出し電圧の調整や，配電線途中での (2) の設置などが挙げられる．

b) 配電線に (3) ，溶接機，太陽光発電用パワーコンディショナ（PCS）などが接続されると， (4) 時や運転中の負荷変動時，PCS の単独運転検出機能動作時などに線路電圧が変動し，照明の明るさにちらつき（フリッカ）が生じることがある．この抑制対策は基本的に発生源である機器側で行われるが，系統側での対策としては，電圧降下を低減するような電線サイズの設定，変圧器・配電線の専用化などが考えられる．

c) 整流器， (3) などの，非線形特性をもった負荷に電力を供給した場合，それらの機器から高調波が発生し，通信線への誘導障害， (5) への過電流，電気機器の誤作動などが発生するおそれがある．これらを防止するために，我が国では，系統電圧の総合ひずみ率が高調波環境目標レベル（6.6 kV 配電系統で 5%，特別高圧系統で 3%）を超えないよう，「高圧又は特別高圧で受電する需要家の高調波抑制対策ガイドライン」によって，発生源である機器側における高調波電流の限度値が定められている．

【解答群】

（イ）定格運転　　　（ロ）10　　　（ハ）区分開閉器　　（ニ）30　　　（ホ）コンデンサ
（ヘ）分路リアクトル　　　　　（ト）20　　　（チ）電線　　　（リ）小型モータ
（ヌ）高圧水銀灯　　（ル）線路電圧調整器　　　　（ヲ）抵抗　　（ワ）作業停止
（カ）起動　　　　　（ヨ）アーク炉

　次の文章は，電力系統における電圧フリッカの現象とその防止対策に関する記述である．文中の　　　　　に当てはまる最も適切な語句を解答群の中から選びなさい．

　製鋼用アーク炉などの変動負荷が　(1)　の小さい系統に接続されると，その負荷電流による　(2)　のため系統の電圧が変動する．この現象を電圧フリッカと呼んでいる．この負荷変動が頻繁に繰り返されると同じ変電所から供給される一般需要家の白熱電灯，蛍光灯などの照明にちらつきを生じ，このちらつきが著しい場合はこれらを利用している人に不快感を与えることになる．

　フリッカ防止対策は，発生側で行う対策と電力供給側で行う対策に分けられる．

　発生側（製鋼用アーク炉）で行う対策例としては，

①アーク炉の電流変動を抑制するため，アーク炉の電路に　(3)　を挿入する．

②アーク炉の無効電力変動分を吸収するため，アーク炉の電路にSVCを設置する．

などがある．

　一方，電力供給側で行う対策例としては，

①アーク炉をもつ需要に対して，　(1)　の大きい系統から電力を供給する．又は，
　上位電圧階級の系統に切り替えてアーク炉をもつ需要に電力を供給する．

②一般需要家への影響を軽減するため，アーク炉をもつ需要を一般供給系統と分離して，　(4)　で電力を供給する．

③アーク炉をもつ需要に供給する電路の途中に　(5)　を挿入し，見かけ上の
　(1)　を増大させる．

などがある．

【解答群】

（イ）予備力	（ロ）分路リアクトル	（ハ）電圧感度	（ニ）安定度
（ホ）スポットネットワーク	（ヘ）短絡容量	（ト）専用線	（チ）電圧降下
（リ）可飽和リアクトル	（ヌ）地中ケーブル	（ル）電圧上昇	（ヲ）遮断器
（ワ）直列コンデンサ	（カ）アークホーン	（ヨ）避雷器	

■6 ───────────────────────────── H22 問4

次の文章は，電力系統の電圧・無効電力制御に関する記述である．文中の □□□ に当てはまる最も適切な語句を解答群の中から選びなさい．

電力系統の電圧は，時々刻々変化する需要及び供給力の変化に伴い変動する．また，電圧の変動は，需要家における機器の正常な使用，供給者における系統の安定な運用に支障をきたす．このため電力系統の電圧・無効電力制御が必要となる．

a) 変電所等には，電力用コンデンサや分路リアクトルを設置している．電力用コンデンサは，　(1)　無効電力負荷であり，系統の電圧が低下すると無効電力の容量が　(2)　する等の特性があり，また　(3)　ができない．一方，分路リアクトルは　(4)　無効電力負荷であり，深夜等の軽負荷時における電圧上昇を抑制するために用いている．

b) また，変圧器には　(5)　電圧調整器を設置し，母線電圧を適正な電圧に調整している．

【解答群】

（イ）同期	（ロ）進相	（ハ）不連続制御	（ニ）補償	（ホ）連続制御
（ヘ）零相	（ト）断続制御	（チ）増減	（リ）高調波	（ヌ）負荷時
（ル）増加	（ヲ）減少	（ワ）正相	（カ）遅相	（ヨ）逆相

章末問題解答

1章　電気事業法とその関係法令

▶ 1　解答　（1）チ　（2）ヌ　（3）ル　（4）ヘ　（5）リ
電気関係報告規則第 3 条からの出題．表 1·21 を参照のこと．

▶ 2　解答　（1）ハ　（2）ヨ　（3）ル　（4）ト　（5）イ
（1）は事業法第 39 条（1-7 節 1 項），（2）は事業法第 43 条（1-8 節 2 項），（3）は事業法第 107 条（1-10 節 2 項），（4）は事業法第 42 条（1-8 節 1 項），（5）は事業法第 44 条（1-8 節 2 項）からの出題．

▶ 3　解答　（1）カ　（2）ヨ　（3）リ　（4）ロ　（5）ヌ
（1）～（3）は事業法第 1 条（1-1 節 2 項），（4）は電気工事業の業務の適正化に関する法律第 1 条，（5）は電気用品安全法第 1 条（1-4 節 1 項）からの出題．
（4）「電気工事業の業務の適正化に関する法律」は，「電気工事業を営む者の登録等及びその業務の規制を行うことにより，その業務の適正な実施を確保し，もって**一般用電気工作物等及び自家用電気工作物の保安の確保**に資することを目的」（第 1 条）としている．

▶ 4　解答　（1）ヨ　（2）ヌ　（3）ト　（4）ロ　（5）ホ
（1）は電気用品安全法第 1 条（1-4 節 1 項），（2）は電気用品安全法第 2 条（1-4 節 2 項），（3）は電気用品安全法第 3 条（1-4 節 3 項），（4）は電気用品安全法第 10 条（1-4 節 6 項），（5）は電気用品安全法第 28 条（1-4 節 7 項）からの出題．

▶ 5　解答　（1）ヌ　（2）チ　（3）ホ　（4）ヲ　（5）ル
（1）～（3）は事業法第 43 条，（4）（5）は施行規則第 52 条からの出題．1-8 節 2 項及び表 1·12 を参照のこと．

▶ 6　解答　（1）ト　（2）ワ　（3）ロ　（4）カ　（5）イ
（1）（2）（5）は施行規則第 96 条，（3）は事業法第 57 条，（4）は事業法第 57 条の 2 からの出題．1-3 節 3 項を参照のこと．

2章　電気設備の技術基準とその解釈

▶ 1　解答　（1）ヘ　（2）ル　（3）ワ　（4）リ　（5）ロ
（1）は機械器具等の電路の絶縁性能に関する解釈第 16 条第 4 項，（2）～（5）は燃料電池の施設に関する解釈第 45 条からの出題．それぞれ 2-3 節 5 項（4），2-8 節 4 項（6）

を参照のこと.

▶ **2** **解答** (1) リ (2) ヘ (3) カ (4) ル (5) イ

(1) は電技第 40 条, (2) (3) は電技第 38 条, (4) (5) は電技第 41 条からの出題. それぞれ 2-11 節 2 項 (1), 2-9 節 4 項 (3), 2-13 節 2 項 (1) を参照のこと.

▶ **3** **解答** (1) ヨ (2) ヘ (3) ヲ (4) イ (5) ホ

(1) は電技第 4 条 (2-3 節 1 項 (1)), (2) は電技第 5 条 (2-3 節 1 項 (2)), (3) は電技第 6 条 (2-10 節 1 項 (1) ①), (4) は電技第 9 条 (2-6 節 1 項), (5) は電技第 14 条とそれに関連する解釈第 34 条からの出題 (2-7 節 1 項 (1), (3)).

▶ **4** **解答** (1) ロ (2) ニ (3) ト (4) ホ (5) ヨ

(1) は解釈第 16 条第 6 項 (2-3 節 5 項 (6) ②) からの出題となる. 解表 1 のとおり, 試験電圧は最大使用電圧の 1.5 倍の交流電圧となる. 低圧電路の絶縁性能に関する規定のため, 電技第 58 条や解釈 14 条と混同しないように注意しよう.

解表 1

電路の種類	試験電圧
交流	<u>最大使用電圧の 1.5 倍の交流電圧</u> (500 V 未満となる場合は, 500 V)
直流	最大使用電圧の 1.5 倍の直流電圧又は 1 倍の交流電圧 (500 V 未満となる場合は, 500 V)

(2) (3) は, 解釈第 16 条第 2 項 (2-3 節 5 項 (2)) からの出題.
最大使用電圧が 7 000 V を超える同期発電機の交流試験電圧は, 解表 2 より最大使用電圧の 1.25 倍となるため

$$22\,000 \times 1.25 = 27\,500 \text{ V}$$

また,「回転変流機を除く交流の回転機においては, 表 2・24 に規定する試験電圧の <u>1.6 倍の直流電圧</u>を巻線と大地との間に連続して 10 分間加えたとき, これに耐える性能を有すること.」とされているため, 直流の試験電圧は

解表 2

種類		試験電圧
回転変流機		直流側の最大使用電圧の 1 倍の交流電圧 (500 V 未満となる場合は, 500 V)
上記以外の回転機	最大使用電圧が 7 000 V 以下	最大使用電圧の 1.5 倍の電圧 (500 V 未満となる場合は, 500 V)
	最大使用電圧が 7 000 V を超過	<u>最大使用電圧の 1.25 倍の電圧</u> (10 500 V 未満となる場合は, 10 500 V)

27 500×1.6＝44 000 V

(4) は，解釈第 18 条からの出題．2-4 節 4 項（2）によれば，大地との間の電気抵抗値が <u>2 Ω 以下</u>の値を保っている建物の鉄骨その他の金属体は，「非接地式高圧電路に施設する機械器具等に施す A 種接地工事」及び「非接地式高圧電路と低圧電路とを結合する変圧器に施す B 種接地工事」の接地極に使用することができる．

(5) は，解釈第 19 条第 4 項からの出題で，2-4 節 2 項（3）①によれば，「変圧器の安定巻線若しくは遊休巻線又は電圧調整器の内蔵巻線を異常電圧から保護するために必要な場合は，その巻線に接地を施すことができる．この場合の接地工事は，<u>A 種接地工事</u>によること．」とされている．

▶ 5　解答　**(1)** ハ　**(2)** ヌ　**(3)** ホ　**(4)** チ　**(5)** カ

(1) (2) は電技第 11 条（2-4 節 1 項（2）），**(3)** は電技第 15 条（2-7 節 2 項（1）），**(4)** **(5)** は電技第 18 条からの出題．

電技第 18 条（電気設備による供給支障の防止）

1　⁽⁴⁾<u>高圧又は特別高圧の電気設備</u>は，その損壊により⁽⁵⁾<u>一般送配電事業者又は配電事業者</u>の電気の供給に著しい支障を及ぼさないように施設しなければならない．

2　高圧又は特別高圧の電気設備は，その電気設備が一般送配電事業又は配電事業の用に供される場合にあっては，その電気設備の損壊によりその一般送配電事業又は配電事業に係る電気の供給に著しい支障を生じないように施設しなければならない．

3 章　電力施設管理

▶ 1　解答　**(1)** ワ　**(2)** ト　**(3)** ヘ　**(4)** カ　**(5)** チ

3-1 節 1 項にて解説した周波数調整に関する出題．

(4) 負荷周波数制御（LFC）には，単一のエリアにおいて周波数を一定に維持する定周波数制御（FFC: Flat Frequency Control）や，複数のエリアが連系する電力系統において周波数と連系線潮流の偏差から各エリアの地域要求電力（AR: Area Requirement）を推定し，これを各エリア内の発電機で調整する周波数バイアス連系線電力制御（TBC: Tie line Bias Control）などがある．北海道エリア，東京エリア，沖縄エリアでは FFC が，その他のエリアでは TBC が採用されている．

▶ 2　解答　**(1)** ロ　**(2)** ワ　**(3)** ト　**(4)** カ　**(5)** ヘ

(1) ～ **(3)** は高低圧混触に対する保護に関連する解釈第 17 条からの出題，**(4)** **(5)** は低圧配電線の短絡保護に関する問題となる．

(1) ～ **(3)** については，2-4 節 3 項を参照のこと．

(4) 低圧配電線にて短絡事故が発生した場合に流れる短絡電流は，変圧器のインピーダンスと低圧配電線のインピーダンスの合成値により決まる．

(5) 低圧配電線の短絡は変圧器1次側に設けたPC（プライマリーカットアウト）の高圧ヒューズにより保護するため，高圧ヒューズの溶断特性と低圧配電線の温度上昇特性との協調を図り，低圧配電線が断線に至る前に高圧ヒューズが溶断する必要がある．

▶ 3 解答　(1) ヌ　(2) ヨ　(3) ハ　(4) カ　(5) チ

(1) 日本における標準電圧は，JEC-0222-2009「標準電圧」にて「公称電圧」と「最高電圧」の2種が定められている（2-1節3項参照）．

(2) 交流送電線の送電容量は，こう長が長いと安定度の制約から送電容量が小さくなる（3-1節4項(1)参照）．

(3) 送電線に高電圧を加えたとき，周囲の空気に対する電線表面の電位の傾きがある程度以上になるとコロナ放電と呼ばれる局部放電が発生し，これによる電力損失も発生する．

(4) 架空送電線における事故は，雷によるアーク事故が多い．

(5) スポットネットワーク方式に関する説明となる．

▶ 4 解答　(1) ト　(2) ル　(3) ヨ　(4) カ　(5) ホ

(1) 電気事業法施行規則第38条にて，標準電圧200Vの場合は202±20Vに維持することが定められている（1-1節3項(2)参照）．

(2) 配電線での電圧調整には，配電用自動電圧調整器（SVR）が用いられる．

(3) (4) アーク炉の起動時や負荷変動時にフリッカが発生することがある．

(5) 高調波による影響の1つとして，コンデンサに過電流が流れ，発熱や焼損に至ることが挙げられる．

▶ 5 解答　(1) ヘ　(2) チ　(3) リ　(4) ト　(5) ワ

(1) (2) 短絡容量の小さい系統では，短絡容量の大きい系統に比べて，負荷電流による電圧降下が大きくなる．

(3) ～ (5) フリッカ対策には，需要家側対策として可飽和リアクトルの挿入，系統側対策としてフリッカ負荷を専用線供給に変更する方法や短絡容量を大きくするために直列コンデンサを挿入する方法が考えられる．（3-5節2項を参照）

▶ 6 解答　(1) ロ　(2) ヲ　(3) ホ　(4) カ　(5) ヌ

(1) ～ (3) コンデンサは進相無効電力を消費する負荷であるが，系統電圧を V〔V〕，コンデンサ容量を C〔F〕，周波数を f〔Hz〕とすると，コンデンサの消費する進相無効電力は，次式で表される．

$$Q=j2\pi fCV^2$$

　この式をみると，系統電圧及び周波数の低下により消費する進相無効電力は減少することが分かる．また，コンデンサ容量は一定であるため，無効電力を連続的に制御することはできない．

(4)　分路リアクトルは遅相無効電力を消費する負荷となる．

(5)　変圧器には負荷時タップ切換による電圧調整器を設置し，電圧調整を行っている（3-5 節 1 項を参照）．

索　引－Index

サ　行

タ　行

ナ　行

〈著者略歴〉

石川博之（いしかわ　ひろゆき）

平成14年　京都大学工学部電気電子工学科卒業
平成16年　京都大学大学院エネルギー科学研究科エネルギー
　　　　　社会環境科学専攻修士課程修了
平成16年　中部電力株式会社入社
平成26年　第一種電気主任技術者試験合格
平成27年　技術士（電気電子部門）合格
平成29年　技術士（総合技術監理部門）合格
現　　在　中部電力パワーグリッド株式会社

ガッツリ学ぶ
電験二種　法規

2024 年 11 月 25 日　　第 1 版第 1 刷発行

著　　者　石川博之
発行者　村上和夫
発行所　株式会社 オーム社
　　　　郵便番号　101-8460
　　　　東京都千代田区神田錦町 3-1
　　　　電話　03(3233)0641(代表)
　　　　URL　https://www.ohmsha.co.jp/

© 石川博之 2024

印刷・製本　三秀舎
ISBN978-4-274-23264-0　Printed in Japan

本書の感想募集　https://www.ohmsha.co.jp/kansou/

本書をお読みになった感想を上記サイトまでお寄せください．
お寄せいただいた方には，抽選でプレゼントを差し上げます．

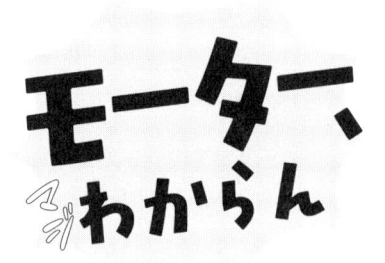
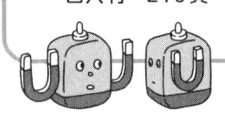